北京理工大学“双一流”建设精品出版工程

Fundamentals of Heat Transfer

传热学基础

郭宝山　孙靖雅 ◎ 编著

北京理工大学出版社
BEIJING INSTITUTE OF TECHNOLOGY PRESS

内容简介

本教材是北京理工大学“十四五”规划教材，以导热、对流换热、辐射换热等内容为核心，引入工程实例，以及前沿科研热点，研究热量传递的基本规律，可广泛应用于能源动力、建筑环境、化工、机械加工与制造、新能源、微电子、核能、航空航天、微机电系统（MEMS）、新材料、纳米技术、军事科学与技术、生命科学与生物技术等领域，是一门相关专业必修的核心基础课程。通过课程学习，学生能够掌握热传递与热控技术的基础知识，并应用于相关学科典型热交换设备的选型论证、传热分析及研究，培养学生综合运用传热学知识分析和解决复杂新领域工程问题的能力，并为后续专业课程的学习打下基础。

图书在版编目(CIP)数据

传热学基础 = Fundamentals of Heat Transfer / 郭宝山，孙靖雅编著. -- 北京：北京理工大学出版社，2023.12

ISBN 978-7-5763-3348-0

Ⅰ. ①传… Ⅱ. ①郭… ②孙… Ⅲ. ①传热学 Ⅳ. ①TK124

中国国家版本馆 CIP 数据核字(2024)第 031891 号

责任编辑：多海鹏　　**文案编辑**：辛丽莉
责任校对：周瑞红　　**责任印制**：李志强

出版发行 / 北京理工大学出版社有限责任公司
社　　址 / 北京市丰台区四合庄路 6 号
邮　　编 / 100070
电　　话 / (010) 68914026（教材售后服务热线）
　　　　　(010) 68944437（课件资源服务热线）
网　　址 / http://www.bitpress.com.cn

版 印 次 / 2023 年 12 月第 1 版第 1 次印刷
印　　刷 / 保定市中画美凯印刷有限公司
开　　本 / 787 mm×1092 mm　1/16
印　　张 / 14.5
字　　数 / 337 千字
定　　价 / 45.00 元

作者简介

郭宝山，北京理工大学机械与车辆学院研究员、博导。本科毕业于复旦大学，中国科学院半导体研究所博士，多伦多大学、香港大学、东京大学博士后。研究方向主要包括飞秒激光微纳加工及应用、新型超快连续成像等检测技术、非线性光谱、表面等离子体、拓扑材料、太赫兹源及器件。实现了超快激光加工过程的高灵敏度连续观测，揭示飞秒激光调控不同材料的机理与设计方法，预测超快激光与材料相互作用的调控新原理、新机制，研究设计时空频协同光场调控材料电子动态、表面等离子体纳米加工等新型加工方法，并应用于一系列国家重大项目。发表 SCI 论文 50 余篇，主持国家自然科学基金、科技部重点研发计划课题等项目。

孙靖雅，北京理工大学机械与车辆学院研究员、博导。毕业于新加坡国立大学。发表 SCI 学术论文 30 余篇，其中 16 篇影响因子 >6，单篇最高影响因子为 30. 8。发表论文被多家国际顶级期刊选为封面。国家自然科学基金青年基金项目负责人，军委科技委基础加强计划技术领域基金项目负责人，获北京理工大学科技创新人才科技资助。主要科研方向：

（1）微纳光电材料及器件中载流子超快动力学过程的四维高时空分辨原位观测研究；

（2）飞秒激光加工中的复杂动力学过程的多尺度观测与调控。

PREFACE

前言

传热学是一门专业基础科学，相关知识可以应用于各个不同的领域。本教材是北京理工大学“十四五”规划教材，以导热、对流换热、辐射换热的基本规律和计算等知识点作为核心，主要讲述传热过程中普遍性的基础内容，适用于工科类高等学校不同专业的传热学入门课程。

本教材对高等传热学内容进行了大幅简化，重点关注基本理论，尽可能使内容突出“厚基础、宽口径、重能力”的教学需求。同时，结合世界科技前沿，将传热学最新研究成果引入教材，不仅可以让学生了解最新的世界热点研究的进展，提升学习兴趣，还可以让学生深入懂得所学知识需要在质疑和创新中不断完善，从而使学生形成独立思考的习惯，培养其创新精神，提升学生对知识的理解深度，达到理想的培养人才效果。

例如，高超声速飞行器可以承担全球侦察、快速部署和远程精确打击等任务，其飞行速度可达5倍声速以上，从而实现在1 h内打击全球任意目标，这将直接影响未来战争的格局。但是，在如此高的飞行速度下，其表面温度很容易达到1 000 ℃以上，如果不做好隔热处理，完全无法达到预定要求。因此，就需要传热学来解决问题，如使用耐高温材料以及设计多层隔热结构来减缓热量传递的速度，关键就是尽量降低隔热层的热导率，这是典型传热学中的导热问题。目前，比较前沿的隔热材料之一就是气凝胶，可专门用于舱体隔热，质量很轻，但隔热性能非常好，即热导率非常低，即使外部经历1 000 ℃的高温烤灼，也可保证内部依旧如常。通过本教材的案例分析，学生可以知道其所学的传热学知识具有非常重要的研究和应用价值，从而发自内心地去主动学习，同时激发同学们的责任感和爱国精神。

目　录
CONTENTS

第 1 章
绪　　论

传热学在 19 世纪 30 年代已经形成一门独立的学科，主要研究热量传递规律，随着科学技术的发展，热传递与热控技术在许多技术领域都起到非常重要乃至关键的作用。从楼宇建筑的温度调控到自然界的风霜雨雪过程，从快速发展的航空航天的热防护到微纳尺度电子器件的有效散热，热量的传递可以说无处不在。传热学重点研究热量传递的机理、规律、计算和测试方法。那么从根本上来说，为什么会有热量传递呢？热量传递过程的推动力是什么呢？根据热力学第二定律，热量可以自发地由高温热源传给低温热源，所以有温差就会有传热。也就是说，温差是热量传递的推动力。同时也说明了自发过程的方向性，传热是不可逆的过程。因此，传热学的任务和目的就是研究：（1）热量是以何种方式传递和迁移的？（2）热量传递和迁移的速率如何？（3）温度状态随时间和空间的分布如何？

传热学和日常生活密不可分，由于自然界和各种生产过程中到处存在着温度差，所以热量传递就成为自然界和生产过程中一种非常普遍的现象。通过传热学的学习可以解决很多实际问题。从类型上来看，大致可以分为强化传热、削弱传热和温度控制三类问题。诸如，通过强化传热，可以解决电路散热的问题；通过削弱传热，可以提高管道和墙体的保温效果；通过温度控制，可以实现空调的控温等。以铁块投入冷水中的淬火问题为例（图 1－1），根据经验可知，铁块必然会在水的冷却作用下逐渐降低温度，通过传热学知识分析计算，可以得到铁块在不同时间和不同空间位置的温度分布，即在某一时刻铁块任意位置的温度值，进而得到温度随时间变化的快慢程度，以及任意时刻铁块与水交换热量的多少等信息。

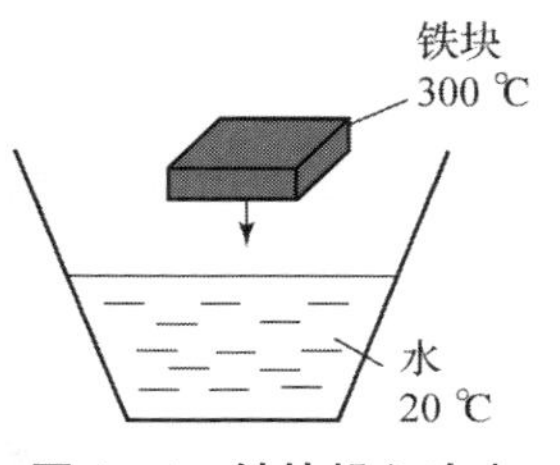

图 1－1　铁块投入冷水中的淬火问题

1.1　传热的三种基本方式

传热学研究的是热量传递规律，而热量传递是需要温差来推动的。热量的传递可以分为三种最基本的传热方式，即热传导、热对流和热辐射。在不同的传热方式下，热量传递规律也必然有所不同。

1.1.1 热传导

热传导也称导热，是指不同物体直接接触时依靠分子、原子、声子、自由电子等微观粒子热运动，即通过这些微观粒子的互相碰撞而进行的热量传递现象，物体内部无宏观运动，当然物体本身温度不同的各个部分之间也存在热传导，如图 1－2 所示。

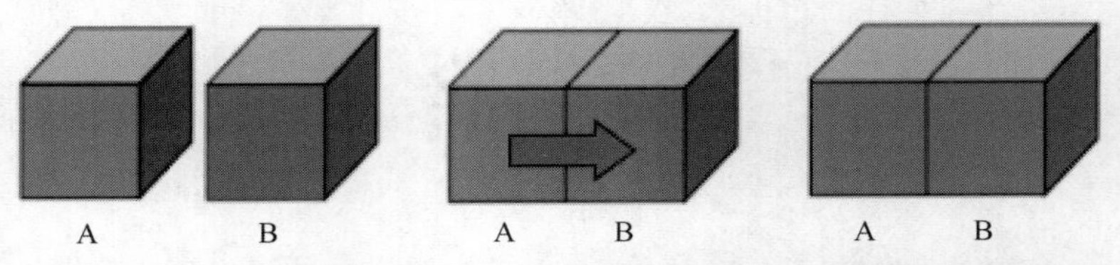

图 1－2　两个温度不同的物体直接接触发生热传导，最终达到热平衡

各种不同的物质之间都可以存在热传导，如固体、液体、气体等，具有不同物质属性的物体之间都可以发生热传导。在固体中，主要通过电子和晶格振动（声子）传递热量，温度高的部分动能较大，温度低的部分动能较小。在液体中，液体分子在温度高的区域热运动较强，通过液体分子之间的相互作用，热运动能量将逐渐向周围层层传递，从而产生热传导现象，但液体由于热传导系数小，传导速度较慢。这种差异很大程度上是由固体、液体这两种状态物质分子间距不同所导致的。不同于固体和液体，气体分子之间的间距更大，热传导系数更小，气体依靠分子的无规则热运动以及分子间的碰撞，在气体内部发生能量迁移，从而形成宏观上的热量传递。

热传导具有以下四个基本特点。

（1）根据定义必须有温差，即同一个物体温度不同的各个部分，或者两个温度不同的物体都可以发生热传导。

（2）物体必须直接接触。

（3）必须依靠分子、原子及自由电子等微观粒子热运动而传递热量。

（4）在引力场下单纯的导热只发生在密实固体中。

前三点都比较好理解，关键是第四点，在引力场下单纯的导热只发生在密实固体中。这是为什么呢？因为只要有温差，那么在引力场条件下就会产生浮升力，而浮升力就会使气体和液体流动，只要有流动就不是单纯的导热问题，而是存在对流换热。因此，在引力场下单纯的导热只发生在密实固体中（没有相对流动）。

那么如果在引力场很小的条件下呢？例如，在外太空中，引力场的作用很小，气体内部和液体内部可以近似看作纯导热问题。因此，在外太空，传热问题会变得更为突出，因为没有引力场导致的热对流，传热比地面要弱，所以需要采取更多的措施强化传热，如卫星仪器仪表的冷却等，都要采取特殊措施。

而且按照传统理论，热传导本质是分子之间相互传递动能，而真空中没有任何原子、分子，所以真空中是不存在热传导的，真空传递热量只能通过像太阳那样的热辐射进行。然而，最新研究结果表明，两片金属之间即使是真空，也可以传导热量。这一研究成果颠覆了古典传热学的基本原则。其本质原因在于，物体内部原子的振动，即声子，在物体表面附近是存在起伏波动的。当两个物体足够靠近时，第一个物体表面的声子起伏会导致第二个物体因受到卡西米尔力作用而同样产生声子波动。因此，声子就完成了跨越真空并传输到第二个物体表面上的过程。声子是热量的载体，当卡西米尔力将声子通过真空间隙传递时，热量也会同时被传递过去。当然，此时热辐射也是同时存在的，即复合传热过程。当两个物体距离很近时，卡西米尔效应产生的热传导将超过热辐射，成为导热的主要因素。新传热机制的发现提供了全新的纳米级热管理方法，这对于高速计算和数据存储等领域具有非常重要的应用价值。可见，传热理论也在不断地更新发展。

导热过程的经典数学描述，即导热基本定律是建立在实验获得的导热量与温度变化率的本构关系基础之上，由法国数学家傅里叶于 1822 年通过对实践经验的提炼、运用数学方法演绎得出的，也称傅里叶定律。如图 1－3 所示，对于一个平板，厚度是 δ，左边温度是 t_{w1}，右边温度是 t_{w2}，实验证明平板从左到右导出的热量与面积成正比，与温差成正比，与平板厚度成反比。

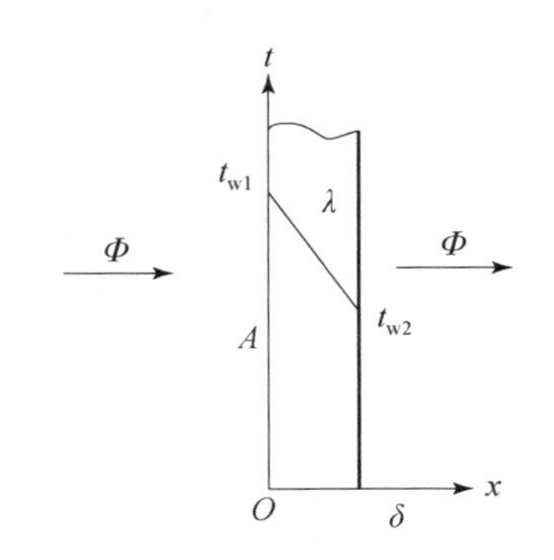

图 1－3　通过平壁的导热

对于这样一个平板一维导热问题，用傅里叶定律可表示为

$$\Phi = \lambda A \frac{t_{w1} - t_{w2}}{\delta} = \lambda A \frac{\Delta t}{\delta}$$

平板从左到右导出的热流量 Φ 与面积 A 成正比，与温差（$t_{w1} - t_{w2}$）成正比，与厚度 δ 成反比。前面的系数 λ 为导热系数或称热导率，单位是 W/(m · ℃)。

这里有两个表征热量传递速率的物理参数。

（1）热流量 Φ：单位时间内通过某一给定面积传递的热量，单位为瓦（W）。

（2）热流密度 q：单位时间内通过单位面积传递的热量，因此热流密度的公式就是热流量再除以面积，从而得到单位时间内通过单位面积传递的热量，单位为瓦/米^2（W/m^2）。

此外，导热系数是指具有单位温度差（1 K）的单位厚度的物体（1 m），在其单位面积上（1 m^2）、每单位时间（1 s）的导热量（J）。导热系数只能通过实验来确定。

导热系数的物理意义：描述材料导热能力大小的物理量。通常：金属热导率 > 非金属固体热导率 > 液体热导率 > 气体热导率。举例来说：$\lambda_{纯铜} = 398$ W/(m · ℃)，$\lambda_{水} = 0.6$ W/(m · ℃)，$\lambda_{空气} = 0.026$ W/(m · ℃)（在温度为 20 ℃时）。可以看出不同材料热导率的差别非常大。

如果将傅里叶定律的公式改写一下，分子依然保留温差 Δt，分母为厚度 δ 除以导热系数 λ 和面积 A 的乘积，则

$$\Phi = \lambda A \frac{t_{w1} - t_{w2}}{\delta} = \lambda A \frac{\Delta t}{\delta} = \frac{\Delta t}{\delta/(\lambda A)}$$

通过类比中学物理学中的欧姆定律，电流 = 电势差/电阻，可以引入类比于电阻的导热热阻概念：

$$r_{\lambda} = \frac{\delta}{\lambda A}$$

这里的电流 I 类比于热流量 Φ，电势差 ΔU 类比于温差 Δt，电阻 R 类比于热阻 r_{λ}。

进一步类比电工学中的电路图，可以画出热阻网络图（图 1－4）。

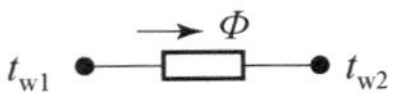

t_{w1} ●—[ ]—● t_{w2}（Φ →）

图 1－4　热阻网络图

同理，对于热流密度 q（单位时间内通过单位面积传递的热量），可以写成如下形式：

$$q=\frac{\Delta t}{\delta/\lambda}=\frac{\Delta t}{r_\lambda}$$

式中，r_λ 为单位面积导热热阻，$(m^2 \cdot K)/W$。

$$r_\lambda = r_\lambda \cdot A$$

这是最简单的一维稳态导热问题描述方法，教材第 2 章和第 3 章将详细讲述一维、二维、三维导热，以及稳态、非稳态导热等不同情况。

导热研究的一个重要应用就是高速飞行器。高超声速飞行器可以承担全球侦察、快速部署和远程精确打击等任务，其飞行速度可达 5 倍声速以上，从而实现在 1 h 内打击全球任意目标，这将直接影响未来战争的格局。但是，在如此高的飞行速度下，其表面温度很容易达到 1 000 ℃以上，如果不做好隔热处理，很可能飞到一半就把自己烧没了。因此，就需要设计耐高温材料以及多层隔热结构来减缓热量传递的速度，关键就是尽量降低隔热层的热导率，这是典型的导热问题。目前，比较前沿的隔热材料之一是气凝胶材料，可专门用于舱体隔热，该材料质量很轻，隔热性能却很好，即热导率非常低，即使外部经历 1 000 ℃的高温烤灼，也可保证内部依旧如常。当然除了导热问题，在空气中的高速飞行也必然涉及空气流动对换热的影响，即热对流问题。

1.1.2 热对流

热对流是指流体中（气体或液体）温度不同的各部分之间，由于发生相对的宏观运动而把热量由一处传递到另一处的现象（图 1-5）。

若热对流过程中，质量流量为 G_m 的流体由温度 t_1 处流至温度 t_2 处，则此热对流过程传递的热流密度可以按照下式计算：

$$q=G_m c_p (t_1 - t_2)$$

热流密度可以理解为单位时间内通过单位面积的流体的质量 G_m 乘以比热 c_p 再乘以温差 $(t_1 - t_2)$。需要注意的是，热对流仅发生在流体中，由于流体微团的宏观运动不是孤立的，与周围流体微团也存在相互碰撞和相互作用，温度不同的流体之间有接触，有接触必然发生热传导，因此热对流必然伴随热传导存在。

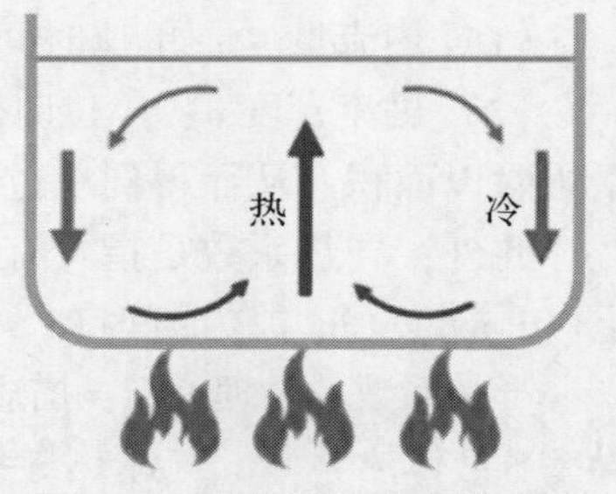

图 1-5 液体受热产生热对流

因此，热对流是一种基本的传热方式，但它不会单独存在，热对流必然伴随热传导存在。工程上用到最多的对流换热，实际是流体与固体壁面间直接接触时的换热过程。例如，房间墙壁与空气换热，电子器件冷却等。

对流换热具有以下特点。

（1）对流换热既有热对流又有热传导。

（2）必须有直接接触，而且有宏观运动。

（3）有温差（例如，流体和壁面之间必须有直接接触，且流体与壁面之间还有宏观运动，同时流体和壁面还需要有温差）。

（4）由于流体的黏性和摩擦阻力的影响，紧贴壁面处会形成热边界层。热边界处类似于流体力学中的流动边界层，但二者又有明显区别，以下对流换热的计算部分将详细讲述。

描述对流换热过程的基本公式为**牛顿冷却公式**。1700 年，牛顿在实验中发现：一杯热水一经倒出，它就开始冷却，最初冷却得很快，随后变得平稳，经过一段较长时间后，水的温度最终会与室温保持一致。从而得到结论：一个热的物体的冷却速率与该物体与周围环境的温差成正比，写成公式形式为

$$\Phi = hA(t_w - t_f) = hA(t_w - t_\infty)$$

也就是说，固体表面与流体交换的热流量 Φ 与接触面积 A 成正比，与温差（固体表面温度 t_w 与远离固体表面的流体温度 t_f 的温度差）成正比。

值得注意的是，这里的温差指的是固体表面与远离固体表面的流体的温度差，因为如果考虑固体表面附近的流体，那么流体的温度就和固体表面的温度基本一样了。位置离开固体一点距离，流体温度会急剧变化，所以只有在远离固体表面的流体温度才是常数，因此也可以将公式中的 t_f 写成 t_∞。

上式中 h 为表面传热系数（也称对流换热系数）（$W/(m^2 \cdot K)$），这里需注意其与导热系数 λ 的单位的区别。根据牛顿冷却公式，可以得到表面传热系数 h 的物理意义：当流体与壁面温度相差 1 ℃时，每单位壁面面积上单位时间内所传递的热量。

表面传热系数的影响因素主要有流速（如骑摩托车的速度越快，与空气的相对流速越快，对流换热也越强）、流体物性（如水和空气的物性差别很大）、壁面形状大小（如圆管道和三角管道的对流换热不一样。表面粗糙度不一样，对流换热也不一样）。

类比于导热热阻，也可以得到对流换热热阻。牛顿冷却公式可改写成

$$\Phi = \frac{\Delta t}{1/(hA)}$$

同样与欧姆定律对比，对流换热热阻 r_c 可以表示为 $r_c = 1/(h_c A)$。

另外，单位时间通过单位面积传递的热量（W/m^2），称为热流密度 q，因此可以写成热流量 Φ 除以面积 A，表达式为

$$q_c = h_c \Delta t$$

那么热流密度就与温差成正比。同理，单位面积的对流换热热阻为 $r_c = 1/h_c$。

1.1.3　热辐射

热辐射是指物体转化本身的热力学能向外发射辐射能量的现象，比如太阳对地球的热辐射，就是太阳内部核聚变的能量转化为电磁波辐射能量传递给地球（图 1－6）。实际上，只要物体温度稳定大于绝对零度（0 K），就具有热辐射能力。而物体温度是不能达到绝对零度的，因此，可以说所有物体都具有热辐射能力。

图 1－6　太阳辐射

影响热辐射的因素主要包括物体温度、物性和表面情况。显然物体温度越高，辐射能力越强；若物体的种类不同，表面状况不同，其辐射能力也不同。在工程技术领域更关心的是通过热辐射这种基本传热方式进行的热量交换，即辐射换热。

辐射换热（radiation heat transfer）是通过热辐射进行的热量交换（强调的是过程），而热辐射（thermal radiation）是物体本身依靠物体转化其热力学能向外发射辐射能的现象（强

调的是现象)，二者显著不同。

辐射换热具有以下特点。

(1) 导热和对流换热最大的区别是，辐射换热不需要冷热物体的直接接触，即不需要介质存在，在真空中就可以传递能量。例如，太阳辐射能穿过真空到达地球表面。

(2) 在辐射换热过程中伴随着能量形式的转换：物体热力学能变为电磁波能，电磁波能再转换为物体热力学能。例如，有A、B两个物体，温度为t_1（热物体）和t_2（冷物体），首先物体A的热力学能转换成电磁波能，电磁波能传递到物体B，然后又转换成物体B的热力学能。所以在辐射换热过程中会存在能量形式的转换。同样道理，对于物体B，也存在热力学能转换成电磁波能，电磁波能传递到物体A，电磁波能又转换成物体A的热力学能(图1-7)。

这也引出辐射换热的第三个特点。

(3) 无论温度高低，物体都在不停地相互发射电磁波能，相互辐射能量，高温物体辐射给低温物体的能量大于低温物体辐射给高温物体的能量，所以总的结果是热量由高温物体传到低温物体。

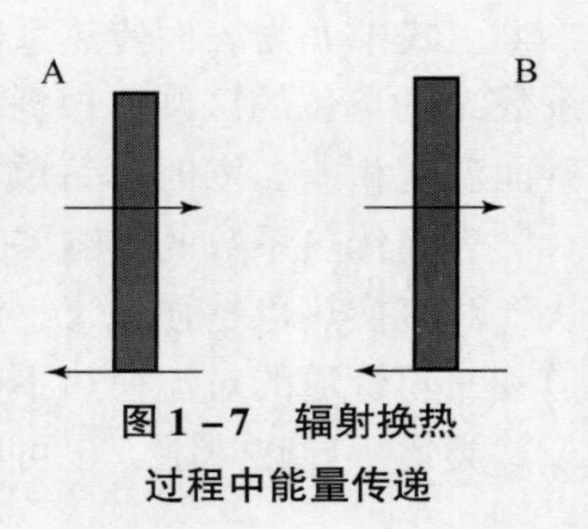

图1-7 辐射换热过程中能量传递

热辐射中还有一个非常重要的概念，就是黑体（black body)。所谓黑体，就是能够全部吸收投射到其表面辐射能的物体，或称绝对黑体。黑体具有最大的辐射能力，同时也具有最大的吸收能力。

根据后面要讲到的斯蒂芬-玻尔兹曼定律，绝对黑体的辐射力E_b等于斯蒂芬-玻尔兹曼常数$\sigma_b = 5.67 \times 10^{-8}\ \mathrm{W/(m^2 \cdot K^4)}$乘以黑体表面的绝对温度$T$的4次方，即

$$E_b = \sigma_b T^4$$

这里需要注意：导热和热对流的换热计算，温度可以用摄氏度也可以用绝对温度，因为考虑的只是温差，温差与温度单位无关。只有在热辐射中的温度必须用绝对温度，单位是K，因为热辐射直接跟物体本身的绝对温度相关。

实际物体的辐射能力比黑体要低，后面我们会讲到，实际物体的辐射能力为黑体辐射力再乘以一个系数ε：

$$E = \varepsilon \sigma_b T^4$$

系数ε是实际物体表面的发射率（也称黑度），是小于1的数，介于0~1之间，它与物体的种类、表面状况和温度有关。

1.2 综合的传热方式

在实际问题中，上述热传导、热对流和热辐射三种热量传递方式往往是综合在一起出现的，比如某个房间的墙壁（图1-8），墙壁左面是室内，右面是室外，冬天室内温度高，热量会由室内传向室外（由左边传向右边）。空气和墙壁之间有热对流，墙壁内部有导热，墙壁也会有热辐射，只是在通常温度不高的情况下，热辐射的换热量比较低，往往被忽略掉了。

图1-8中，高温流体温度为t_{f1}，低温流体温度为t_{f2}，内外墙壁温度分别为t_{w1}和t_{w2}，按照热阻分析方法，高温流体t_{f1}与内墙壁t_{w1}之间有一个对流换热热阻r_{c1}，内墙壁t_{w1}与外

墙壁 t_{w2}之间有导热热阻 r_λ，而外墙壁 t_{w2}与周围环境 t_{f2}（低温流体）之间有对流换热热阻 r_{c2}。这是典型的三个热阻串联的问题。

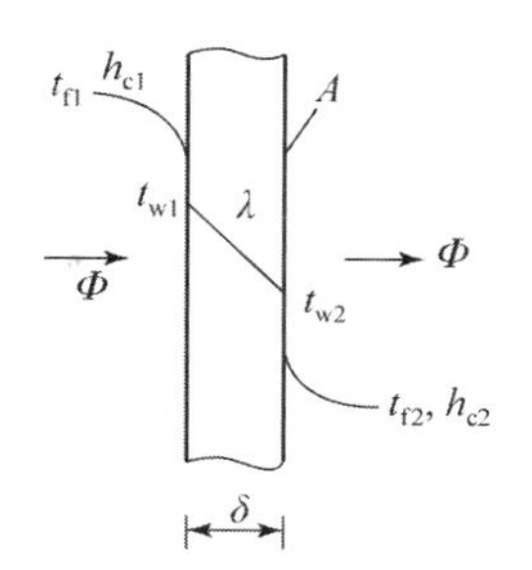

图 1－8　某墙壁的换热过程

假设传热过程属于稳态过程，即通过串联着的每个环节的热流量 Φ 或热流密度 q 相同。对于墙壁问题，稳态传热过程就是热流体通过对流换热传给内墙壁的热量等于内墙壁传给外墙壁的导热热量，那么也等于外墙壁给冷流体的对流换热热量。因此，可以画出热阻网络图（图 1－9）。

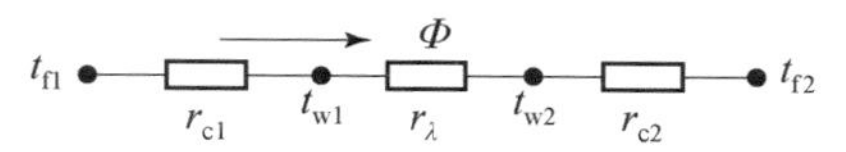

图 1－9　某墙壁换热过程的热阻网络图

按照热传导和热对流分析方法，可以分别写出以下这三个热传递过程的表达式。

（1）热流体与内墙壁的传递热流密度用牛顿冷却公式：$q=\Phi/A=h_{c1}(t_{f1}-t_{w1})$（热流体与壁面之间进行热量交换的换热系数乘以热流体与内墙壁温差）。

（2）内墙壁到外墙壁的导热热流密度用傅里叶定律：$q=\lambda(t_{w1}-t_{w2})/\delta$（墙壁导热系数乘以内外墙壁温差再除以墙壁厚度）。

（3）外墙壁给冷流体的热流密度：$q=\Phi/A=h_{c2}(t_{w2}-t_{f2})$（冷流体与壁面之间进行热量交换的换热系数乘以外墙壁与冷流体温差）。

对于一个稳态传热过程，这三个热流密度 q 是相同的。三个式子联立，从而可以得到

$$q\left(\frac{1}{h_{c1}}+\frac{\delta}{\lambda}+\frac{1}{h_{c2}}\right)=t_{f1}-t_{f2}$$

式中，$(1/h_{c1}+\delta/\lambda+1/h_{c2})$ 是总串联热阻。$1/h_{c1}$是热流体和内表面之间的单位面积对流换热热阻；δ/λ 是墙壁本身单位面积的导热热阻；$1/h_{c2}$是外表面和冷流体之间的单位面积对流换热热阻。

对单位面积，总热阻为

$$r_t=\frac{1}{h_{c1}}+\frac{\delta}{\lambda}+\frac{1}{h_{c2}}=r_{c1}+r_\lambda+r_{c2}$$

令 $K=\dfrac{1}{\dfrac{1}{h_{c1}}+\dfrac{\delta}{\lambda}+\dfrac{1}{h_{c2}}}=\dfrac{1}{r_t}$，并将其称为传热系数。

则换热热流密度可表示为

$$q=K(t_{f1}-t_{f2})$$

换热量为热流密度乘以面积：

$$\Phi=KA(t_{f1}-t_{f2})$$

这里的 K 称为传热系数。对于墙壁换热问题，传热系数实际上就是三个热阻之和的倒数。传热系数的单位和表面传热系数的单位是一样的，都是 W/(m^2·℃)。

例题 1－1　如图 1－10 所示，平壁外覆盖隔热层，已知平壁表面温度 $t_{w1}=315$ ℃，流体温度 $t_f=38$ ℃，隔热层厚度 $\delta=2.5$ cm，热导率为 $\lambda=1.4$ W/(m·℃)，如果要求隔热层表面温度 $t_{w2}\leqslant 41$ ℃，那么对流换热系数应该为多少，即求 h_c 大于等于多少？

解：设 $t_{w2}=41$ ℃，此时的导热热流密度为

$$q=\lambda\frac{t_{w1}-t_{w2}}{\delta}$$

对流换热热流密度为

$$q=h_c(t_{w2}-t_f)$$

达到稳定传热时，两个热流密度相等：

$$q=\lambda\frac{t_{w1}-t_{w2}}{\delta}=h_c(t_{w2}-t_f)$$

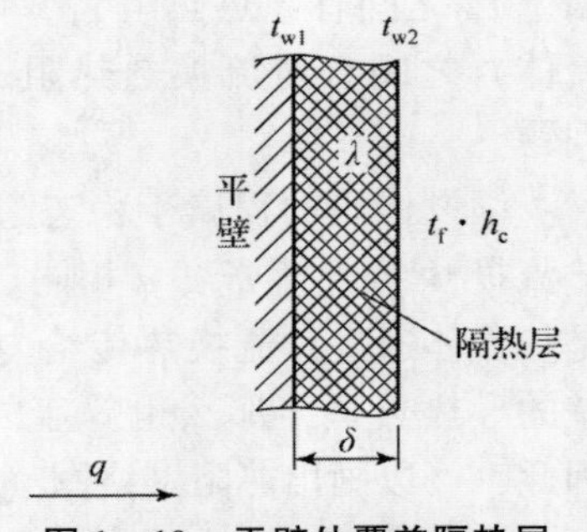

图 1-10　平壁外覆盖隔热层

因此，可以得到对流换热系数：

$$h_c=\frac{\lambda}{\delta}\frac{t_{w1}-t_{w2}}{t_{w2}-t_f}=\frac{1.4\times(315-41)}{0.025\times(41-38)}=5\ 114.6\ \text{W/(m}^2\cdot\text{℃)}$$

如果要求隔热层表面温度 $t_{w2}\leqslant 41$ ℃，则 $h_c\geqslant 5\ 114.6$ W/(m^2 · ℃)。

1.3　控制体的能量守恒

流体力学中运用控制体的概念来建立质量守恒关系式和动量守恒关系式。在分析传热过程时，也可以选用类似的方法建立传热学的数学模型，如微元控制体、有限控制体、某个方向微小而其他方向有限的控制体等。所选控制体的大小或形状取决于实际问题，这个概念在后面的传热分析以及理论推导中将会经常用到。控制体是一个质量、动量和能量都能通过其表面的空间区域，该控制体可以是微元控制体，也可以是有限控制体，选用不同的控制体可以得到不同类型的数学方程式，如传热学常用的偏微分方程、积分方程、常微分方程、代数方程等。控制体能量守恒定律可以表述为

进入控制体的所有形式的能量 + 控制体内本身所产生的能量 = 流出控制体的所有形式的能量 + 控制体内存储能量的变化

即

$$Q_{in}+Q_{generate}=Q_{out}+Q_{change}$$

式中，能量 Q 的单位为 J，当然也可以建立单位时间内的控制体能量平衡关系，此时能量单位为 W。

1.4　传热学的研究方法

传热学研究过程中主要采用三种方法，包括理论研究、实验研究和数值模拟研究，如图 1-11 所示。

近年来随着计算机的发展，数值模拟研究应用更加广泛。实际上，对传热学的研究几百年间从未间断，直到现在依然是一个热门学科，随着研究水平的深入，经常会发现传统理论不适用的情况。例如，经典的热力学第二定律规定，热量的传递方向是从高温物体到低温物体。温差是热量传递的推动力，即在没有外部能量输入的情况下，热量总会自发地从温度更高的物体流向低温物体，直到两个物体最后达到同样的温度，即热平衡状态，这便是热量传递的不可逆性，也可以称为熵增定律。爱因斯坦曾说过热力学定律是宇宙中唯一一个“永

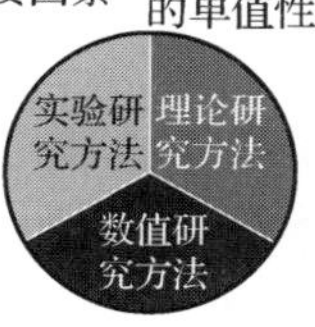

图1-11　传热学的研究方法

不被推翻”的物理理论。然而，最新的研究成果证明，在量子世界里，热量可以自发地从低温流向高温。该实验表明在有量子关联（quantum-correlation）的前提下，热量也可以自发地从低温的粒子流向高温的粒子，而无须借助外界的能量输入。显然，热力学第二定律在这种环境下被推翻了。熵增这一“时间之矢”的方向在量子力学的微观层面上可以被逆转。虽然这个传递过程只限于两个原子核之间，而且是几千分之一秒的时间，但为更深入理解热力学第二定律在自然界的作用提供了全新视角。因此，大家应该深入固有知识并不意味着完全正确，而是需要在质疑和创新中不断完善。也正是这些基础领域的不断创新突破，才能保障新技术应用的持续进步和人类文明的持久繁荣。

习　题

1-1　夏天的早晨，一个大学生离开宿舍时房间温度为20 ℃。他希望回到房间时温度能够低一些，于是早晨离开时紧闭门窗，并打开了一个功率为150 W的电风扇。该房间的长、宽、高分别为5 m、3 m、2.5 m。如果该大学生10 h以后回来，试估算房间的平均温度是多少。

1-2　理发吹风机的结构如附图所示，风道的流通面积$A_2=60\ \text{cm}^2$，进入吹风机的空气压力$p_1=100$ kPa，温度$t_1=25$ ℃。要求吹风机出口的空气温度$t_2=47$ ℃，试确定流过吹风机的空气质量流量以及吹风机出口的空气平均速度。电加热器的功率为1 500 W。

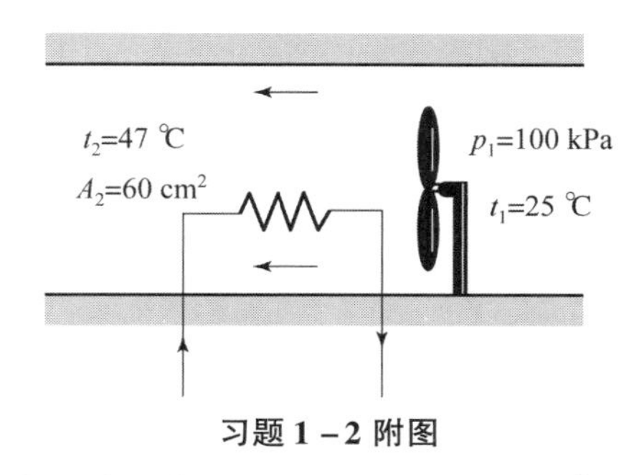

习题1-2附图

1-3　淋浴器的喷头正常工作时供水量一般为1 000 cm^3/min，冷水通过电热器从15 ℃被加热到43 ℃。试问电热器的加热功率是多少？为了节省能源，有人提出可以将用过的热水（温度为38 ℃）送入一个换热器去加热进入淋浴器的冷水。如果该换热器能将冷水加热到 27 ℃，试计算采用余热回收换热器后洗澡 15 min 可以节省多少能量。

1－4　对于附图所示的两种水平夹层，试分析冷、热表面间热量交换的方式有何不同。如果要通过实验来测定夹层中流体的导热系数，应采用哪一种装置？

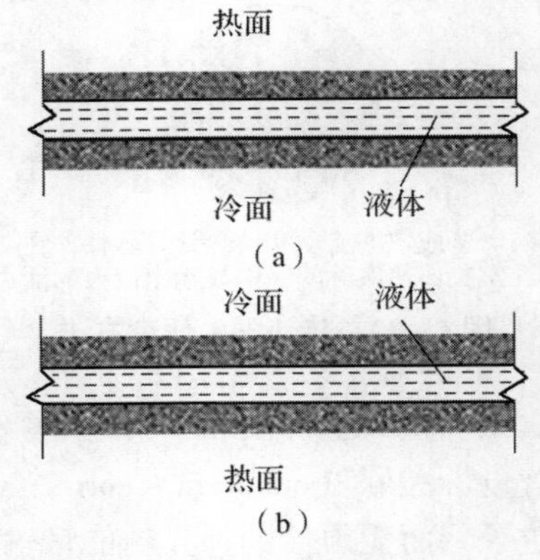

习题 1－4 附图

1－5　一个内部发热的圆球悬挂于室内，对于附图所示的三种情况，试分析：（1）圆球表面热量散失的方式；（2）圆球表面与空气之间的热交换方式。

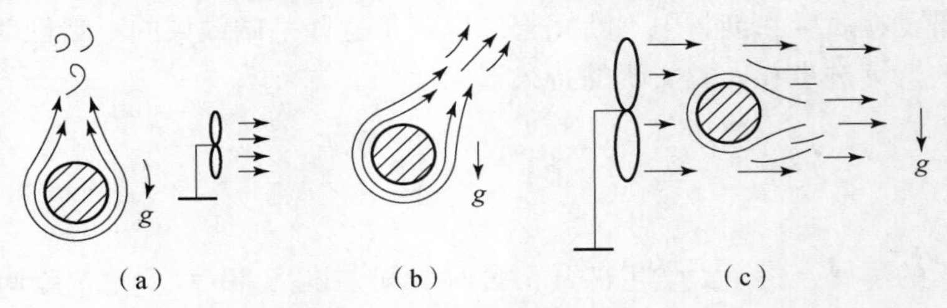

习题 1－5 附图

1－6　一宇宙飞船的外形如附图所示，其中外遮光罩是凸出于飞船船体的一个光学窗口，其表面的温度状态直接影响飞船的光学遥感器。船体表面各部分的温度与遮光罩的表面温度不同。试分析：飞船在太空飞行时与外遮光罩表面发生交换的对象可能有哪些？换热的方式是什么？

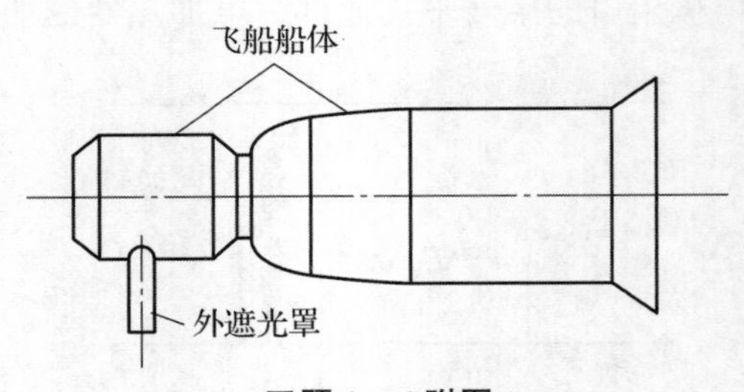

习题 1－6 附图

1－7　热电偶常用来测量气流温度。附图所示为用热电偶测量管道中高温气流的温度 t_f，管壁温度 $t_w < t_f$。试分析热电偶接点的换热方式。

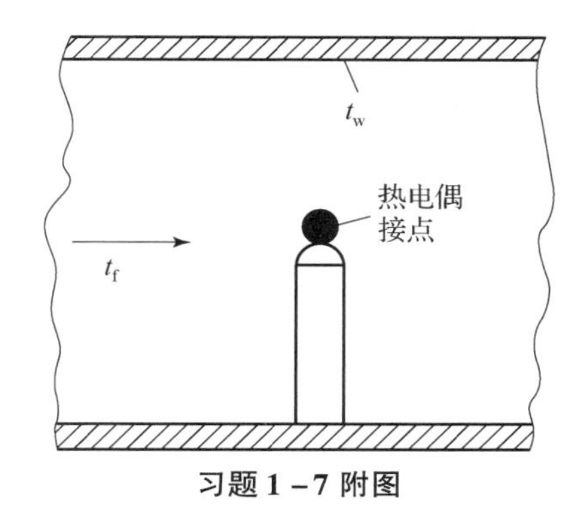

习题1-7附图

1-8 热水瓶瓶胆刨面示意如附图所示。瓶胆的两层玻璃之间抽成真空，内胆外壁及外胆内壁涂了发射率很低（约0.05）的银。试分析热水瓶具有保温作用的原因。如果不小心破坏了瓶胆上抽气口处的密封，会影响保温效果吗？

1-9 一砖墙的表面积为12 cm^2，厚为260 mm，平均导热系数为1.5 W/(m·K)，设面向室内的表面温度为25 ℃，外表面温度为-5 ℃，试确定此砖墙向外界散失的热量。

1-10 一炉子的炉墙厚为13 cm，总面积为20 cm^2，平均导热系数为1.04 W/(m·K)，内、外壁温度分别为520 ℃及50 ℃。试计算通过炉墙的热损失。如果所燃用煤发热值为2.09×10^4 kJ/kg，问每天因热损失要用掉多少千克煤？

1-11 夏天，阳光照耀在一厚为40 mm、用层压板制成的木门外表面上，用热流计测得木门表面的热流密度为15 W/cm^2，外表面温度为40 ℃，内表面温度为30 ℃。试估算此木门在厚度方向上的导热系数。

1-12 在一次测定空气横向流过单根圆管的对流传热实验中，得到下列数据：管壁平均温度$t_w=69$ ℃，空气温度$t_f=20$ ℃，管子外径$d=14$ mm，加热段长80 mm，输入加热段的功率为8.5 W。如果全部热量通过对流传热传给空气，试问此时对流传热的表面传热系数为多大？

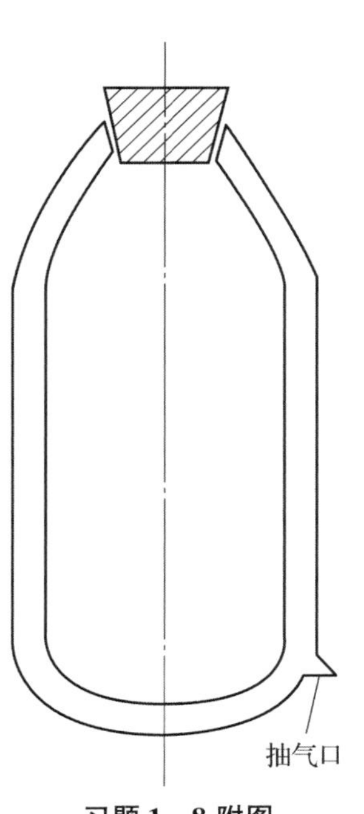

习题1-8附图

1-13 对置于水中的不锈钢管采用电加热的方法进行压力为1.013×10^5 Pa的饱和水沸腾传热试验，测得加热功率为50 W。不锈钢管外径为4 mm，加热段长10 cm，表面平均温度为109 ℃。试计算此时沸腾传热的表面传热系数。

1-14 为了说明冬天空气的温度以及风速对人体冷暖感觉的影响，欧美国家的天气预报中普遍采用风冷温度的概念（wind-chill temperature）。风冷温度是一个当量的环境温度，当人处于静止空气的风冷温度下时其散热量与人处于实际气温、实际风速下的散热量相同。从散热计算的角度可将人体简化为直径为25 cm、高为175 cm、表面温度为30 ℃的圆柱体，试计算当表面传热系数为15 W/(m^2·K）时人体在温度为20 ℃的静止空气中的散热量。如果在一个有风的日子，表面传热系数增加到50 W/(m^2·K)，人体的散热量又是多少？此时风冷温度是多少？

1－15　有两块无限靠近的黑色平行平板，温度分别为 t_1 及 t_2。试按黑体的性质及斯蒂芬－玻尔兹曼定律导出单位面积上辐射传热量的计算式。（提示：无限靠近意味着每一块板发出的辐射能全部落到另一块板上。）

1－16　油、空宇宙空间可近似地看成 0 K 的真空空间。一航天器在太空中飞行，其外表面平均温度为 250 K，表面发射率为 0.7，试计算航天器单位表面上的换热量。

1－17　半径为 0.5 m 的球状航天器在太空中飞行，其表面发射率为 0.8。航天器内电子元件的散热量总计为 175 W。假设航天器没有从宇宙空间接收到任何辐射能，试估算其外表面的平均温度。

1－18　有一台气体冷却器，气侧表面传热系数 $h_1 = 95\ \mathrm{W/(m^2 \cdot K)}$，壁面厚度 $\delta = 2.5\ \mathrm{mm}$，$\lambda = 46.5\ \mathrm{W/(m \cdot K)}$，水侧表面传热系数 $h_2 = 5\ 800\ \mathrm{W/(m^2 \cdot K)}$。设传热壁可以看作平壁，试计算各个环节单位面积的热阻及从气到水的总传热系数。你能否指出，为了强化这一传热过程，应首先从哪一环节着手？

1－19　在上题中，如果气侧结了一层厚为 2 mm 的灰，其 $\lambda = 0.116\ \mathrm{W/(m \cdot K)}$，水侧结了一层厚为 1 mm 的水垢，其 $\lambda = 1.15\ \mathrm{W/(m \cdot K)}$，其他条件不变。试问此时的总传热系数是多少？

1－20　在附图所示的稳态热传递过程中，已知 $t_{w1} = 460\ ℃$，$t_{f2} = 460\ ℃$，$\delta_1 = 5\ \mathrm{mm}$，$\delta_2 = 0.5\ \mathrm{mm}$，$\lambda_1 = 46.5\ \mathrm{W/(m \cdot K)}$，$\lambda_2 = 1.16\ \mathrm{W/(m \cdot K)}$，$h_2 = 5\ 800\ \mathrm{W/(m^2 \cdot K)}$。试计算单位面积所传递的热量。

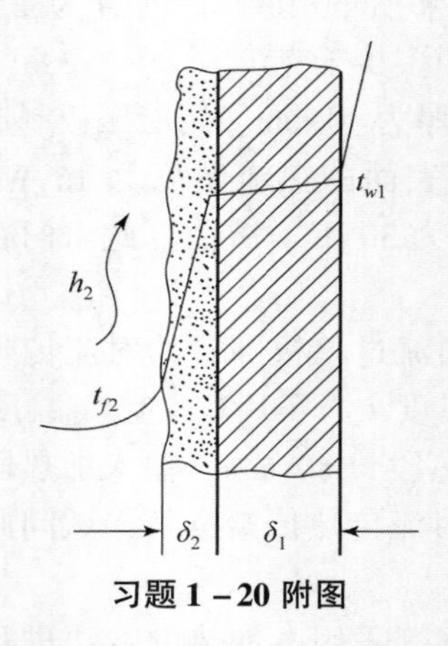

习题 1－20 附图

1－21　有一台传热面积为 12 m² 的氨蒸发器。氨液的蒸发温度为 0 ℃，被冷却水的进口温度为 9.7 ℃，出口温度为 5 ℃，蒸发器中的传热量为 6 900 W，试计算总传热系数。

1－22　附图所示的空腔由两个平行黑体表面组成，空腔内抽成真空，且空腔的厚度远小于其高度与宽度。其余已知条件如附图所示。表面 2 是厚 $\delta = 0.1$ m 的平板的一侧表面，其另一侧表面 3 被高温流体加热，平板的导热系数 $\lambda = 17.5\ \mathrm{W/(m \cdot K)}$。试问在稳态工况下表面 3 的温度 t_{w3} 为多少？

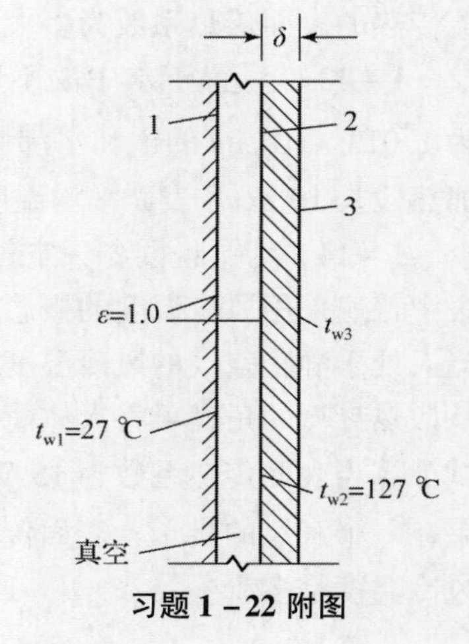

习题 1－22 附图

1－23　一玻璃窗，尺寸为 60 cm × 30 cm，厚为 4 mm。

冬天夜间，室内及室外温度分别为 20 ℃及 −20 ℃。内表面的自然对流传热表面传热系数为 10 W/(m^2·K)，外表面强制对流传热表面传热系数为 50 W/(m^2·K)，玻璃的导热系数 λ = 0.78 W/(m·K)。试确定通过玻璃的热损失。

1−24　一战车的齿轮箱外表面积为 0.2 m^2，为安全需要，其最高温度不得超过 65 ℃，为此用 25 ℃的冷空气强制对流传热散失到环境中，所需的对流传热系数应多大？如果齿轮箱四周的固体表面平均温度为 30 ℃，试分析通过辐射传热最多可以带走多少热量？齿轮箱表面的发射率可取 0.85。

参考文献

[1] 陈熙. 动力论及其在传热与流动研究中的应用［M］. 北京：清华大学出版社，1996.
[2] JAKON M. Heat transfer［M］. New York：John Wiley & Sons，Inc，1949.
[3] 何雅玲. 工程热力学［M］. 北京：高等教育出版社，2006.
[4] 沈维道，蒋智敏，童钧耕. 工程热力学［M］. 北京：高等教育出版社，2001.
[5] 教育面向21世纪热工课程改革项目组. 热工课程在工科各专业人才培养中的地位及位置建议［J］. 高等教育出版社，2000（Z）：6－11.
[6] BEJAN A. Heat transfer［M］. New York：John Wiley & Sons，Inc，1993.
[7] 中华人民共和国发展委员会. 节能中长期发展规划［M］. 北京：中国环境科学出版社，2005.
[8] 国务院法制办. 国家中长期科学技术发展规划纲要（2006—2020）［M］. 北京：中国法制出版社，2006.
[9] 姜贵庆，刘连元. 高速气流传热与烧蚀防护［M］. 北京：国防工业出版社，2003.
[10] 杨世铭，陶文铨. 传热学［M］. 3版. 北京：高等教育出版社，2003.
[11] 赵镇南. 传热学［M］. 北京：高等教育出版社，2002.
[12] 陶文铨，何雅玲. 境外大学工科专业热工类课程的设置［J］. 高等工程教育，2000（Z）：93－97.
[13] 潘永祥，李慎. 自然科学发展史纲要［M］. 北京：首都师范大学出版社，1996.
[14] 陶文铨，何雅玲，屈治国，等. 强化迁移过程的基本理论——场协同原理及其应用［M］//陶文铨，何雅玲. 对流换热及其强化的理论与实验研究最新进展. 北京：高等教育出版社，2005.
[15] BERGELS A E. Enhanced heat transfer：endless frontier，or mature and routine?［J］. Enhanced Heat Transfer，1996，6（1）：79－88.
[16] 斯坦伯格 D S. 电子设备冷却技术［M］. 傅军，译. 北京：航空工业出版社，1989.
[17] REMSBERG R. Thermal design of electronic equipment［M］. Boca Raton：CRC Press，2001.
[18] 张文钺. 焊接传热学［M］. 北京：机械工业出版社，1989.
[19] 肖永宁，潘克煜，韩国延. 内燃机的热负荷与热强度［M］. 北京：机械工业出版社，1988.
[20] 谢仲华. 生物热力学［M］. 杭州：浙江大学出版社，1990.
[21] 刘静，王存诚. 生物传热学［M］. 北京：科学出版社，1997.
[22] 魏永田，孟大伟，温嘉斌. 电机内热交换［M］. 北京：机械工业出版社，1998.

［23］姚仲鹏，王新国. 车辆冷却传热［M］. 北京：北京理工大学出版社，2001.
［24］［美］帕坦卡 S V. 传热与流体流动的数值计算［M］. 张政，译. 北京：科学出版社，1984.
［25］陶文铨. 数值传热学［M］. 2 版. 西安：西安交通大学出版社，2001.
［26］刘静. 微米/纳米尺度传热学［M］. 北京：科学出版社，2001.
［27］国家教育委员会高等教育司. 高等学校工科本科基础课程教学基本要求［M］. 北京：高等教育出版社，1995.
［28］ECKERT E R G，GOLDSTEIN R J. Measurements in heat transfer［M］. 2nd. ed. New York：Washington DC：Hemisphere Pub Corp，1976.
［29］［苏］奥西波娃 B A. 传热学实验研究［M］. 蒋章焰，王传院，译. 北京：高等教育出版社，1982.
［30］HOLMAN J P. Experimental methods for engineers［M］. 6th ed. New York：McGraw – Hill，Inc.，1994.
［31］曹玉璋，邱绪光. 实验传热学［M］. 北京：国防工业出版社，1998.
［32］陶文铨. 计算流体力学与传热学［M］. 北京：中国建筑工业出版社，1991.
［33］姚仲鹏，王瑞君. 传热学［M］. 北京：北京理工大学出版社，1995.

第2章
导热基本定律及稳态导热

2.1 导热基本定律

绪论部分已经指出温差是热量传递的推动力，因此为了描述导热过程，需要首先定义温度场，即某时刻空间所有各点的温度分布。温度场是时间和空间的函数，$t=f(x,y,z,\tau)$。xyz 表示三维空间，τ 表示时间。如果温度场不随时间变化，则称为稳态温度场，即$\frac{\partial t}{\partial \tau}=0$。稳态温度场中所发生的导热就称为稳态导热。如果温度场是随着时间发生变化的，即$\frac{\partial t}{\partial \tau}\neq 0$，则为非稳态温度场。非稳态温度场内发生的导热问题为非稳态导热。本章主要讲解稳态导热，第3章讲解非稳态导热。

显然，大部分情况下，温度场都是一个三维空间分布的场，即与 x、y、z 都有关系。如果温度场只与一维空间有关，此时称为一维温度场，当然温度场依然可以是时间的函数。那么最简单的导热问题就是一维稳态导热，此时温度场与时间无关，只与一维空间有关。

温度场可以用等温线或等温面来描述。等温面是指在同一时刻，温度场中所有温度相同的点连接起来所构成的面。等温面是一系列的曲面。等温线是指用一个平面与各等温面相交，在这个平面上得到一个等温线簇。等温线或等温面的性质与电场线或磁力线的性质类似。

（1）在连续温度场中，等温面或等温线不会中断，它们或者是物体中完全封闭的曲面(曲线)，或者就终止于物体的边界上。

（2）温度不同的等温面或等温线彼此不能相交。

物体的温度场通常用等温面或等温线表示。例如，墙角的温度场（图2-1)，墙的内表面温度是15.8 ℃，外表面温度是-12.2 ℃。可以看到中间有7.8 ℃、0.2 ℃的等温线，因此，可以直观地看出墙角或者物体的温度分布。

与等温面垂直的线是热流线，热流线代表热量的流动或者温度的传递，温度从高温传递到低温。温度梯度是沿等温面法线方向上温度增量与法向距离比值的极限，所以温度梯度的正向是温度增加的方向。

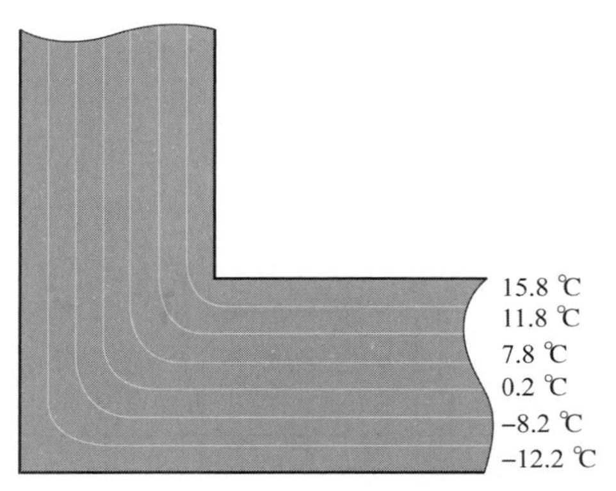

图 2-1　房屋墙角的温度场

$$\nabla t = \boldsymbol{n} \lim_{\Delta n \to 0} \frac{\Delta t}{\Delta n} = \boldsymbol{n} \frac{\partial t}{\partial n}$$

在直角坐标系中，温度梯度为

$$\nabla t = \boldsymbol{i} \frac{\partial t}{\partial x} + \boldsymbol{j} \frac{\partial t}{\partial y} + \boldsymbol{k} \frac{\partial t}{\partial z}$$

导热基本定律就是傅里叶定律。绪论中只是用了傅里叶定律的一维简化形式。通过温度梯度和热流密度矢量这两个概念，傅里叶定律可以表述为垂直导过等温面的热流密度，正比于该处的温度梯度，方向与温度梯度相反。写成数学公式为如下形式：

$$q = -\lambda \nabla t$$

注意这里的负号表示导热方向与温度梯度方向相反。为什么导热方向与温度梯度方向相反？这是由于温度梯度的方向是从低温指向高温，而导热是从高温指向低温。

在直角坐标系中，热流密度可以表述成下面的形式：

$$\boldsymbol{q} = \boldsymbol{i} q_x + \boldsymbol{j} q_y + \boldsymbol{k} q_z$$

因此可以得到在 x、y、z 三个坐标轴上，热流密度与温度梯度的关系分别为

$$q_x = -\lambda \frac{\partial t}{\partial x},\ q_y = -\lambda \frac{\partial t}{\partial y},\ q_z = -\lambda \frac{\partial t}{\partial z}$$

同理，也可以得到热流量的表达式。以上傅里叶定律是解决导热问题的基本方程。需要注意的是，傅里叶定律只适用于稳态及弱瞬态传热过程。因为傅里叶定律的建立隐含了一个假设：在物体内热扰动的传播速率无限大。即：在任何瞬间 τ，温度梯度和热流密度都是相互对应的。或者说，与热的扰动相对应，热流矢量和温度梯度的建立是不需要时间的。

对于大多数工程实践问题（稳态及弱瞬态传热过程），这个假设已经可以得出足够精确的解。但是对于快速的瞬态热过程，不能再用傅里叶定律进行描述，即非傅里叶效应。例如，飞秒激光与材料相互作用的过程是一个超快非线性非平衡过程，激光能量在极短的时间内（飞秒～皮秒尺度）被作用到材料内部，由于其极高的峰值能量密度，材料内的电子和晶格系统都会发生剧烈的温度变化，是典型的非傅里叶效应过程，如何对这种非线性非平衡过程进行理论描述是飞秒激光加工领域非常重要的研究课题。

根据热流密度表达式，热导率可以表示为

$$\lambda = \frac{\boldsymbol{q}}{-\nabla t}$$

因此，热导率的数值就是物体中单位温度梯度、单位时间、通过单位面积的导热量，用来表征物体热传导能力的大小。

热导率是材料主要物性参数之一，不同材料的热导率一般是依靠实验测定的。

影响热导率的因素包括物质的种类、材料成分、温度、湿度、压力、密度等。

热导率表征材料导热能力的大小，不同状态的物质导热系数相差很大，通常情况下金属的热导率比非金属的热导率高，液体和气体的热导率较低，即 $\lambda_{金属} > \lambda_{非金属固体} > \lambda_{液体} > \lambda_{气体}$。表 2－1 所示为不同材料的热导率。

表 2－1　不同材料的热导率

材料	热导率（导热系数）/（$W \cdot m^{-1} \cdot ℃^{-1}$）	特点
气体	0.006～0.600	最小
液体	0.07～0.70	次之
金属	12～418	最大
非金属	0.3～3.5	常用建材
保温隔热材料	<0.12	矿棉、泡沫塑料、珍珠岩、蛭石等

例如，$\lambda_{纯铜}$ = 398 W/(m·℃)；$\lambda_{水}$ = 0.6 W/(m·℃)；$\lambda_{空气}$ = 0.026 W/(m·℃)，温度为 20 ℃。

1）气体热导率

气体的热传导是由于气体分子的热运动和相互碰撞时发生的能量传递。由于气体分子间距大，气体的热导率很低，范围在 0.006～0.600 W/(m·℃)。

在不同温度下也会有数值上的差别。例如：0 ℃时空气的热导率 λ = 0.024 4 W/(m·℃)；20 ℃时空气的热导率 λ = 0.026 W/(m·℃)。

根据分子运动理论，常温常压下气体热导率可以表示为

$$\lambda = \frac{1}{3}\rho \bar{\omega} l c_v$$

式中，ρ 为气体密度；$\bar{\omega}$ 为气体分子运动的平均速度；l 为气体分子运动的平均自由行程，c_v 为气体的定容比热。

2）固体热导率

固体通常可以分为金属、合金和非金属。

纯金属导热是依靠自由电子迁移和晶格振动产生的，主要依靠自由电子迁移。可见，金属导热和导电机理一致，因此良导电体也是良导热体。金属热导率取值范围为 12～418 W/(m·℃)，随着温度升高，热导率会出现明显下降。例如，10 K：$\lambda_{铜}$ = 12 000 W/(m·℃)；15 K：$\lambda_{铜}$ = 7 000 W/(m·℃)；室温：$\lambda_{铜}$ = 398 W/(m·℃)。

金属中掺入任何杂质都将破坏晶格的完整性，干扰自由电子的运动，因此合金的热导率会比纯金属的热导率低。例如，在室温情况下，$\lambda_{铜}$ = 398 W/(m·℃)，$\lambda_{黄铜}$ = 109 W/(m·℃)。黄铜是一种铜合金，通常铜的比例为 70%，锌的比例为 30%。金属在加工过程也会造成晶格缺陷，导致热导率下降。

实际上由于自由电子运动受限，合金的导热转变主要依赖于晶格振动。所以，合金的热导率随温度升高而升高，因为温度升高，晶格振动加快。它与纯金属是有显著区别的。

对于非金属来说，由于其自由电子很少，导热同样依赖于晶格振动，所以热导率也是随温度升高而升高的，但热导率数值会明显偏低。例如，建筑和隔热保温材料的热导率取值范围为 0.025～3.500 W/(m·℃)。国家标准 GB/T 25975—2018《建筑外墙外保温用岩棉制品》规定，绝热材料在温度低于 350 ℃时导热系数小于 0.12 W/(m·℃)。

3）液体热导率

液体的导热也主要是依靠晶格的热振动来传递热量的，其取值为 0.07～0.70 W/(m·℃)。

在理论处理过程中，理想气体中分子运动占绝对优势，可以采用完全无序模型，而理想晶体中分子力占主导地位，可以采用完全有序模型。但液体是非常复杂的一种物质，在分子力和分子运动的竞争中，液态是两者势均力敌的状态，导热机理很复杂，尚没有统一的理论模型。为了描述液体导热，其导热系数的计算可以采用经验公式：

$$\lambda = Ac_p\rho^{4/3}/M^{1/3}$$

式中，A 为常数；c_p 为定压比热（定压比热是恒定压强下单位质量的物质升高 1 ℃或 1 K 所需吸收的热量，其单位为 J/(K·mol)；ρ 为液体密度；M 为分子量。

2.2　导热微分方程及单值性条件

对于工程问题，如铁块淬火，确定温度场很重要，通过温度场可以求出热流密度。因此，确定导热体内的温度分布是导热理论的首要任务。那么，如何确定温度分布呢？这就是本节课学习的重点——导热微分方程。导热微分方程基于以下两个基本理论。

理论 1——傅里叶定律：热流量等于导热系数乘以截面积再乘以温度梯度，方向与温度梯度相反。

理论 2——热力学第一定律：能量守恒与转换定律——不同形式的能量在传递与转换过程中守恒的定律，表达式为 $Q = \Delta U + W$。主要是表达热量可以从一个物体传递到另一个物体，也可以与机械能或其他能量互相转换，但是在转换过程中，能量的总值保持不变。

然后需要以下几个假设。

（1）所研究的对象是各向同性连续介质（傅里叶定律只适用于各向同性连续介质）。

（2）热导率、比热容和密度均为已知，但是可能随温度变化。

（3）物体内具有内热源（如导热中有化学反应）；内热源均匀分布，单位体积的导热体在单位时间内放出的热量，定义为辐射强度 q_v，单位是 W/m^3。

根据热力学第一定律 $Q = \Delta U + W$，可进行能量守恒分析。如果吸收热量则 Q 为正值，ΔU 为热力学能的变化，W 是体积变化功。

假设任意形状物体，取一个小微元体（图 2－2），这个微元体既非常小可以代表局部，又足够大可以包含足够多的分子和原子。由于微元体没有体积变化，体积变化功 $W = 0$。因此在微元体中，热力学第一定律可以写

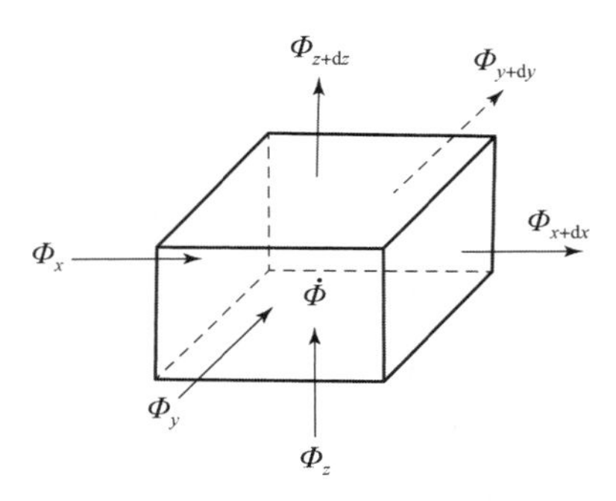

图 2－2　微元体能量传递

成 $\Phi=\Delta U$，即微元体热力学能增量 $\Delta U=\Phi$（Φ 为导入与导出微元体净热量 + 微元体内热源的发热量）。

首先计算等式右边 Φ 包含的第一项，导入与导出微元体的净热量。

假设导热都是沿着 x 正方向，从左边导入，从右边导出。那么，在 $\mathrm{d}\tau$ 时间内，沿 x 轴方向，经 x 表面导入微元体的热量可表达为经过 x 表面的热流密度与微元面积 $\mathrm{d}y\mathrm{d}z$ 和时间 $\mathrm{d}\tau$ 的乘积，即

$$\mathrm{d}\Phi_x=q_x\cdot\mathrm{d}y\mathrm{d}z\cdot\mathrm{d}\tau$$

同理，在 $\mathrm{d}\tau$ 时间内，沿 x 轴方向，经 $x+\mathrm{d}x$ 表面导出微元体的热量表达为

$$\mathrm{d}\Phi_{x+\mathrm{d}x}=q_{x+\mathrm{d}x}\cdot\mathrm{d}y\mathrm{d}z\cdot\mathrm{d}\tau$$

为了计算方便，将 $q_{x+\mathrm{d}x}$ 按泰勒级数展开，略去二阶导数之后的各项，为

$$q_{x+\mathrm{d}x}=q_x+\frac{\partial q_x}{\partial x}\mathrm{d}x$$

那么，在 $\mathrm{d}\tau$ 时间内，沿 x 轴方向，导入与导出微元体的净热量可以直接用导入的热量减去导出的热量，即 $\mathrm{d}\Phi_x-\mathrm{d}\Phi_{x+\mathrm{d}x}$，从而得到如下结果：

$$\begin{aligned}&\mathrm{d}\Phi_x-\mathrm{d}\Phi_{x+\mathrm{d}x}\\&=q_x\cdot\mathrm{d}y\mathrm{d}z\cdot\mathrm{d}\tau-q_{x+\mathrm{d}x}\cdot\mathrm{d}y\mathrm{d}z\cdot\mathrm{d}\tau\\&=q_x\cdot\mathrm{d}y\mathrm{d}z\cdot\mathrm{d}\tau-\left(q_x+\frac{\partial q_x}{\partial x}\mathrm{d}x\right)\cdot\mathrm{d}y\mathrm{d}z\cdot\mathrm{d}\tau\\&=-\frac{\partial q_x}{\partial x}\mathrm{d}x\mathrm{d}y\mathrm{d}z\cdot\mathrm{d}\tau\end{aligned}$$

同理，在 $\mathrm{d}\tau$ 时间内，沿 y 方向，导入与导出微元体的净热量为

$$\mathrm{d}\Phi_y-\mathrm{d}\Phi_{y+\mathrm{d}y}=-\frac{\partial q_y}{\partial y}\mathrm{d}x\mathrm{d}y\mathrm{d}z\cdot\mathrm{d}\tau$$

在 $\mathrm{d}\tau$ 时间内，沿 z 方向，导入与导出微元体的净热量为

$$\mathrm{d}\Phi_z-\mathrm{d}\Phi_{z+\mathrm{d}z}=-\frac{\partial q_z}{\partial z}\mathrm{d}x\mathrm{d}y\mathrm{d}z\cdot\mathrm{d}\tau$$

综上，在 $\mathrm{d}\tau$ 时间内，微元体中导入导出净热量可表示为

$$\begin{aligned}\Phi&=-\left(\frac{\partial q_x}{\partial x}\mathrm{d}x\mathrm{d}y\mathrm{d}z\cdot\mathrm{d}\tau+\frac{\partial q_y}{\partial y}\mathrm{d}x\mathrm{d}y\mathrm{d}z\cdot\mathrm{d}\tau+\frac{\partial q_z}{\partial z}\mathrm{d}x\mathrm{d}y\mathrm{d}z\cdot\mathrm{d}\tau\right)\\&=-\left(\frac{\partial q_x}{\partial x}+\frac{\partial q_y}{\partial y}+\frac{\partial q_z}{\partial z}\right)\mathrm{d}x\mathrm{d}y\mathrm{d}z\mathrm{d}\tau\\&=\left[\frac{\partial}{\partial x}\left(\lambda\frac{\partial t}{\partial x}\right)+\frac{\partial}{\partial y}\left(\lambda\frac{\partial t}{\partial y}\right)+\frac{\partial}{\partial z}\left(\lambda\frac{\partial t}{\partial z}\right)\right]\mathrm{d}x\mathrm{d}y\mathrm{d}z\cdot\mathrm{d}\tau\end{aligned}$$

这就是微元体中导入导出净热量的最终表达式。

下面再看一下，引起微元体热量变化的第二项微元体内热源发热量的计算。假设微元体内热源辐射强度是 q_v，单位是 $\mathrm{W/m^3}$，那么在 $\mathrm{d}\tau$ 时间内，微元体内的发热量表示为 $q_v\cdot\mathrm{d}x\mathrm{d}y\mathrm{d}z\cdot\mathrm{d}\tau$。

最后还需要微元体的热力学能增量。对于小微元体，体积为 $\mathrm{d}x\mathrm{d}y\mathrm{d}z$，质量就等于密度 ρ

乘以体积 $dxdydz$，那么，在 $d\tau$ 时间内，微元体温度增加 dt，它的热力学能增加为

$$\rho c \frac{\partial t}{\partial \tau} \cdot dxdydz \cdot d\tau$$

根据热力学第一定律 $Q = \Delta U$，即 Φ（导入与导出微元体净热量 + 微元体内热源发热量）= 微元体热力学能增量 ΔU，将刚才推导的导入导出净热量表达式、微元体内热源发热量表达式以及热力学能增加表达式代入进来，再约去相同项微元体的体积 $dxdydz$ 和时间 $d\tau$，可得到如下表达式：

$$\rho c \frac{\partial t}{\partial \tau} = \frac{\partial}{\partial x}\left(\lambda \frac{\partial t}{\partial x}\right) + \frac{\partial}{\partial y}\left(\lambda \frac{\partial t}{\partial y}\right) + \frac{\partial}{\partial z}\left(\lambda \frac{\partial t}{\partial z}\right) + q_v$$

这就是直角坐标系下三维、非稳态、变物性、有内热源的导热微分方程的一般形式，也是处理导热问题最普遍的方程式。

这个导热方程式描写了物体温度场随时间、空间变化的关系，在推导过程中主要用了两个定律：一个是傅里叶定律，另一个是热力学第一定律。但没有涉及特定的导热过程，所以也就没有涉及物体的形状、尺寸等。只是在物体里面任意取一个小微元体进行分析，因此该方程是一个通用的表达式。

对于某些特殊情况，方程可以进行简化。

（1）物性参数为常数，此时微分方程可以简化为

$$\frac{\partial t}{\partial \tau} = a\left(\frac{\partial^2 t}{\partial x^2} + \frac{\partial^2 t}{\partial y^2} + \frac{\partial^2 t}{\partial z^2}\right) + \frac{q_v}{\rho c}$$

也可以写为

$$\frac{\partial t}{\partial \tau} = a\nabla^2 t + \frac{q_v}{\rho c}$$

式中，$a = \frac{\lambda}{\rho c}$，称为热扩散率（或导温系数）。

热扩散率 a 反映导热过程中材料导热能力和沿途物质储热能力的比值，实际上是表征物体被加热或冷却时，物体内部各部分温度趋向于均匀一致的能力。

（2）如果没有内热源、常物性，导热微分方程为

$$\frac{\partial t}{\partial \tau} = a\nabla^2 t$$

（3）稳态、常物性：

$$\lambda \nabla^2 t + q_v = 0$$

（4）稳态、常物性、无内热源：

$$\nabla^2 t = 0$$

这都是直角坐标系的情况，对于其他正交坐标系，可以采用坐标变化的方法，直接代入直角坐标方程。例如柱坐标系，$x = r\cos\phi$，$y = r\sin\phi$，$z = z$，代入直角坐标方程，可得

$$\frac{\partial t}{\partial \tau} = a\left(\frac{\partial^2 t}{\partial r^2} + \frac{1}{r}\frac{\partial t}{\partial r} + \frac{1}{r^2}\frac{\partial^2 t}{\partial \phi^2} + \frac{\partial^2 t}{\partial z^2}\right) + \frac{q_v}{\rho c}$$

对于球坐标系，$x = r\sin\theta\cos\phi$，$y = r\sin\theta\sin\phi$，$z = r\cos\theta$，此时的微分方程为

$$\frac{\partial t}{\partial \tau} = a\left[\frac{1}{r}\frac{\partial^2 (rt)}{\partial r^2} + \frac{1}{r^2\sin\theta}\frac{\partial}{\partial \theta}\left(\sin\theta \frac{\partial t}{\partial \theta}\right) + \frac{1}{r^2\sin^2\theta}\frac{\partial^2 t}{\partial \phi^2}\right] + \frac{q_v}{\rho c}$$

在实际工程中，比如要求解墙壁的导热问题，需要得到一个确定的解。为了得到工程问题中一个确定的唯一解，就要给一个条件，如墙壁的厚度、墙壁两边的温度等。所谓单值性条件，是指为了确定唯一解的附加补充说明条件。因此，一个导热问题的完整数学描述需要包括两部分，一部分是导热微分方程，另一部分是单值性条件。

单值性条件主要包括四种：几何条件、物理条件、时间条件和边界条件。

（1）几何条件比较简单，就是说明导热物体的几何形状和尺寸。例如，导热物体为平板、圆柱或圆球，以及它们对应的厚度、半径等几何尺寸。

（2）物理条件：说明导热物体的物理特征。例如，导热物体的热物性参数：比热 c、导热系数 λ 和密度 ρ 的数值，它们是否随时间变化？如果是，那么它们随温度变化的规律是什么样的？导热体内有无内热源？如果有，那么它的大小和分布是什么样的？另外还有是否各向同性？傅里叶定律只适用于各向同性，各向异性导热还需要采取更加复杂的表达式去表达。

（3）时间条件：说明在时间上导热过程进行的特点。对于稳态导热没有时间条件，因为稳态导热是不随时间变化的。对于非稳态导热，实际上给出的是导热过程开始时导热体的温度分布状况，因此也称为初始条件。例如最简单的初始条件：$\tau=0$ 时，导热物体的温度是均匀温度 t_0，那么它的时间条件就可以写成

$$t\big|_{\tau=0}=t_0$$

（4）边界条件：说明导热体边界上导热过程进行的特点，反映导热过程与周围环境相互作用的条件。边界条件一般又可分为三类：第一类、第二类、第三类边界条件。

第一类边界条件：给定的是温度，即已知任一瞬间导热体边界上的温度值。该温度可以是随时间变化的，也可以在各个位置是不同的，所以它是时间和空间坐标的函数。

例如，对于一维稳态导热（图 2－3），其第一类边界条件可表示为

$$\begin{cases}x=0,t=t_{w1}\\x=\delta,t=t_{w2}\end{cases}$$

第二类边界条件：已知任一瞬间导热体边界上热流密度的大小和分布规律如下：

$$q_w=f(x,y,z,\tau)$$

热流密度的分布有可能是时间的函数，也有可能是空间坐标的函数。根据傅里叶定律，在边界上法线方向的热流密度可以写成

$$q_w=-\lambda\left(\frac{\partial t}{\partial n}\right)_w$$

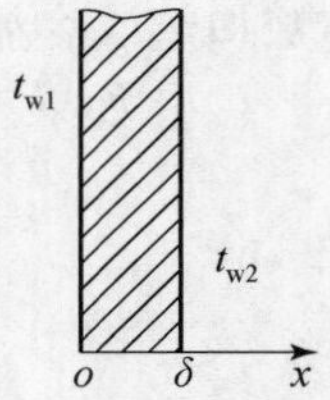

图 2－3　一维稳态导热

还可以改写成如下形式如下：

$$-\left(\frac{\partial t}{\partial n}\right)_w=\frac{q_w}{\lambda}$$

那么，已知热流密度的大小，就可以知道温度梯度，所以第二类边界条件相当于可以知道任何时刻法线方向的温度梯度值。

第三类边界条件：既不知道导热体边界的温度，也不知道温度梯度，但是知道导热体放到环境中周围流体的温度和表面传热系数，即 t_f 和 h。

根据牛顿冷却定律和傅里叶定律，在同一点对流换热热流密度和导热热流密度应该

相等：

$$q_w = h(t_w - t_f)$$

$$q_w = -\lambda\left(\frac{\partial t}{\partial n}\right)_w$$

因此得到

$$-\lambda\left(\frac{\partial t}{\partial n}\right)_w = h(t_w - t_f)$$

由此可以看出，第一类边界条件相当于知道这里的 t_w，第二类边界条件知道等式左边的温度梯度 $\left(\frac{\partial t}{\partial n}\right)_w$，那么第三类边界条件知道 h 和 t_f。因此，要完整地描述某个特定的热力学传热过程，就是要写出它的导热方程，再给出单值性条件，然后就是求解过程。

2.3　一维稳态导热

一维稳态导热问题是最基础的传热学问题，如无限大平壁、无限长圆筒壁和球壳的导热，当温度场不随时间而变化时，均可视为典型的一维稳态导热问题。从直角坐标系下的导热微分方程通用表达式出发：

$$\rho c\frac{\partial t}{\partial \tau} = \frac{\partial}{\partial x}\left(\lambda\frac{\partial t}{\partial x}\right) + \frac{\partial}{\partial y}\left(\lambda\frac{\partial t}{\partial y}\right) + \frac{\partial}{\partial z}\left(\lambda\frac{\partial t}{\partial z}\right) + q_v$$

对于一维稳态导热，温度随时间的变化为0，方程只与一个空间坐标方向有关，从而可以大幅简化。

2.3.1　平壁导热

对于无限大平壁稳态导热问题，可以假设长度和宽度远大于厚度 δ，可以简化为一维稳态导热问题。因此导热微分方程简化为以下表达式：

$$\frac{\mathrm{d}}{\mathrm{d}x}\left(\lambda\frac{\mathrm{d}t}{\mathrm{d}x}\right) + q_v = 0$$

写出平壁的导热微分方程后，为了可以求解该方程，下面需要写出其单值性条件。

（1）几何条件：对于平壁问题，需要考虑平壁是单层还是多层，具体厚度是多少。

（2）物理条件：需要考虑物体的热物性参数，包括导热系数 λ、比热 c 和密度 ρ 的数值，以及导热体内有无内热源。

（3）时间条件：这里是稳态导热，温度随时间变化项可以忽略。

（4）边界条件：如果是第一类边界条件，需要已知边界温度；如果是第三类边界条件，需要已知表面传热系数 h 和流体温度 t_f。

为了简化计算，可以假设平壁为单层，导热系数 λ 为常数，且无内热源，导热微分方程可以进一步简化，写成如下形式：

$$\frac{\mathrm{d}^2 t}{\mathrm{d}x^2} = 0$$

按照第一类边界条件：$x=0$，$t=t_{w1}$；$x=\delta$，$t=t_{w2}$，

直接积分，可以得到

$$\frac{\mathrm{d}t}{\mathrm{d}x}=c_1$$

$$\Rightarrow t=c_1x+c_2$$

根据上述第一类边界条件，可得

$$c_2=t_{\mathrm{w1}}，\ c_1=(t_{\mathrm{w2}}-t_{\mathrm{w1}})/\delta$$

从而，可得到平壁内的温度场：

$$t=\frac{t_{\mathrm{w2}}-t_{\mathrm{w1}}}{\delta}x+t_{\mathrm{w1}}=t_{\mathrm{w1}}-(t_{\mathrm{w1}}-t_{\mathrm{w2}})\frac{x}{\delta}$$

可以看出，温度随 x 呈线性分布。

通过温度场分布表达式可以求出通过平壁的热流量：

$$\Phi=-\lambda A\frac{\mathrm{d}t}{\mathrm{d}x}=\lambda A\frac{t_{\mathrm{w1}}-t_{\mathrm{w2}}}{\delta}=\frac{t_{\mathrm{w1}}-t_{\mathrm{w2}}}{\delta/(\lambda A)}=\frac{t_{\mathrm{w1}}-t_{\mathrm{w2}}}{r_\lambda}$$

以及热流密度：

$$q=\frac{\Phi}{A}=\lambda\frac{t_{\mathrm{w1}}-t_{\mathrm{w2}}}{\delta}=\frac{t_{\mathrm{w1}}-t_{\mathrm{w2}}}{\delta/\lambda}=\frac{t_{\mathrm{w1}}-t_{\mathrm{w2}}}{r_\lambda}$$

这是对于第一类边界条件下，通过平壁的常物性、无内热源的情况。

如果平壁变为多层平壁，可以按照热阻串联的方式求解。例如，三层平壁相当于三个平壁热阻串联，如图 2－4 所示。其热阻网络图如图 2－5 所示。

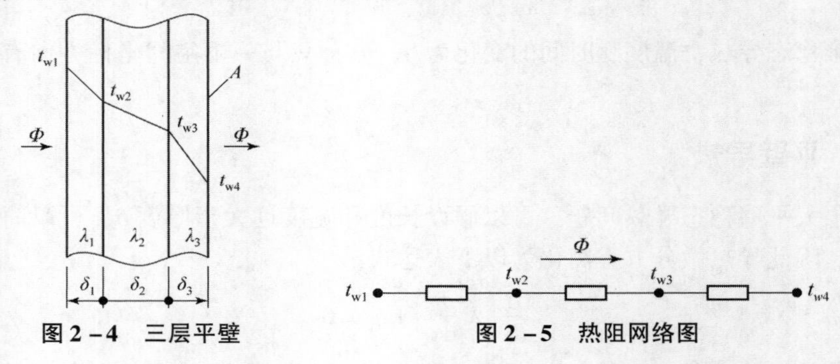

图 2－4　三层平壁　　**图 2－5　热阻网络图**

$$r_{\lambda1}=\frac{\delta_1}{\lambda_1A},\ r_{\lambda2}=\frac{\delta_2}{\lambda_2A},\ r_{\lambda3}=\frac{\delta_3}{\lambda_3A}$$

通过三层平壁的热流量为

$$\Phi=\frac{t_{\mathrm{w1}}-t_{\mathrm{w4}}}{r_{\lambda1}+r_{\lambda2}+r_{\lambda3}}=\frac{t_{\mathrm{w1}}-t_{\mathrm{w4}}}{\dfrac{\delta_1}{\lambda_1A}+\dfrac{\delta_2}{\lambda_2A}+\dfrac{\delta_3}{\lambda_3A}}$$

此时的温度分布为一条折线。

如果其中某一个平壁变成两个，即如图 2－6 所示情况，那么相当于多了一个并联热阻。热阻网络如图 2－7 所示。

热流量的计算同上，只是总热阻发生了变化，其中：

$$r_{\lambda1}=\frac{\delta_1}{\lambda_1A},\ r_{\lambda2}=\frac{2\delta_2}{\lambda_2A},\ r_{\lambda3}=\frac{2\delta_2}{\lambda_3A},\ r_{\lambda4}=\frac{\delta_3}{\lambda_4A}$$

总热阻为

$$\sum r_{\lambda_i} = r_{\lambda 1} + r_{\lambda 4} + \frac{r_{\lambda 2} \cdot r_{\lambda 3}}{r_{\lambda 2} + r_{\lambda 3}}$$

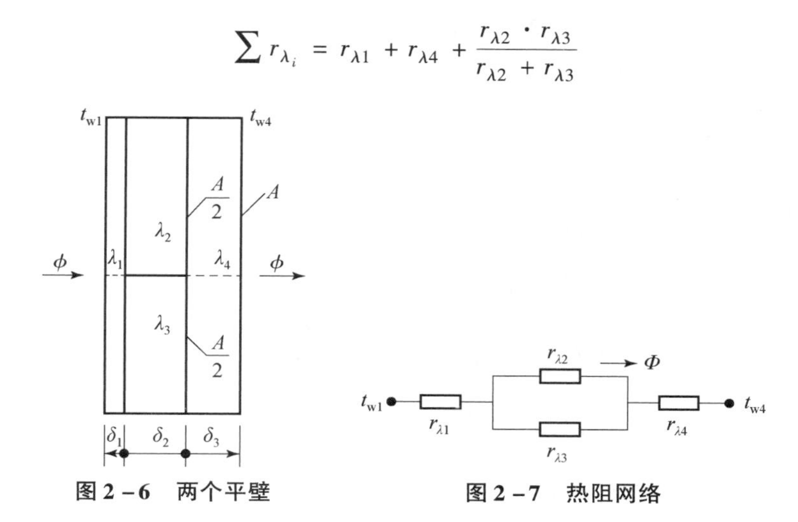

图 2－6　两个平壁　　**图 2－7　热阻网络**

热流量为温差除以总热阻：

$$\Phi = \frac{t_{w1} - t_{w4}}{\sum r_{\lambda i}}$$

例题 2－1　用厚 1.5 mm 的平底锅烧水，锅底的内外表面分别结了一层 0.2 mm 厚的水垢和 0.1 mm 厚的烟炱。若温差不变，试问锅底结垢后的导热量变化了多少？已知铝、水垢和烟炱的导热系数分别为 $\lambda = 200$ W/(m·K)，$\lambda_1 = 1.5$ W/(m·K) 和 $\lambda_2 = 0.1$ W/(m·K)。

解：通过平底锅的导热可看作是无限大平壁的一维稳态导热。结垢前，只有一层铝锅底，导热热流密度为

$$q = \frac{\Delta t}{\frac{\delta}{\lambda}} = \frac{\Delta t}{\frac{1.5 \times 10^{-3}}{200}} = 1.333 \times 10^5 \Delta t$$

结垢后，锅底的内外表面分别结有水垢和烟炱，热流密度为

$$q' = \frac{\Delta t}{\frac{\delta_1}{\lambda_1} + \frac{\delta}{\lambda} + \frac{\delta_2}{\lambda_2}} = \frac{\Delta t}{\frac{0.2 \times 10^{-3}}{1.5} + \frac{1.5 \times 10^{-3}}{200} + \frac{0.1 \times 10^{-3}}{0.1}} = 876.55 \Delta T$$

结垢前后热流密度之比为

$$\frac{q}{q'} = \frac{1.333 \times 10^5 \Delta t}{876.55 \Delta t} = 152$$

可见，水垢和烟炱的形成会严重阻碍传热过程。

例题 2－2　某飞机座舱用双层外壁结构组成。内壁由厚 1 mm 的铝镁合金组成，$\lambda =$ 160 W/(m·K)；外壁由厚 2 mm 的软铝作蒙皮，$\lambda = 200$ W/(m·K)，并有 10 mm 厚的超细玻璃棉作为绝热层，$\lambda = 0.03$ W/(m·K)；内外壁的空腔宽为 20 mm，内有空气存在，$\lambda = 0.025$ W/(m·K)。假如座舱温度要求为 20 ℃，飞机在高空飞行时外壁温度为 －30 ℃，在忽略空腔内自然对流的条件下，试问空调系统需供应座舱的热流量为多少？若要使热损失比原来减小 40%，绝热层应加厚多少？

解：(1) 计算热流密度和热流量。

在稳态导热的情况下，空调系统供给座舱的热量应等于座舱壁面向外撤走的热量。座舱

壁厚远远小于座舱的直径，故可按平壁处理。

四层壁面的热阻分别计算如下。

铝镁合金层：$r_1=\dfrac{\delta_1}{\lambda_1}=\dfrac{0.001}{160}=6.25\times10^{-6}$ $(\mathrm{m^2\cdot K})/\mathrm{W}$

空腔空气层：$r_2=\dfrac{\delta_2}{\lambda_2}=\dfrac{0.02}{0.025}=8\times10^{-1}$ $(\mathrm{m^2\cdot K})/\mathrm{W}$

玻璃棉绝热层：$r_3=\dfrac{\delta_3}{\lambda_3}=\dfrac{0.01}{0.03}=3.33\times10^{-1}$ $(\mathrm{m^2\cdot K})/\mathrm{W}$

蒙皮软铝层：$r_4=\dfrac{\delta_4}{\lambda_4}=\dfrac{0.002}{200}=1\times10^{-5}$ $(\mathrm{m^2\cdot K})/\mathrm{W}$

通过座舱的热流密度为温差除以总热阻：

$$q=\frac{\Delta t}{\dfrac{\delta_1}{\lambda_1}+\dfrac{\delta_2}{\lambda_2}+\dfrac{\delta_3}{\lambda_3}+\dfrac{\delta_4}{\lambda_4}}=\frac{20+30}{1.133}=44.1\ \mathrm{W/m^2}$$

（2）计算热损失减少40%时的绝热层厚度，可忽略铝镁合金层和蒙皮软铝层热阻（金属热阻极小）。

$$\frac{q_x}{q}=\frac{\dfrac{\delta_2}{\lambda_2}+\dfrac{\delta_3}{\lambda_3}}{\dfrac{\delta_2}{\lambda_2}+\dfrac{\delta_x}{\lambda_3}}=0.6$$

可计算得到 $\delta_x=32.4$ mm，即绝热层厚度需增加22.4 mm。

对于稍微复杂一点的情况，假设仍然是一维稳态平壁导热，但是有内热源，那么导热微分方程就需要加入内热源项，变为

$$\frac{\mathrm{d}^2t}{\mathrm{d}x^2}+\frac{q_\mathrm{v}}{\lambda}=0$$

边界条件不变，仍然为第一类边界条件：

$$\begin{cases}x=0, t=t_{\mathrm{w1}}\\ x=\delta, t=t_{\mathrm{w2}}\end{cases}$$

此时，求出的温度分布为

$$t=-\frac{q_\mathrm{v}}{2\lambda}x^2+\left(\frac{t_{\mathrm{w2}}-t_{\mathrm{w1}}}{\delta}+\frac{q_\mathrm{v}}{2\lambda}\delta\right)x+t_{\mathrm{w1}}$$

同样，可以求出热流密度为

$$q=-\lambda\frac{\mathrm{d}t}{\mathrm{d}x}=-\lambda\left(\frac{\delta-2x}{2\lambda}q_\mathrm{v}+\frac{t_{\mathrm{w2}}-t_{\mathrm{w1}}}{\delta}\right)$$

温度分布明显不再是一条直线，通过温度分布的极值点位置可以大致判断温度分布的走势。当 $t_{\mathrm{w1}}=t_{\mathrm{w2}}$ 时，

$$t=\frac{\delta x-x^2}{2\lambda}q_\mathrm{v}+t_{\mathrm{w1}}$$

令

$$\frac{\mathrm{d}t}{\mathrm{d}x}=\frac{\delta-2x}{2\lambda}q_\mathrm{v}=0$$

$$\Rightarrow x=\frac{\delta}{2}$$

当 $t_{w1}\neq t_{w2}$ 时，

令
$$\frac{dt}{dx}=\frac{\delta-2x}{2\lambda}q_v+\frac{t_{w2}-t_{w1}}{\delta}=0$$

$$\Rightarrow x=\frac{\delta}{2}+\frac{t_{w2}-t_{w1}}{\delta}\frac{\lambda}{q_v}$$

因此可知，对于平板内部有内热源的情况，温度分布就不再是一条折线，而是一条抛物线，而且当平板两侧温度相等时，温度分布的最大值正好在平板的中心线上。如果平板两侧温度不相等，则极值点在偏离中心的位置。如果要判断这个极值点是极大值还是极小值，还需要求二阶导数。二阶导数大于零，则为极小值；二阶导数小于零，则为极大值。

2.3.2　圆筒壁导热

在工程应用中，许多导热体都是圆筒形的。本节所讲的圆筒壁导热问题（图 2－8）将遵循上一节平壁导热的思路，首先写出它的导热方程，再写出单值性条件，然后应用数理方程求解得到最终结果。

对于圆柱坐标系，其一般性导热方程为

$$\rho c\frac{\partial t}{\partial \tau}=\frac{1}{r}\frac{\partial}{\partial r}\left(\lambda r\frac{\partial t}{\partial r}\right)+\frac{1}{r^2}\frac{\partial}{\partial \Phi}\left(\lambda\frac{\partial t}{\partial \Phi}\right)+\frac{\partial}{\partial z}\left(\lambda\frac{\partial t}{\partial z}\right)+q_v$$

同样，采用一维、稳态、无内热源以及常物性近似，导热方程可简化为

$$\frac{d}{dr}\left(r\frac{\partial t}{\partial r}\right)=0$$

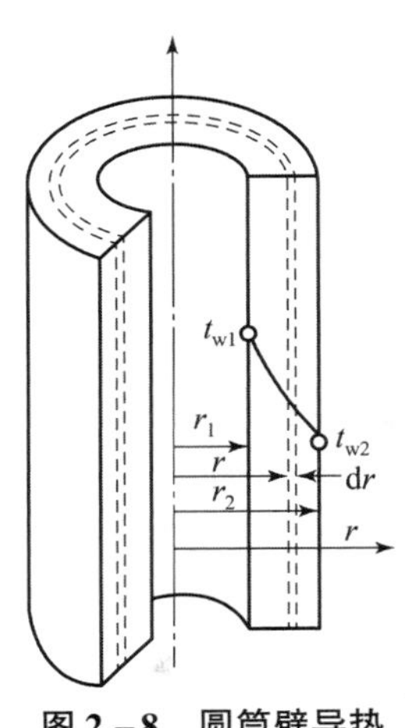

图 2－8　圆筒壁导热

下面写出其单值性条件。

（1）几何条件：研究对象为一个内、外半径分别为 r_1 和 r_2，长度为 l 的圆筒壁。

（2）物理条件：材料的导热系数 λ 为常数，无内热源。

（3）时间条件：稳态导热，温度随时间变化为 0。

（4）边界条件为第一类边界条件：圆筒的内外两侧表面分别维持均匀而恒定的温度 t_{w1} 和 t_{w2}。

第一类边界条件：$r=r_1$ 时，$t=t_{w1}$；$r=r_2$ 时，$t=t_{w2}$。

直接对方程进行求解，可得通解：

$$r\frac{\partial t}{\partial r}=c_1\Rightarrow t=c_1\ln r+c_2$$

根据边界条件，可以得到

$$t_{w1}=c_1\ln r_1+c_2；\ t_{w2}=c_1\ln r_2+c_2$$

可求出两个常数 c_1 和 c_2：

$$c_1=\frac{t_{w2}-t_{w1}}{\ln(r_2/r_1)}；\ c_2=t_{w1}-(t_{w2}-t_{w1})\frac{\ln r_1}{\ln(r_2/r_1)}$$

将 c_1 和 c_2 的值代入通解中，最终可得温度场：

$$t = t_{w1} + \frac{t_{w2} - t_{w1}}{\ln(r_2/r_1)} \ln(r/r_1)$$

可见，在无内热源、导热系数为常数的一维圆筒壁导热中，温度分布呈对数曲线分布。

通过温度场求出导热热流密度：

$$q = -\lambda \frac{\mathrm{d}t}{\mathrm{d}r} = -\lambda \frac{c_1}{r} = -\lambda \frac{1}{r} \frac{t_{w2} - t_{w1}}{\ln(r_2/r_1)} = \frac{\lambda}{r} \frac{t_{w1} - t_{w2}}{\ln(r_2/r_1)}$$

以及热流量：

$$\Phi = 2\pi rlq = 2\pi rl \frac{\lambda}{r} \frac{t_{w1} - t_{w2}}{\ln(r_2/r_1)} = \frac{t_{w1} - t_{w2}}{\dfrac{\ln(r_2/r_1)}{2\pi l\lambda}} = \frac{\Delta t}{R_\lambda}$$

这里需要注意，热流密度所乘的面积是圆柱的整个侧面面积。为了工程计算方便，经常按照单位管长计算热流密度，q_1 = 热流量 Φ/管长度 l。

圆筒壁内温度分布曲线的具体形状可以通过温度的二阶导数来判断：

$$\begin{cases} \dfrac{\mathrm{d}t}{\mathrm{d}r} = \dfrac{c_1}{r} = \dfrac{t_{w2} - t_{w1}}{\ln(r_2/r_1)} \dfrac{1}{r} \\ \dfrac{\mathrm{d}^2 t}{\mathrm{d}r^2} = \dfrac{t_{w1} - t_{w2}}{\ln(r_2/r_1)} \dfrac{1}{r^2} \end{cases}$$

此时二阶导数取值需要分情况讨论：如果 $t_{w1} > t_{w2}$，则 $\dfrac{\mathrm{d}^2 t}{\mathrm{d}r^2} > 0$；如果 $t_{w1} < t_{w2}$，则 $\dfrac{\mathrm{d}^2 t}{\mathrm{d}r^2} < 0$。

二阶导数如果大于零，说明温度分布曲线有极小值，曲线为凹曲线（这种情况对应的内表面温度比外表面高）；二阶导数如果小于零，曲线为凸曲线（这种情况对应的内表面温度比外表面低）。可见，二阶导数是否大于零取决于壁面温差 $t_{w1} - t_{w2}$ 的大小。

对于多层管壁的情况（图 2－9），同样可以采用热阻串联的方式考虑。

$$\Phi = \frac{t_1 - t_4}{\dfrac{\ln(r_2/r_1)}{2\pi\lambda_1 l} + \dfrac{\ln(r_3/r_2)}{2\pi\lambda_2 l} + \dfrac{\ln(r_4/r_3)}{2\pi\lambda_3 l}}$$

例题 2－3 某管道外径为 $2r$，外壁温度为 t_1，如外包两层厚度均为 r（即 $\delta_2 = \delta_3 = r$），导热系数分别为 λ_2 和 λ_3（$\lambda_2/\lambda_3 = 2$）的保温材料，外层外表面温度为 t_2。如将两层保温材料的位置对调，其他条件不变，保温情况变化如何？由此能得出什么结论？

解：本题可看作双层圆筒壁的导热问题（图 2－10）。

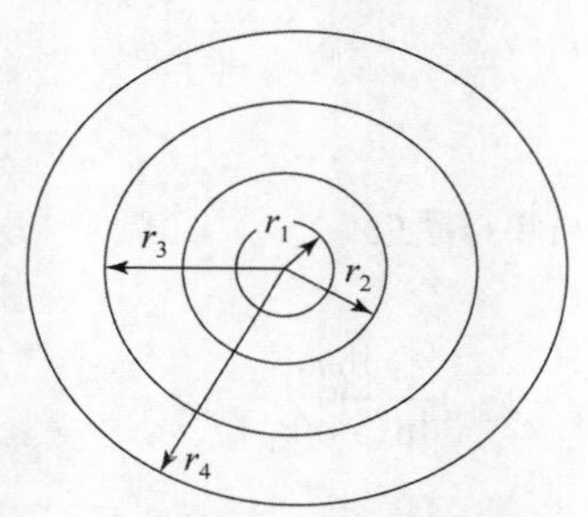

图 2－9　多层管壁导热

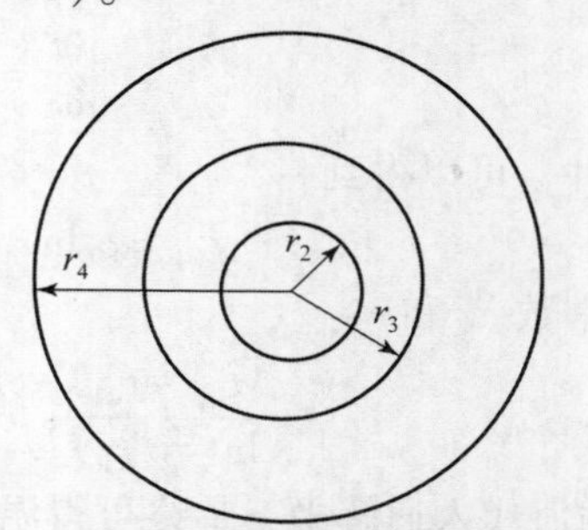

图 2－10　双层圆筒壁导热

两层保温层直径由内到外分别为 d_2、d_3 和 d_4，则 $d_3/d_2=2/1$，$d_4/d_3=3/2$。导热系数大的在里面时，热流量为

$$\Phi_1=\frac{t_1-t_2}{\frac{1}{2\pi\lambda_2}\ln\frac{d_3}{d_2}+\frac{1}{2\pi\lambda_3}\ln\frac{d_4}{d_3}}=\frac{\Delta t}{\frac{1}{2\pi\cdot 2\lambda_3}\ln 2+\frac{1}{2\pi\lambda_3}\ln\frac{3}{2}}=\frac{\lambda_3\Delta t}{0.119\ 69}$$

导热系数大的在外面时，热流量为

$$\Phi_1'=\frac{t_1-t_2}{\frac{1}{2\pi\lambda_3}\ln 2+\frac{1}{2\pi\cdot 2\lambda_3}\ln\frac{3}{2}}=\frac{\lambda_3\Delta t}{0.142\ 6}$$

两种情况散热量之比为

$$\frac{\Phi_1}{\Phi_1'}=\frac{0.142\ 6}{0.119\ 69}=1.19$$

因此可得出结论：导热系数大的材料在外面，导热系数小的材料放在里层对保温更有利。

2.3.3　球壳导热

球壳导热问题（图 2－11），根据傅里叶定律，可直接得到热流量与温度梯度相关：

$$\Phi=-\lambda A\frac{\mathrm{d}t}{\mathrm{d}r}=-\lambda(4\pi r^2)\frac{\mathrm{d}t}{\mathrm{d}r}$$

所以
$$\mathrm{d}t=-\frac{\Phi}{4\pi\lambda}\frac{\mathrm{d}r}{r^2}$$

上式左右两边积分，得到

$$t=\frac{\Phi}{4\pi\lambda}\frac{1}{r}+C$$

将两个边界条件分别代入方程

$$r=r_1\ 时, t=t_{w1}$$

所以 $t_{w1}=\dfrac{\Phi}{4\pi\lambda}\dfrac{1}{r_1}+C$

$$r=r_2\ 时, t=t_{w2}$$

所以 $t_{w2}=\dfrac{\Phi}{4\pi\lambda}\dfrac{1}{r_2}+C$

进而可以得到热流量的表达式：

$$\Phi=\frac{4\pi\lambda(t_{w1}-t_{w2})}{\frac{1}{r_1}-\frac{1}{r_2}}$$

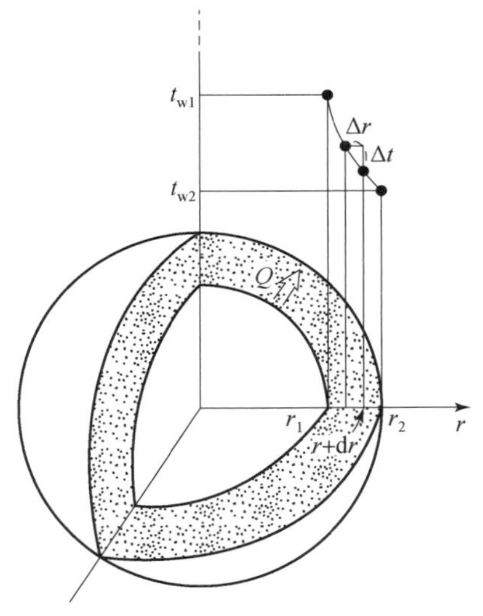

图 2－11　球壳导热

2.4　临界绝热直径

工程上常见的一个问题是为了增加保温效果，通常会在管道外面再包一层保温材料，那么有没有可能加了保温材料之后反而使热量损失增加了呢？

增加包层厚度会增加其导热热阻，确实可以阻碍传热。但是外表面的面积也会增加，面积增加是有利于对流换热的。因此，增加包层厚度存在削弱传热和增强传热两种因素，某些

情况下，如果增强传热占主导地位，那么加了保温层反而会使管道散热量更大，也就不能实现保温的目的。为此，可以定义一个临界值，用来判断如何选择保温层的厚度。临界绝热直径就是热阻达到极小值时的管道直径。

如图 2－12 所示，里面一层是圆筒壁本身，外面一层是保温材料，单位长度管道的总热阻可表示为

$$r_1=\frac{1}{h_1\pi d_1}+\frac{1}{2\pi\lambda}\ln\frac{d_2}{d_1}+\frac{1}{2\pi\lambda_{\text{ins}}}\ln\frac{d_x}{d_2}+\frac{1}{h_2\pi d_x}$$

对于给定管道，h_1、h_2、d_1、d_2、λ 都是定值，因此总热阻前两项为定值，这两项分别为管道内侧对流换热热阻和管道导热热阻。后两项分别为包层导热热阻和最外侧对流换热热阻，这两项的值都取决于包层厚度或包层外径 d_x。包层外径 d_x 增加会使包层导热热阻增加，但对流换热热阻减少。

$$d_x\uparrow\Rightarrow\ln\frac{d_x}{d_2}\uparrow,\frac{1}{h_2\pi d_x}\downarrow$$

因此可以看出，包层外径 d_x 的增加对于总热阻变化既有增大的因素，也有减小的因素。

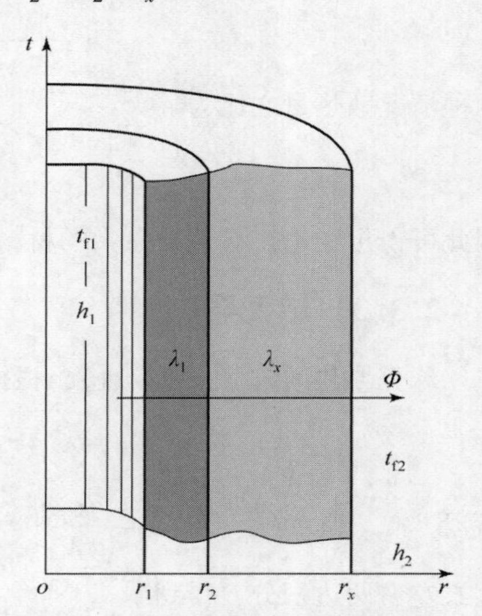

图 2－12　圆筒壁加保温层示意图

如图 2－13（a）所示，总热阻为三条曲线的叠加，其中$\frac{1}{h_1\pi d_1}+\frac{1}{2\pi\lambda_1}\ln\frac{d_2}{d_1}$为常数，所以是一条直线，包层导热热阻$\frac{1}{2\pi\lambda_{\text{ins}}}\ln\frac{d_x}{d_2}$随着包层外径增加而增加，当 $d_x=d_2$ 时，也就相当于不包保温材料，此时保温层热阻为零。对流换热热阻$\frac{1}{h_2\pi d_x}$随着包层外径增加而减小。总热阻呈先减小再增大的趋势，总热阻达到极小值时的包层外径称为临界绝热直径（critical diameter of insulation，d_c）。此时，热流密度最大，散热量最大。

如图 2－13（b）所示，当 $d_2<d_c$，加了保温材料后，散热量会增大，但是保温层加到一定厚度 d_3 后再增厚，散热量又会减小。因此需要找到极值点，即临界绝热直径 d_c 的具体数值。

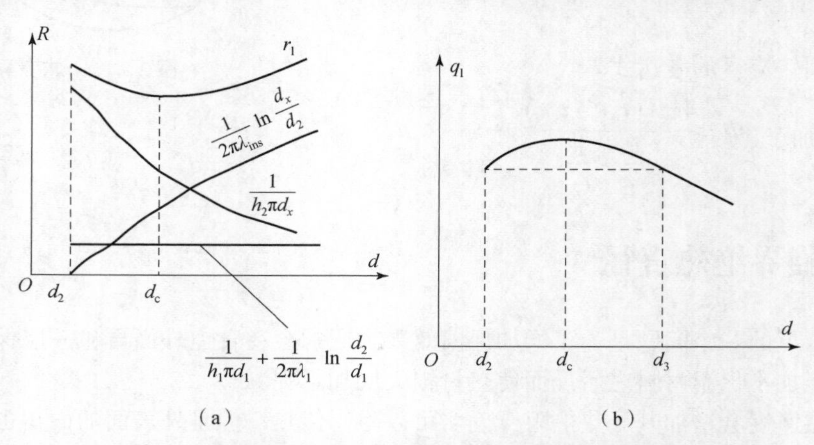

图 2－13　圆筒壁加保温层热阻变化及热流密度变化

由于临界绝热直径对应的是总热阻的极小值，因此可以对总热阻求极值，通过极值点来确定 d_c 的值，即

$$\frac{\mathrm{d}r_1}{\mathrm{d}d_x}=\frac{1}{2\pi\lambda_{\text{ins}}}\frac{1}{d_x}-\frac{1}{h_2\pi d_x^2}=0$$

可以求出临界绝热直径：

$$d_x=d_c=\frac{2\lambda_{\text{ins}}}{h_2}$$

可见，临界绝热直径 d_c 与保温材料的热导率以及保温层外侧对流换热系数直接相关。

另外，还可以通过总热阻的二阶导数来判断临界绝热直径 d_c 使总热阻达到极小值还是极大值：

$$\left.\frac{\mathrm{d}^2r_1}{\mathrm{d}d_x^2}\right|_{d_x=d_c}=\left.\left(-\frac{1}{2\pi\lambda_{\text{ins}}}\frac{1}{d_x^2}+\frac{2}{h_2\pi d_x^3}\right)\right|_{d_c}=\frac{h_2^2}{8\pi\lambda_{\text{ins}}^3}>0$$

因此，总热阻是达到极小值，而传热量达到极大值。

注意：若 $d_2<d_c$，当 d_x 在 d_2 与 d_3 范围内时，管道向外的散热量比无保温层时更大，那么如何才能保证加了保温层后确实可以起到保温效果呢？还需要确定 d_3 的值，即要先确定保温层包裹到什么样的厚度可以达到与不包保温层同样的效果，之后再继续增加厚度才能使保温效果逐渐提升。因此，d_3 的值对应的是加保温层后的热阻与不加保温层时的热阻相等的点。

加保温材料后的管道总热阻为

$$r_1=\frac{1}{h_1\pi d_1}+\frac{1}{2\pi\lambda}\ln\frac{d_2}{d_1}+\frac{1}{2\pi\lambda_{\text{ins}}}\ln\frac{d_x}{d_2}+\frac{1}{h_2\pi d_x}$$

不加保温材料的管道热阻为

$$R_1=\frac{1}{h_1\pi d_1}+\frac{1}{2\pi\lambda}\ln\frac{d_2}{d_1}+\frac{1}{h_2\pi d_2}$$

两个热阻相等，可得到

$$\frac{1}{h_2\pi d_2}=\frac{1}{2\pi\lambda_{\text{ins}}}\ln\frac{d_3}{d_2}+\frac{1}{h_2\pi d_3}$$

从而解出 d_3 的值：

$$d_3=d_2\mathrm{e}^{\left[\frac{2\lambda_{\text{ins}}}{h_2}\left(\frac{1}{d_2}-\frac{1}{d_3}\right)\right]}$$

例题 2－4　日常生活中经常遇到电线连接需要包黑胶布防止漏电的情况，可以从换热的角度判断加了黑胶布对换热有何影响。

解：假设黑胶布的热导率为 $\lambda_{\text{ins}}=0.04\ \mathrm{W/(m\cdot K)}$，空气对流换热系数为 $h_{\text{air}}=10\ \mathrm{W(m^2\cdot K)}$。

此时，临界绝热直径为

$$d_c=\frac{2\lambda_{\text{ins}}}{h_{\text{air}}}=0.008\ \mathrm{m}=8\ \mathrm{mm}$$

一般电线直径 d_2 约为 2 mm，小于 d_c。

因此，包黑胶布有利于电线散热。

2.5 通过肋壁的导热

工程上往往需要对传热量进行控制，比如为了增加平壁的换热量，可以采取哪些措施呢？通过平壁换热量的计算公式，可知对换热量起决定作用的主要是温差和热阻。

$$\Phi = \frac{T_{f1} - T_{f2}}{\dfrac{1}{h_1 A} + \dfrac{\delta}{\lambda A} + \dfrac{1}{h_2 A}}$$

增大温差（$T_{f1} - T_{f2}$），换热是随之增大，但往往会受到工艺条件限制，温度升高很容易产生其他问题。传热热阻由三部分组成，即固体壁面两侧的冷、热流体与壁面之间的对流换热热阻，以及通过固体壁面本身的导热热阻。传热过程中热阻最大的部分对热流量的影响最为显著。因此为了增强传热，就需要设法减小传热过程中的最大热阻。对于金属壁面，一般很薄（厚度 δ 很小），而且金属热导率很大，传热过程中的导热热阻一般可忽略，此时壁面外的对流换热热阻起主要作用。

为了减小对流换热热阻，可以增加对流换热系数 h_1、h_2，但增加 h_1、h_2 实现起来并不容易（如更换流体），那么增加换热面积 A 就成为比较理想的选择。因此，在对流换热系数较小的一侧引入肋壁进而增加其换热面积是强化传热的一种行之有效的方法。图 2－14 给出了 4 种典型的肋片结构。

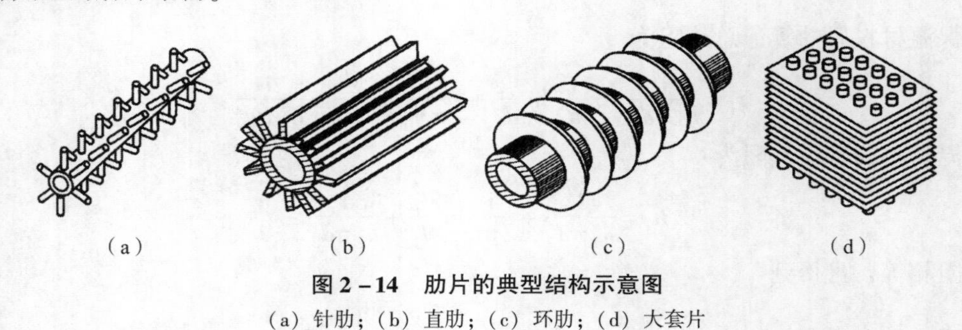

(a)　　(b)　　(c)　　(d)

图 2－14　肋片的典型结构示意图

(a) 针肋；(b) 直肋；(c) 环肋；(d) 大套片

2.5.1 通过等截面直肋的导热

肋片导热不同于平壁和圆筒壁的导热，其基本特征在于热量沿肋片伸展方向传导的同时，还有肋片表面与周围流体之间的对流换热。因此在肋片中，沿肋片伸展方向的导热热流量是不断变化的。通过肋片的导热过程具有三维特征：在肋基处热量通过热传导导入肋片，之后肋片内部逐渐建立温度分布，同时肋片热量也通过对流换热而传入周围流体。既然肋片内部以及肋片表面和流体之间有热量交换，那么在肋片内部任一截面上就必然存在温度差。

在理论分析中，通过综合考察几何效应、材料物性和边界条件等因素，可以对实际问题的物理模型进行合理的简化。

为了简化分析，可以做以下几点假设：

（1）重点考虑等截面直肋的导热问题，肋片为矩形直肋。

（2）肋片很细小，材料的导热系数较大，沿肋片伸展方向任一横截面的温度可认为是均匀的，即温度仅仅是肋片伸展方向坐标的函数，肋根温度为 T_0，且 $T_0 > T_\infty$。

（3）材料的导热系数及表面对流换热系数均为常数。

（4）直肋的宽度 l 远远大于厚度 δ 和高度 H。

（5）直肋的厚度 δ 远远小于高度 H。

从边界条件看，肋根为第一类边界条件，肋端为绝热边界条件。肋片导热微分方程式的推导基础是能量守恒定律、傅里叶定律和牛顿冷却定律。可仍然从微元体开始分析，如图 2－15 所示，直肋片的宽度为 l，肋片伸展方向截面积为 A_c，周长为 P，在肋片高度方向上取长度为 dx 的微元段作为控制体，分析其能量平衡，肋片微元体与周围流体接触的表面积为微元段周长乘以微元段宽度 $P\mathrm{d}x$。

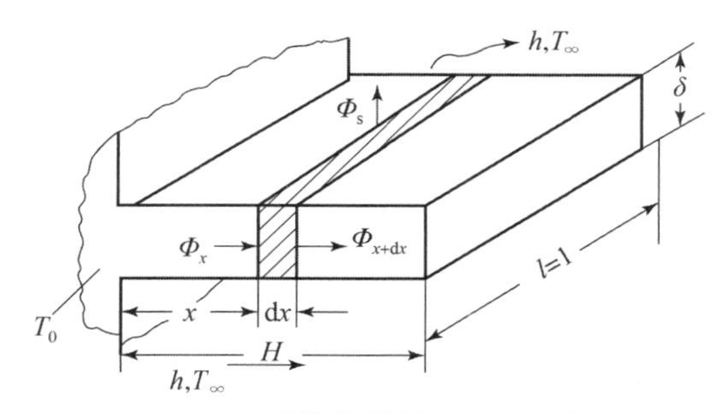

图 2－15　肋片散热微元分析示意图

根据能量守恒，通过导热进入微元体的热量 Φ_x 应该等于通过导热离开微元体的热量 $\Phi_{x+\mathrm{d}x}$与微元体对流换热流失的热量 Φ_s 之和，因此有

$$\Phi_x - \Phi_{x+\mathrm{d}x} = \Phi_s$$

式中，Φ_x 和 $\Phi_{x+\mathrm{d}x}$分别为进入和离开微元控制体的导热热流量。

然后可根据傅里叶定律确定 Φ_x 和 $\Phi_{x+\mathrm{d}x}$表达式：

$$\Phi_x = -\lambda A_c \frac{\mathrm{d}T}{\mathrm{d}x}$$

$$\Phi_{x+\mathrm{d}x} = \Phi_x + \frac{\mathrm{d}\Phi_x}{\mathrm{d}x}\mathrm{d}x = -\lambda A_c \frac{\mathrm{d}T}{\mathrm{d}x} - \frac{\mathrm{d}}{\mathrm{d}x}\left(\lambda A_c \frac{\mathrm{d}T}{\mathrm{d}x}\right)\mathrm{d}x$$

因此，

$$\Phi_x - \Phi_{x+\mathrm{d}x} = \lambda A_c \frac{\mathrm{d}^2 T}{\mathrm{d}x^2}\mathrm{d}x$$

Φ_s 为微元控制体周边表面的对流换热热流量，由牛顿冷却定律确定 Φ_s 表达式：

$$\Phi_s = h(P\mathrm{d}x)(T - T_\infty)$$

代入能量守恒关系式，可得肋片换热方程：

$$\frac{\mathrm{d}^2 T}{\mathrm{d}x^2} - \frac{hP}{\lambda A_c}(T - T_\infty) = 0$$

可以发现此方程式的形式类似一个具有内热源的一维导热方程。从物理意义上分析，如果将肋片侧面视为绝热的边界，则肋片通过周边表面与周围流体之间进行的热量交换可以等同于肋片的吸热或放热，即相当于内热源的作用。

边界条件为：

（1）肋根的第一类边界条件：$x=0$，$T=T_0$。

（2）肋端的绝热边界条件：肋端散热量很小趋近于零，近似认为无热量交换，近似为绝热条件：

$$x = H, \ -\lambda \left.\frac{dT}{dx}\right|_H = 0$$

引入过余温度 $\theta = T - T_\infty$，以及常数 m：

$$m = \sqrt{\frac{hP}{\lambda A_c}} = \text{const}$$

肋片换热方程可简化为

$$\frac{d^2\theta}{dx^2} = m^2\theta$$

边界条件变为

$$\begin{cases} x = 0, \ \theta = \theta_0 = T_0 - T_\infty \\ x = H, \ \dfrac{d\theta}{dx} = 0 \end{cases}$$

解方程后可得从肋基到肋端的过余温度分布：

$$\theta = \theta_0 \frac{e^{m(H-x)} + e^{-m(H-x)}}{e^{mH} + e^{-mH}} = \theta_0 \frac{\text{ch}[m(H-x)]}{\text{ch}(mH)}$$

另外，稳态条件下肋片表面的散热量应该等于通过肋基导入肋片的热量，因此可以通过傅里叶定律，计算肋基处的热流量，进而得到肋片表面的散热量表达式：

$$\Phi = -\lambda A_c \left.\frac{d\theta}{dx}\right|_{x=0} = \lambda A_c \theta_0 m \cdot \text{th}(mH) = \frac{hP}{m}\theta_0 \cdot \text{th}(mH)$$

必须注意，以上提供的理论解是根据肋端绝热的边界条件获得的，用于薄而长的肋片可以得到工程上足够精确的结果。对于不能忽略肋端散热的少数场合，其理论分析解可以参考有关文献。

2.5.2 肋片效率

为了比较不同肋片散热的有效程度，引入肋片效率。肋片效率定义为：在肋片表面平均温度 T_m 下，肋片的实际散热量 Φ 与假定整个肋片表面都处在肋基温度 T_0 时的理想散热量 Φ_0 的比值。

$$\eta_f = \frac{\Phi}{\Phi_0} = \frac{hPH(T_m - T_\infty)}{hPH(T_0 - T_\infty)} = \frac{\theta_m}{\theta_0} < 1$$

假设肋片的热导率无穷大，那么整个肋片的温度都等于根部的温度，$T_m = T_0$ 时，$\eta_f = 1$，这就是理想情况。平均过余温度 θ_m 可以通过肋基到肋端的过余温度在 H 方向积分再除以 H 求出。

$$\theta_m = \frac{1}{H}\int_0^H \theta dx = \frac{1}{H}\int_0^H \theta_0 \frac{\text{ch}[m(H-x)]}{\text{ch}(mH)} dx = \frac{\theta_0}{mH}\text{th}(mH)$$

那么肋片效率可以表示为

$$\eta_f = \frac{\theta_m}{\theta_0} = \frac{\text{th}(mH)}{mH}$$

可见，影响肋片效率的因素包括肋片材料的热导率 λ、肋片表面传热系数 h，以及肋片的几何形状和尺寸（P、A_c、H）。肋片效率变化曲线如图 2 - 16 所示。

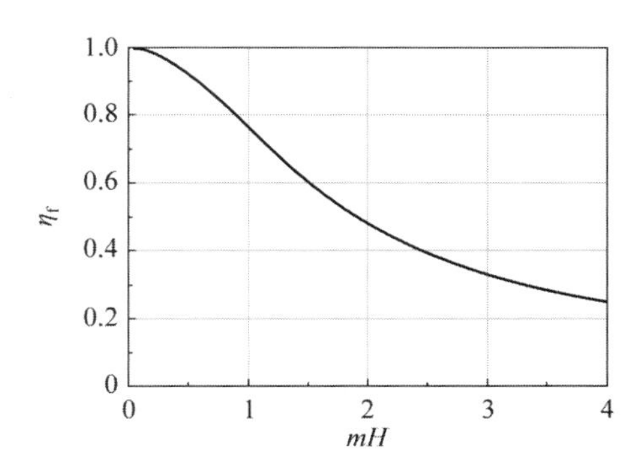

图 2－16　肋片效率变化曲线

2.6　等截面肋片的肋化判据

敷设肋片的目的是减小表面对流换热热阻，增加从表面传给流体的热量。是否在任何条件下敷设肋片都可以达到增强传热的效果?

无肋片时，等效热阻（对流换热热阻）：$R_{nf}=R_a=\dfrac{1}{hA}$

敷设肋片后，对流换热热阻变为 R_b，此外还有肋片导热的平均内热阻为 R_w，则总热阻为

$$R_f=R_b+R_w=\frac{1}{hA_{fin}}+R_w$$

通过热阻对比可知，有肋片时的对流换热热阻 R_b 远小于无肋片时的对流换热热阻 R_a。但是肋片本身的导热热阻有可能很大，也就是说敷设肋片并不一定能增加换热量。

肋片散热量可表示为

$$\Phi_f=\sqrt{hP\lambda A}(T_0-T_f)\frac{\sinh(ml)+\dfrac{h}{m\lambda}\cosh(ml)}{\cosh(ml)+\dfrac{h}{m\lambda}\sinh(ml)}$$

$$=m\lambda A(T_0-T_f)\frac{\tanh(ml)+\dfrac{h}{m\lambda}}{1+\dfrac{h}{m\lambda}\tanh(ml)}$$

$$=Ah(T_0-T_f)\frac{\dfrac{m\lambda}{h}\tanh(ml)+1}{1+\dfrac{h}{m\lambda}\tanh(ml)}$$

因此，可以得到肋片效果的表达式：

$$\varepsilon=\frac{\Phi_f}{\Phi_{nf}}=\frac{1+\dfrac{m\lambda}{h}\tanh(ml)}{1+\dfrac{h}{m\lambda}\tanh(ml)}\approx\frac{1+\dfrac{1}{\sqrt{Bi}}\tanh(ml)}{1+\sqrt{Bi}\tanh(ml)}$$

其中，毕渥数 $Bi=\frac{h\delta/2}{\lambda}$。

当 $\frac{\Phi_f}{\Phi_{nf}}>1$ 时，敷设肋片有利于增加传热。

2.7 接触热阻

实际固体表面不是理想平整的，所以两固体表面直接接触的界面容易出现点接触，或者只是部分的而不是完全的和平整的面接触，给导热带来额外的热阻，称为接触热阻。当界面上的空隙中充满导热系数远小于固体的气体时，接触热阻的影响更突出，例如接触空隙中如果是空气，显然会带来传热的阻力。接触热阻产生的原因及温度变化示意如图 2－17 所示。

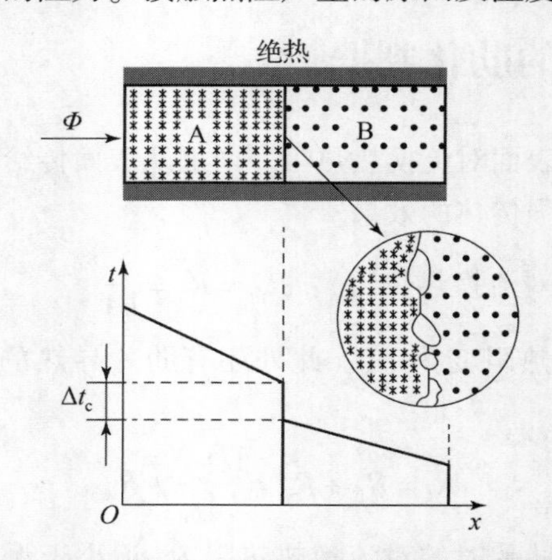

图 2－17　接触热阻产生原因及温度变化示意图

当两固体壁具有温差时，接合处的热传递机理为接触点间的固体导热和间隙中的空气导热，对流换热的影响很小。热流密度可以表达为

$$q=\frac{t_1-t_3}{\frac{\delta_A}{\lambda_A}+r_c+\frac{\delta_B}{\lambda_B}}$$

（1）当热流量不变时，接触热阻 r_c 较大时，必然在界面上产生较大温差。

（2）当温差不变时，热流量必然随着接触热阻 r_c 的增大而下降。

（3）即使接触热阻 r_c 不是很大，若热流量很大，界面上的温差也是不容忽视的。

接触热阻的影响因素主要包括固体表面的粗糙度、接触表面的硬度匹配、接触面上的挤压压力以及空隙中的介质性质。

2.8 二维稳态导热

工程上大部分是二维和三维稳态导热问题，如房间墙角的传热、热网地下埋设管道的热损失、短肋片导热等。

稳态、二维、常物性、无内热源的导热微分方程为

$$\frac{\partial^2 T}{\partial x^2}+\frac{\partial^2 T}{\partial y^2}=0$$

简化边界条件（图 2－18）为

（1）$x=0$，$0<y<b$：$T=0$；

（2）$y=0$，$0<x<a$：$T=0$；

（3）$x=a$，$0<y<b$：$T=0$；

（4）$y=b$，$0<x<a$：$T=T_s$。

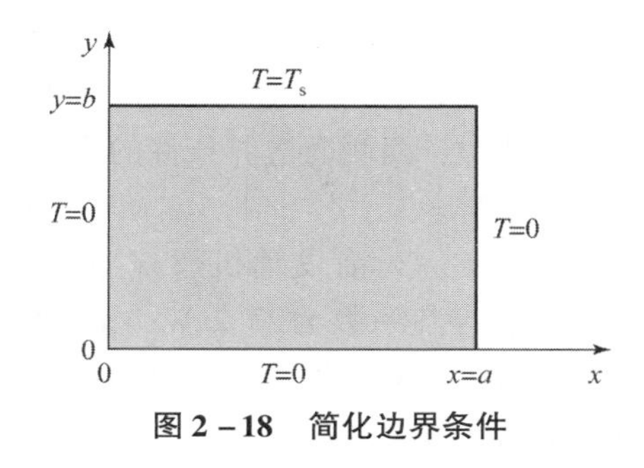

图 2－18　简化边界条件

采用分离变量法求解，令

$$T(x,y)=X(x)Y(y)$$

代入原导热微分方程，可得

$$Y\frac{\mathrm{d}^2 X}{\mathrm{d}x^2}+X\frac{\mathrm{d}^2 Y}{\mathrm{d}y^2}=0$$

分离变量后可以得到两个方程：

$$-\frac{1}{X}\frac{\mathrm{d}^2 X}{\mathrm{d}x^2}=\frac{1}{Y}\frac{\mathrm{d}^2 Y}{\mathrm{d}y^2}=\lambda^2$$

两个方程的通解分别为

$$X(x)=B\cos(\lambda x)+C\sin(\lambda x)$$

$$Y(y)=D\mathrm{e}^{-\lambda y}+E\mathrm{e}^{\lambda y}$$

根据 4 个边界条件可确定 4 个常数 B、C、D、E，并根据线性微分方程解的叠加原理，最终得到上述简化二维导热问题的温度场分布：

$$T(x,y)=T_s\sum_{n=1}^{\infty}\frac{2[1-(-1)^n]}{n\pi\sinh(n\pi b/a)}\sin\frac{n\pi x}{a}\sinh\frac{n\pi y}{a}$$

习　题

2－1　用平底锅烧开水，与水相接触的锅底温度为 111 ℃，热流密度为 42 400 W/m^2。使用一段时间后，锅底结了一层平均厚度为 3 mm 的水垢。假设此时与水相接触的水垢的表面温度及热流密度分别等于原来的值，试计算水垢与金属锅底接触面的温度。水垢的导热系数为 1 W/(m·K)。

2－2　一冷藏室的墙由钢皮、矿渣棉及石棉板三层叠合构成，各层的厚度依次为 0.794 mm、152 mm 及 9.5 mm，导热系数分别为 45 W/(m·K)、0.07 W/(m·K) 及 0.1 W/(m·K)。冷藏室的有效换热面积为 37.2 m^2，室内外气温分别为 －2 ℃及 30 ℃，室内外壁面的表面传热系数可分别按 1.5 W/(m^2·K) 及 2.5 W/(m·K) 计算。为维持冷藏室温度恒定，试确定冷藏室内的冷却排管每小时内需带走的热量。

2－3　有一厚 20 mm 的平面墙，导热系数为 1.3 W/(m·K)，为使每平方米墙的热损失不超过 1 500 W，在外表面覆盖了一层导热系数为 0.12 W/(m·K) 的保温材料。已知复合壁两侧的温度分别为 750 ℃及 55 ℃，试确定此时保温层的厚度。

2－4　有一烘箱的箱门由两种保温材料 A 及 B 做成，且 $\delta_A=2\delta_B$（见附图）。已知 $\lambda_A=0.1$ W/(m·K)，$\lambda_B=0.06$ W/(m·K)，烘箱内空气温度 $t_{f1}=400$ ℃，内壁面的总表面传热

系数 $h_1 = 50\ \text{W/(m}^2 \cdot \text{K)}$。为安全起见，希望烘箱门的外表面温度不得高于 50 ℃。设可把烘箱门导热作为一维问题处理，试决定所需保温材料的厚度。环境温度 $t_{f2} = 25$ ℃，外表面总表面传热系数 $h_2 = 9.5\ \text{W/(m}^2 \cdot \text{K)}$。

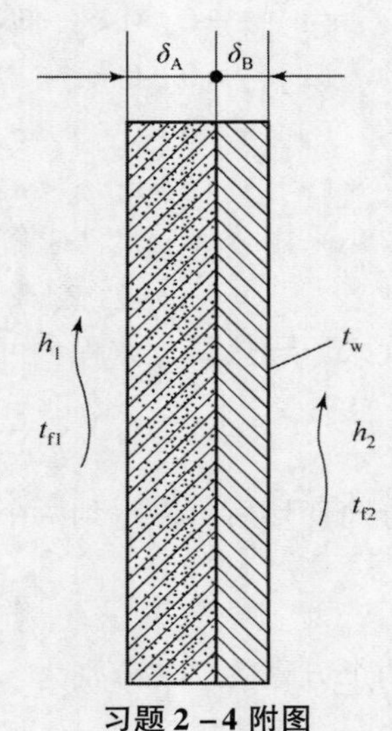

习题 2－4 附图

2－5　对于无限大平板内的一维稳态导热问题，试说明在三类边界条件中，两侧面边界条件的哪些组合可以使平板中的温度场获得确定的解。

2－6　一火箭发动机燃烧室是直径为 130 mm 的圆筒体，厚 2.1 mm，导热系数为23.2 W/(m·K)。圆筒壁外用液体冷却，外壁温度为 240 ℃。测得圆筒体的热流密度为$4.8 \times 10^6\ \text{W/m}^2$，其材料的最高允许温度为 700 ℃。试判断该燃烧室壁面是否工作于安全温度范围内。

2－7　如附图所示的不锈钢平底锅置于电器灶具上加热，灶具的功率为 1 000 W，其中 85% 用于加热平底锅。锅底厚 $\delta = 3$ mm，平底部分直径 $d = 200$ mm，不锈钢的导热系数为 18 W/(m·K)，锅内汤料与锅底的对流传热表面传热系数为 2 500 W/(m^2·K)，流体平均温度为 $t_f = 95$ ℃。试列出锅底导热的数学描写，并计算锅底两表面的温度。

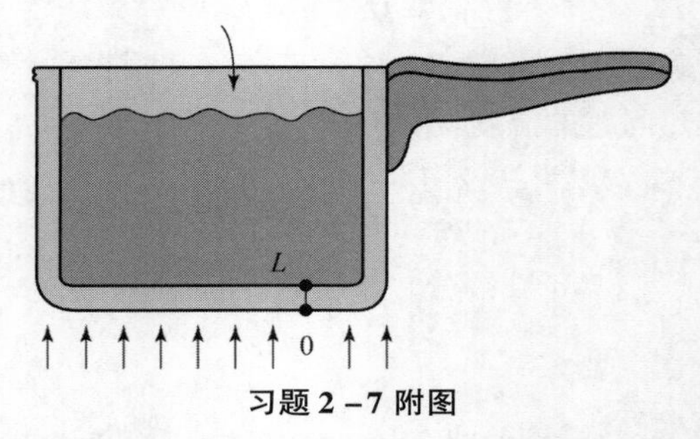

习题 2－7 附图

2－8　一双层玻璃窗是由两层厚 6 mm 的玻璃及其间的空气隙所组成的，空气隙厚度为 8 mm。假设面向室内的玻璃表面温度与面向室外的玻璃表面温度各为 20 ℃及 －20 ℃，试确定该双层玻璃窗的热损失。如果采用单层玻璃窗，其他条件不变，其热损失是双层玻璃的多少倍？玻璃窗的尺寸为 60 cm×60 cm。不考虑空气间隙中的自然对流。玻璃的导热系数为 0.78 W/(m·K)。

2－9　某些寒冷地区采用三层玻璃的窗户，如附图所示。已知玻璃厚 $\delta_g = 3$ mm，空气夹层宽 $\delta_{air} = 6$ mm，玻璃的导热系数 $\lambda_g = 0.8$ W/(m·K)。玻璃面向室内的表面温度 $t_i = 15$ ℃，面向室外的表面温度 $t_o = -10$ ℃，试计算通过三层玻璃窗导热的热流密度。

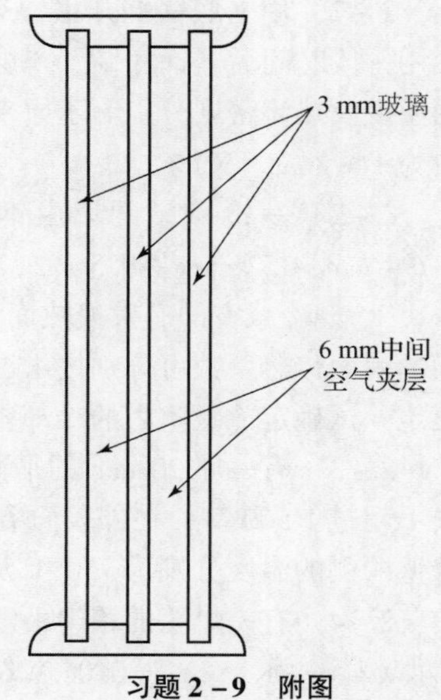

习题 2－9　附图

2－10　在某一产品的制造过程中，在厚为 1.0 mm 的基板上紧贴了一层透明的薄膜，其厚度为 0.2 mm。薄膜表面有一股冷却气流流过，其温度 $t_1=20$ ℃，对流传热表面传热系数 $h=40$ W/(m^2·K)。同时，有一股辐射能 q 透过薄膜投射到薄膜与基板的结合面上，如附图所示。基板的另一面维持在温度 $t_1=30$ ℃。生产工艺要求薄膜与基板结合面的温度 t_0 应为 60 ℃，试确定辐射热流密度 q 应为多大。薄膜的导热系数 $\lambda_f=0.02$ W/(m·K)，基板的导热系数 $\lambda_s=0.06$ W/(m·K)。投射到结合面上的辐射热流全部为结合面所吸收。薄膜对60 ℃的热辐射是不透明的。

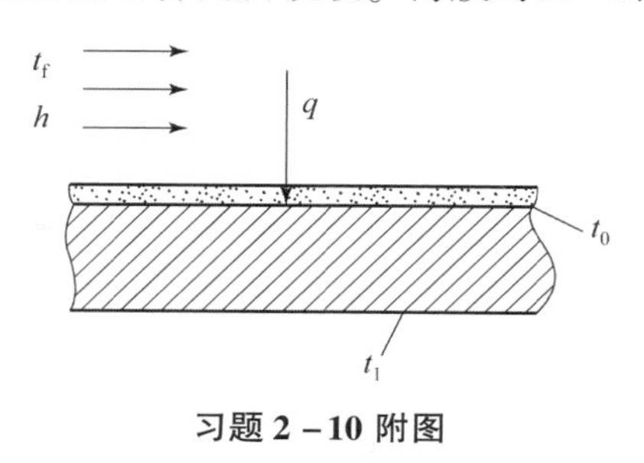

习题 2-10 附图

2-11　在如附图所示的平板导热系数测定装置中，试件厚度 δ 远小于直径 d。由于安装制造不好，试件与冷、热表面之间平均存在着一层厚 $\Delta=0.1$ mm 的空气隙。设热表面温度 $t_1=180$ ℃，冷表面温度 $t_2=30$ ℃，空气隙的导热系数可分别按 t_1、t_2 查取。试计算空气隙的存在给导热系数的测定带来的误差。通过空气隙的辐射传热可以略而不计。

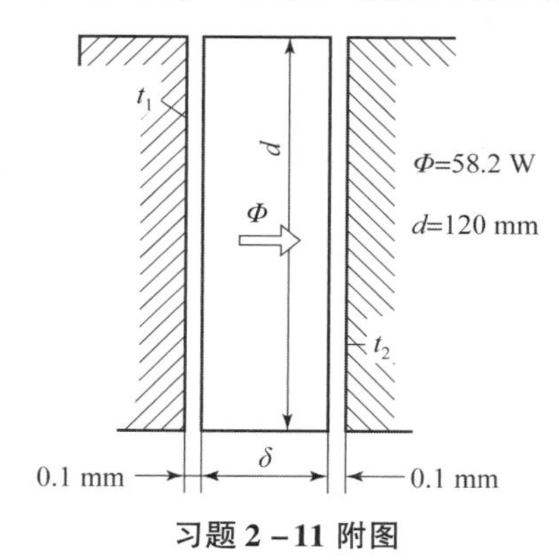

习题 2-11 附图

2-12　外径为 100 mm 的蒸汽管道，覆盖密度为 20 kg/m^3 的超细玻璃棉毡保温。已知蒸汽管道的外壁温度为 400 ℃，希望保温层外表面温度不超过 50 ℃，且每米长管道上散热量小于 163 W，试确定所需的保温层厚度。

2-13　一蒸汽锅炉炉膛中的蒸发受热面管壁受到温度为 1 000 ℃的烟气加热，管内沸水温度为 200 ℃，烟气与受热面管子外壁间的复合换热表面传热系数为 100 W/(m^2·K)，沸水与内壁间的表面传热系数为 5 000 W/(m^2·K)，管子壁厚 6 mm，管壁 $\lambda=42$ W/(m·K)，外径为 52 mm。试计算下列三种情况下受热面单位长度上的热负荷：

(1) 换热表面是干净的；

(2) 外表面结了一层厚为 1 mm 的烟灰，其 $\lambda=0.08$ W/(m·K)；

(3) 内表面上有一层厚为 2 mm 的水垢，其 $\lambda=1$ W/(m·K)。

2-14　一直径为 30 mm、壁温为 100 ℃的管子向温度为 20 ℃的环境散热，热损失率为 100 W/m。为把热损失减小到 50 W/m，有两种材料可以同时被利用：材料 A 的导热系数为

0.5 W/(m·K)，可利用度为3.14×10^{-3} m^3/m；材料B的导热系数为0.1 W/(m·K)，可利用度为4×10^{-3} m^3/m。试分析如何敷设这两种材料才能达到上述要求。假设敷设这两种材料后，外表面与环境间的表面传热系数与原来一样。

2-15　一直径为d、长为l的圆杆，两端分别与温度为t_1及t_2的表面接触，杆的导热系数λ为常数。试对下列两种稳态情形列出杆中温度分布的微分方程式及边界条件，并求解之：

（1）杆的侧面是绝热的；

（2）杆的侧面与四周流体间有稳定的对流换热，平均表面传热系数为h，流体温度t_f小于t_1及t_2。

2-16　一根直径为20 mm、长为300 mm钢柱体，两端分别与温度为250 ℃及60 ℃的两个热源相连接。柱体表面向温度为30 ℃的环境散热，表面传热系数为10 W/(m^2·K)。试计算该钢柱体在单位时间内从两个热源获得的热量。钢柱体的λ=40 W/(m·K)。

2-17　一高为30 cm的铝制圆台形锥台，顶面直径为8.2 cm，底面直径为13 cm。底面及顶面温度各自均匀，并分别为520 ℃及20 ℃。锥台侧面绝热。试确定通过该锥台的导热量。铝的导热系数取为100 W/(m·K)。(变截面、变导热系数问题)

2-18　试计算下列两种情形下等厚度直肋的效率：(肋片导热)

（1）铝肋，λ = 208 W/(m·K)，h=284 W (m^2·K)，H=15.24 mm，δ=2.54 mm；

（2）钢肋，λ=41.5 W/(m·K)，h=511 W (m^2·K)，H =15.24 mm，δ=2.54 mm。

2-19　一根输送城市生活用水的管道埋于地下3 m深处，如附图所示，其外径d=500 mm。土壤的导热系数为1 W/(m·K)，计算在附图所示条件下每米管道的散热量；在一个严寒的冬天，地面结冰层厚达1 m，其他条件不变，计算此时的散热量。(多维导热)

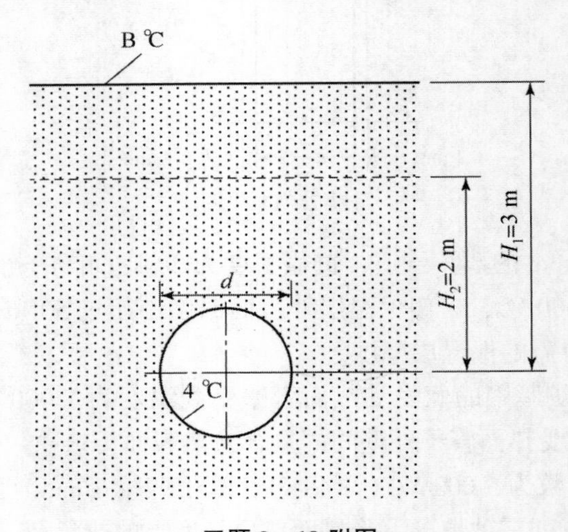

习题2-19 附图

2-20　对于矩形区域内的常物性、二维无内热源、稳态的导热问题，试分析在下列4种边界条件的组合下，导热物体为铜或钢时物体中的温度分布是否一样：

（1）四条边均为给定温度；

（2）四条边中有一条边绝热，其余三条边均为给定温度；

（3）四条边中有一条边为给定热流（不等于零），其余三条边中至少有一条边为给定温度；

（4）四条边中有一条边为第三类边界条件。

2－21　两块不同材料的平板组成如附图所示的大平板。两板的面积分别为 A_1、A_2，导热系数分别为 λ_1 及 λ_2。如果该大平板的两个表面分别维持在均匀的温度 t_1 及 t_2，试导出通过该大平板的导热热量计算式。（热阻分析）

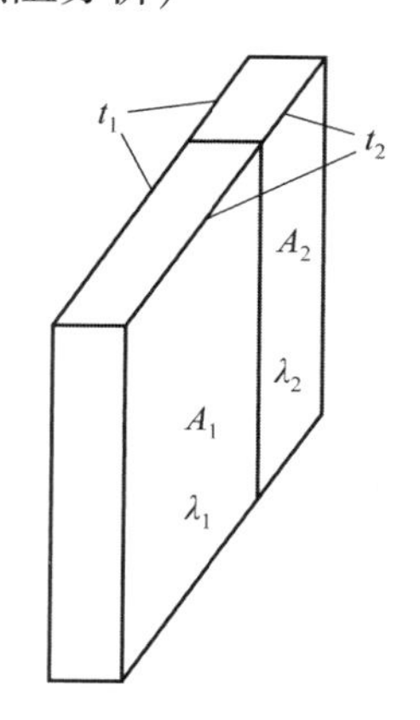

习题 2－21 附图

2－22　在如附图所示的换热设备中，内外管之间有一夹层，其间置有电阻加热器，产生热流密度 q，该加热层温度为 t_h。内管被温度为 t_i 的流体冷却，表面传热系数为 h_i。外管的外壁面被温度为 t_o 的流体冷却，表面传热系数为 h_o。内、外管壁的导热系数分别为 λ_i 及 λ_o。试画出这一热量传递过程的热阻分析图，并写出每一项热阻的表达式。

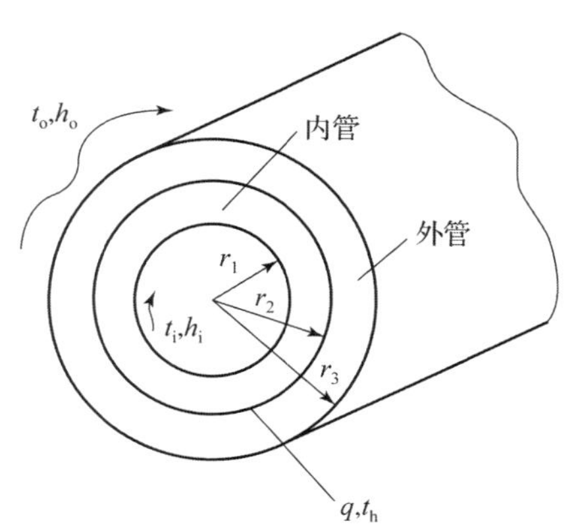

习题 2－22 附图

2－23　一块尺寸为 10 mm×10 mm 的芯片（附图中的 1）通过厚为 0.02 mm 的环氧树脂层（附图中的 2）与厚为 10 mm 的铝基板（附图中的 3）相连接。芯片与铝基板间的环氧树脂的热阻可取为 0.9×10^{-4} $(m^2\cdot K)/W$，芯片及基板的四周绝热，上下表面与 $t_\infty=25$ ℃的环境换热，表面传热系数均为 $h=150$ $W/(m^2\cdot K)$。芯片本身可视为一等温物体，其发热率为 1.5×10^4 W/m^2。铝基板的导热系数为 2 600 $W/(m\cdot K)$，过程是稳态的。试画出这一热传递过程的热阻分析图，并确定芯片的工作温度。

提示：芯片的热阻为零，其内热源的生成热可以看成是由外界加到该节点上的。

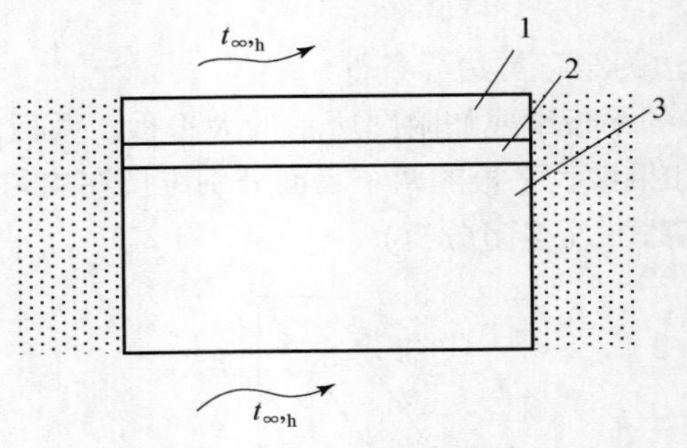

习题 2－23 附图

2－24　人类居住的房屋本来只是用于防雨雪及盗贼，很少考虑节能与传热特性。随着世界范围内能源危机的发生以及人们生活水平的提高，节能与舒适已经成为建筑业的一个重要考虑原则。采用空心墙是节能的一种有效手段。一民居的砖墙结构如附图所示。已知：室内温度为 20 ℃，室外温度为 5 ℃；室内墙面的表面传热系数为 7 W/(m^2·K)，室外为 28 W/(m^2·K)；第一层塑料板厚为 12 mm，导热系数为 0.16 W/(m·K)；第二层厚为 25 mm，其中上部杨木层的导热系数为 0.141 W/(m·K)，下部为空气；第三层为砖，厚为 200 mm，导热系数为 0.72 W/(m·K)。试对于图示的这一段墙体画出热阻网络，并计算其散热损失。

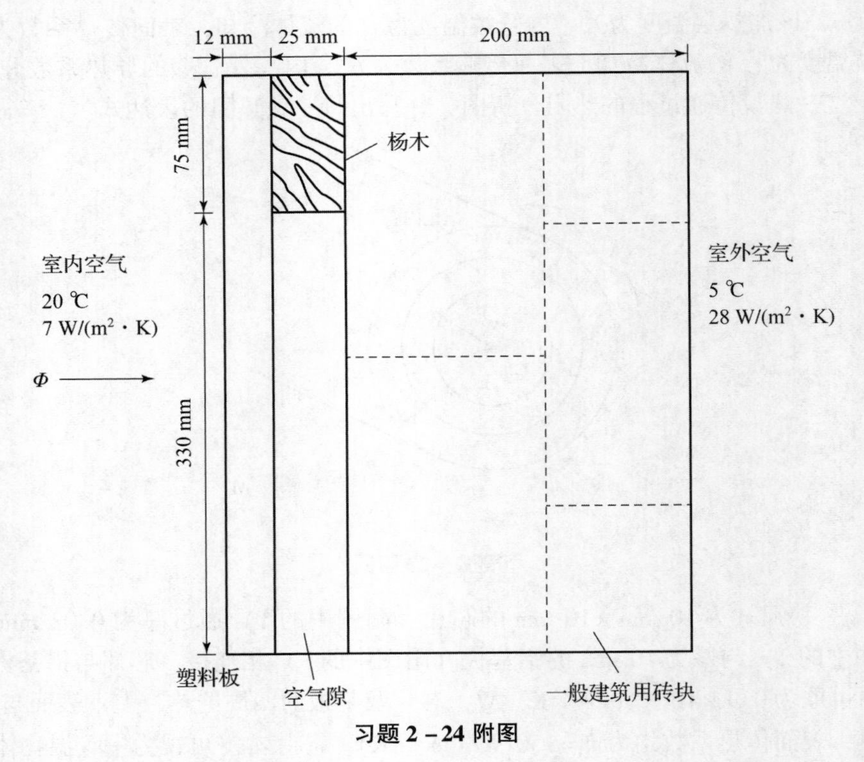

习题 2－24 附图

参考文献

[1] （苏）伊萨琴科 B П. 传热学 [M]. 北京：高等教育出版社，1987.

[2] ECKERT R G E. Analysis of heat and mass transfer [M]. New York：McGraw - Hill, Inc，1972.

[3] KAVIANY M. Principles of heat transfer [M]. New York：John Wiley & Sons，Inc，2002.

[4] HOLMAN J P. Heat transfer. [M]. 9th ed. New York：McGraw - Hill，2002.

[5] 奚同庚. 无机材料热物性学 [M]. 上海：上海科学技术出版社，1981.

[6] （苏）奥西波娃 B A. 传热学实验研究 [M]. 蒋章焰，王传院，译. 北京：高等教育出版社，1982.

[7] 陈则韶，葛新石，顾毓沁. 量热技术和热物性测定 [M]. 合肥：中国科学技术大学出版社，1990.

[8] 施明恒，薛宗荣. 热工实验的原理和技术 [M]. 南京：东南大学出版社，1992.

[9] 曹玉璋，邱绪光. 实验传热学 [M]. 北京：国防工业出版社，1998.

[10] 王巧云，李金平. 设备及管道绝热应用技术手册 [M]. 北京：标准出版社，1998.

[11] TOULOUKIAN Y S，POWELL R W，CHO C Y，et al. Thermophysical properties of matter—Thermal conductivity of metallic solids（Vol. 1）[M]. New York：IFI/ Plenum Press，1970.

[12] TOULOUKIAN Y S，POWELL R W，CHO C Y，et al. Thermophysical properties of matter—Thermal conductivity of Metallic solids（Vol. 2）[M]. New York：IFI/ Plenum Press，1972.

[13] TOULOUKIAN Y S，LILEY P E，SAXENA S C. Thermophysical properties of matter—Thermal conductivity of metallic liquid and gases（Vol. 3）[M]. New York：IFI/ Plenum Press，1972.

[14] VARGAFTIK N B. Tables on the thermophysical properties of liquids and gases [M]. 2nd ed. New York：John Wiley & Sons，Inc，1975.

[15] 马庆芳，方荣生，项力成. 实用热物理性质手册 [M]. 北京：中国农业机械出版社，1986.

[16] 国家建筑材料工业局技术情报标准研究所，国家建筑材料工业局南京玻璃纤维研究设计院. GB/T 4272—1992 设备及管道保温技术通则 [S]. 北京：中国标准出版社，1992.

[17] 陕西省建筑设计院. 建筑材料手册 [M]. 4 版. 北京：中国建筑出版社，1997.

[18] 徐烈，方荣生，马庆芳. 绝热技术 [M]. 北京：国防工业出版社，1990.

[19] 刘民义. 火力发电厂绝热节能的分析与评价 [M]. 北京：中国电力出版社，1996.

[20] BEJAN A. Heat transfer [M]. New York：John Wiley & Sons，Inc，1993.

[21] ROHSENOW W M, HARTNETT J P, GANIC E N. Handbook of heat transfer, fundamentals [M]. 2nd ed. New York: McGraw - Hill, Inc, 1985.
[22] MOLNAR W. Insulation [M] // Haseldon G G. Cryogenic fundamentals. London: Academic Press, 1971.
[23] TIEN C L, GUNNINGTON G R. Cryogenics insulation heat transfer [M] // Hartnett J P. Advances in heat transfer. New York : Academic Press, 1973.
[24] 闵桂荣，郭舜．航天器热控制 [M]. 2 版．北京：科学出版社, 1998.
[25] ECKERT E R G, DRAKE R M, Jr. Analysis of heat and mass transfer [M]. International student edition. Tokyo: McGraw - Hill Kogakusha, Ltd. , 1972.
[26] 陆煜，程林．传热原理与分析 [M]. 北京：科学出版社, 1997.
[27] 梁昆淼．数学物理方程 [M]. 北京：高等教育出版社, 2002.
[28] 姜任秋．热传导、质扩散与动量传递中的瞬态冲击效应 [M]. 北京：科学出版社, 1997.
[29] 刘静．微米/纳米尺度传热学 [M]. 北京：科学出版社, 2001.
[30] TIEN C L. Microscale energy transport [M]. Washington D C: Taylor & Francis, 1998.
[31] ROHSENOW W M, et al. Handbook of Heat transfer fundamentals [J]. 2nd ed. Journal of Applied Mechanics, 1986, 53 (1): 232 - 233.
[32] 张洪济．热传导 [M]. 北京：高等教育出版社, 1992.
[33] LOOK D C. 1 - D fin tip boundary condition corrections [J]. Heat Transfer Engineering, 1997, 18 (2): 46 - 49.
[34] HARPER R R, BROWN W B. Mathematical equations for heat conduction in the fins of air - cooled engines [J]. Techical Report Archived Image Librar, 1923.
[35] CENGEL Y, HEAT T M. A practical approach [M]. New York: McGraw - Hill, Inc, 2003.
[36] SPARROW E M, LIN S H. Heat transfer characteristics of polygonal and plate fins [J]. International Journal of Heat and Mass Transfer, 1964, 7 (8): 951 - 953.
[37] TAO W Q, LUE S S. Numerical method for calculation of slotted - fin efficiency in dry conditions [J]. Numerical Heat Transfer Applications, 1994, 26 (3): 351 - 362.
[38] WANG C C. Technology review - a survey of recent patents of fin - and - tube heat exchangers [J]. Journal of Enhanced Heat Transfer, 2000.
[39] KRAUS A D, BAR - COHEN A. Thermal analysis and control of electronic equipment [J]. Washington: Hemispbere Pub. Corp. , 1983: 201.
[40] MILL A F. Heat and mass transfer [M]. Chicago: Richard D. Irwin, Inc, 1995.
[41] Madhusudana C V. Thermal contact conductance [M]. New York: Springer - Verlag, 1996.
[42] JAEGER J C, CARSLAW H S. Conduction of heat in solids [M]. Oxford: Oxford University Press, 1959.
[43] 奥齐西克, M. N. 俞昌铭主．热传导 [M]. 北京：高等教育出版社, 1983.
[44] KAYAN C F. An electrical geometrical analogue for complex heat flow [J]. Trans. ASME,

1945, 67 (8): 713 - 716.
[45] HOLMAN J P. Heat transfer [M]. 9th ed. New York: McGraw - Hill, Inc, 2002.
[46] HAHNE E, GRIGULL U. Formfaktor und formwiderstand der stationären mehrdimensionalen wärmeleitung [J]. International Journal of Heat and Mass Transfer, 1975, 18 (6): 751 - 767.
[47] ANTEBY I, SHAI I. Modified conduction shape factors for isothermal bodies embedded in a semi - infinite medium [J]. Numerical Heat Transfer Applications, 1993, 23 (2): 233 - 245.
[48] 王宝官. 传热学 [M]. 北京: 航空工业出版社, 1997.
[49] 曹玉璋. 传热学 [M]. 北京: 北京航空航天大学出版社, 2001.
[50] INCROPERA F P, DEWITT D P. Heat and mass transfer [J]. 5th ed. John Wiley and Sons, Inc, 2002: 137.
[51] JIANG P X, XU Y J, SHI R F, et al. Experimental and numerical investigation of convection heat transfer of CO_2 at supercritical pressure in a mini - tube [C]. Proceedings of 2nd International Conference on Micro and Mini Channels. New York: ASME, 2004: 333 - 340.

第3章
非稳态导热

非稳态导热即温度场随时间变化的导热过程，在自然界中应该说是绝对的。前面讲过的稳态导热是一种相对的，或者说是一种近似。例如，铁块淬火，工件的热加工，自然环境的温度变化，发动机在起动、停机和变工况时，部件的温度会发生急剧变化，这些过程都是非稳态导热过程。

求解非稳态导热的主要任务就是确定物体内部的温度随时间的变化规律，或确定其内部温度到达某一限定值所需的时间。本章将从基本概念入手，重点讨论一维非稳态导热的分析解法及其主要结果。

3.1 非稳态导热的基本概念

非稳态导热不同于稳态导热。在非稳态导热中，物体内各点温度和热流密度都随时间变化，此时温度场中必然包含时间参数，$t=f(x,y,z,\tau)$，在与热流方向相垂直的不同截面上热流量是处处不等的。例如，铁块淬火、自然环境（外面环境的温度24小时变化，会影响室内的温度变化）、工件的热加工、焊接金属、锅炉、内燃机、制冷空调设备等，每一种设备的启动、停机和变工况等，所有的这些过程都是非稳态导热过程。

按照非稳态导热过程进行的特点，即物体温度随时间变化的性质，其可以分为非周期性和周期性两类。周期性非稳态导热是指物体温度按一定的周期发生变化。非周期性非稳态导热（瞬态导热）指的是物体的温度随时间不断升高（加热过程）或降低（冷却过程），在经历相当长时间后，物体温度逐渐趋近于周围介质温度，最终达到热平衡。

学习非稳态导热的目的，就是要求出温度分布和热流量随着时间的变化规律。

以采暖房屋外墙温度变化过程为例，室内温度的上升将逐渐传递到室外墙壁，经过一段非稳态过程，达到新的稳态。该非稳态过程可以从不同截面的温度以及热流密度的角度进行分析。

图3-1（a）给出了室内到外墙的A截面、B截面、C截面再到室外的温度变化趋势，τ_0 时刻前，即供暖前，温度没有变化，通过外墙的导热是一个稳态的导热过程。室内墙的热流密度和室外墙的热流密度相等。开始供暖后，室内空气温度会很快升高，并逐渐向外墙传递热量，直到达到新的稳态。

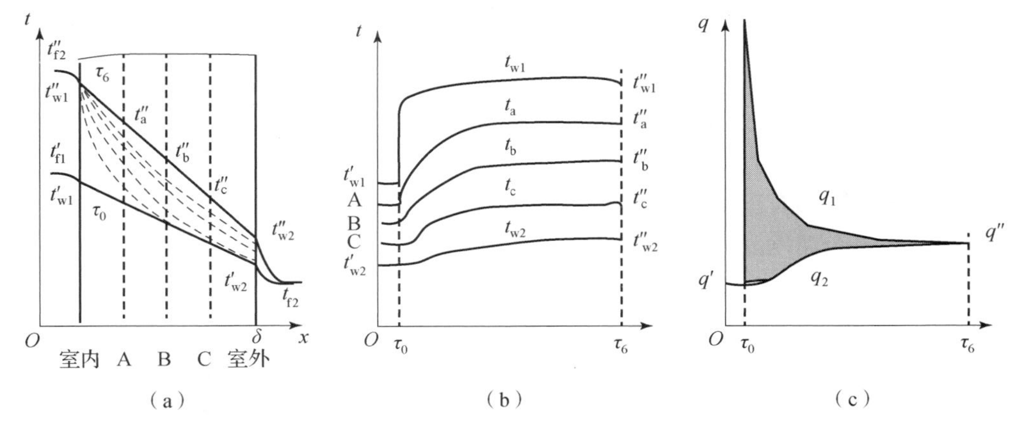

图 3－1　采暖房外墙温度变化过程

由图 3－1（b）可知，τ_0 时刻之前是稳态导热，稳态导热也会有温度的差别，就是室内温度高，室外温度低。那么τ_0 时刻之后开始加热，加热后，空气温度升高很快，因此内墙温度也升得比较快。到了墙壁 A 截面处，温度升高比内墙要慢一些，稍微有一点延迟，但是也会升高。外墙表面的温度升高最为缓慢。

图 3－1（c）中的热流密度变化也表达了类似的意思，内墙迅速升温后，热流密度迅速达到峰值，然后随着内墙壁表面处温度梯度的减小，热流密度又快速下降，而外墙表面的温差逐渐增大，热流密度也逐渐增加，到τ_6 时刻又达到一种新的平衡态，温度不随时间变化，热流密度为常量。

瞬态非稳态导热过程可分为三个不同的阶段：

（1）非正规状况阶段：温度分布主要受初始温度分布控制。

（2）正规状况阶段：温度分布主要取决于边界条件及物性。

（3）新的稳态。

下一节将可以看到，由于初始状况阶段存在初始温度分布的影响而使物体内的整体温度分布必须用**无穷级数**来加以描述，而在正规状况阶段，由于初始温度影响的消失，温度分布曲线变为光滑连续的曲线，因而可以用**初等函数**加以描述，此时只要使用无穷级数的首项来表示物体内的温度分布即可。

3.2　一维非稳态导热的分析解及诺模图

以无内热源平壁非稳态导热为例，分析非稳态导热过程的特点。假设有一块厚度为 2δ 的一维无限大平板（图 3－2）非稳态导热问题，其完整的数学描述如下。

厚度 2δ 的无限大平壁，开始时刻$\tau=0$ 时温度为 t_0；突然把两侧介质温度降低为 t_∞并保持不变；壁表面与介质之间的表面传热系数为 h。导热系数 λ 和扩散系数 a 均为已知常数。两侧冷却情况相同、温度分布对称。中心为原点。求平壁内温度场分布。

首先写出该常物性、无内热源的非稳态导热问题的导热微分方程：

$$\frac{\partial t}{\partial \tau}=a\frac{\partial^2 t}{\partial x^2}$$

初始条件为：$\tau=0$ 时，温度 $t=t_0$；

边界条件为：$\left.\frac{\partial t}{\partial x}\right|_{x=0}=0$；$-\lambda\left.\frac{\partial t}{\partial x}\right|_{x=\delta}=h(t-t_\infty)$。

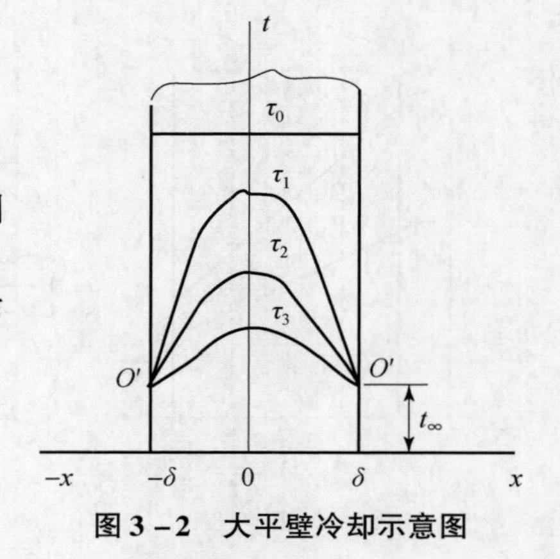

图 3－2　大平壁冷却示意图

在 $x=0$ 时，由于中心对称，所以温度梯度为0。$x=\delta$ 时，无限大平壁在冷却时的第三类边界条件下，得到边界处导热热流密度和对流换热热流密度相等。

同样，引入过余温度 $\theta=t-t_\infty$，将导热微分方程写成过余温度的形式：

$$\frac{\partial\theta}{\partial\tau}=a\frac{\partial^2\theta}{\partial x^2}$$

初始条件变为

$$\theta_0=t_0-t_\infty$$

边界条件变为

$$\left.\frac{\partial\theta}{\partial x}\right|_{x=0}=0$$

$$-\lambda\left.\frac{\partial\theta}{\partial x}\right|_{x=\delta}=h\theta\big|_{x=\delta}$$

依然采用分离变量法求解，将过余温度写成坐标 x 和时间τ的函数：

$$\theta=X(x)\cdot\Phi(\tau)$$

代入原方程，可得

$$X\frac{\partial\Phi}{\partial\tau}=a\Phi\frac{\partial^2X}{\partial x^2}$$

两个不同的函数相等，必然都等于一个常数，因此可得到两个方程：

$$\frac{1}{a\Phi}\frac{\mathrm{d}\Phi}{\mathrm{d}\tau}=\frac{1}{X}\frac{\mathrm{d}^2X}{\mathrm{d}x^2}=\mu$$

第一个方程为

$$\frac{1}{a}\frac{\mathrm{d}\Phi}{\Phi}=\mu\mathrm{d}\tau$$

方程两边同时积分，可以得到

$$\Phi=c_1\exp(a\mu\tau)$$

若常数 μ 为正值，Φ 将随着时间τ的增大而急剧增大，τ值很大时，Φ 将趋于无限大，不符合实际情况。

若常数 μ 为零，Φ 将等于常数，意味着温度将不随时间发生变化，这也不符合实际。

因此，常数 μ 只能为负值，可取 $\mu=-\varepsilon^2$，即两个分离变量方程分别为

$$\frac{1}{a\Phi}\frac{\mathrm{d}\Phi}{\mathrm{d}\tau}=-\varepsilon^2$$

$$\frac{1}{X}\frac{\mathrm{d}^2X}{\mathrm{d}x^2}=-\varepsilon^2$$

方程$\frac{1}{a\Phi}\frac{\mathrm{d}\Phi}{\mathrm{d}\tau}=-\varepsilon^2$ 的通解为

$$\Phi = c_1 \exp(-a\varepsilon^2 \tau)$$

而方程$\frac{1}{X}\frac{\mathrm{d}^2 X}{\mathrm{d}x^2} = -\varepsilon^2$ 的通解为

$$X = c_2 \cos(\varepsilon x) + c_3 \sin(\varepsilon x)$$

因此，可得到过余温度为

$$\theta = X(x) \cdot \phi(\tau) = [A\cos(\varepsilon x) + B\sin(\varepsilon x)]\exp(-a\varepsilon^2 \tau)$$

式中，$A = c_1 \cdot c_2$，$B = c_1 \cdot c_3$，均为常数。

该方程中需要确定 A、B、ε 三个常数，根据一个初始条件和两个边界条件，正好可以求解三个常数值。

由边界条件

$$\left.\frac{\partial \theta}{\partial x}\right|_{x=0} = 0$$

得到

$$\left.\frac{\partial \theta}{\partial x}\right|_{x=0} = [-A\varepsilon\sin(\varepsilon x) + \varepsilon B\cos(\varepsilon x)]|_{x=0}\exp(-a\varepsilon^2 \tau) = B\varepsilon\exp(-a\varepsilon^2 \tau) = 0$$

要让此式成立，必须使 $B = 0$，此时过余温度可以简化为

$$\theta = A\cos(\varepsilon x)\exp(-a\varepsilon^2 \tau)$$

再由第二个边界条件

$$-\lambda \left.\frac{\partial \theta}{\partial x}\right|_{x=\delta} = h\theta|_{x=\delta}$$

得到

$$-\lambda[-A\varepsilon\sin(\varepsilon x)]|_{x=\delta}\exp(-a\varepsilon^2 \tau) = hA\cos(\varepsilon x)|_{x=\delta}\exp(-a\varepsilon^2 \tau)$$

消去其中相同的项，得到

$$\lambda\varepsilon\sin(\varepsilon\delta) = h\cos(\varepsilon\delta)$$

等式两边同时除以 h 和 $\sin(\varepsilon\delta)$，得到

$$\frac{\lambda\varepsilon}{h} = \cot(\varepsilon\delta)$$

方程左边可以改写一下：

$$\frac{\lambda\varepsilon}{h} = \frac{\varepsilon\delta}{\left(\frac{h\delta}{\lambda}\right)} = \frac{\varepsilon\delta}{Bi}$$

再令 $\beta = \varepsilon\delta$，因此可得

$$\cot\beta = \frac{\beta}{Bi}$$

该特征方程的解就是 $y_1 = \cot\beta$ 和 $y_2 = \beta/Bi$ 交点所对应的 β 数值（图 3－3）。

$y_1 = \cot\beta$ 是以 π 为周期的函数，所以有无穷多个解：β_1，β_2，…，β_n。这些解称为特征值。显然，特征值的数值与毕渥数 Bi 有关，并随着 Bi 的增大而增大。

当 $Bi \to \infty$ 时，直线 $y_2 = \beta/Bi$ 与横坐标重合，特征值为 $\beta_1 = \pi/2$，$\beta_2 = 3\pi/2$，…，$\beta_n = (2n-1)\pi/2$。

当 $Bi \to 0$ 时，直线 $y_2 = \beta/Bi$ 与纵坐标重合，特征值为 $\beta_1 = 0$，$\beta_2 = \pi$，…，$\beta_n = (n-1)\pi$。

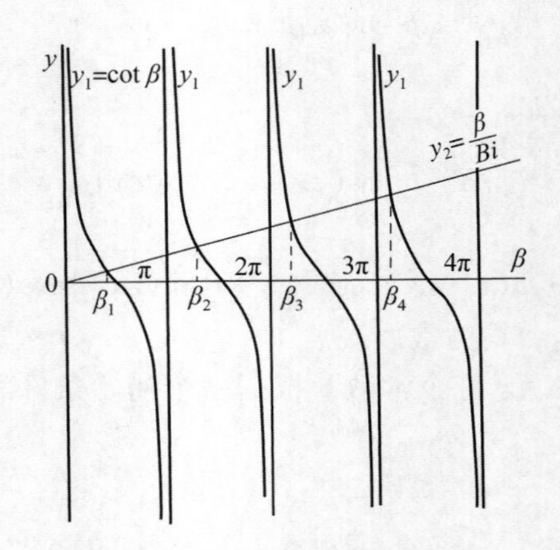

图 3－3　特征方程的解

至此，我们得到了 A、B、ε 三个定量常数中的两个，还剩下一个 A 没有确定。

在给定 Bi 准则的条件下，对应于每一个特征值，温度分布的特解为

$$\theta_1(x,\tau)=A_1\cos(\varepsilon_1 x)\exp(-a\varepsilon_1^2\tau)$$

$$\theta_2(x,\tau)=A_2\cos(\varepsilon_2 x)\exp(-a\varepsilon_2^2\tau)$$

$$\cdots$$

$$\theta_n(x,\tau)=A_n\cos(\varepsilon_n x)\exp(-a\varepsilon_n^2\tau)$$

当常数 A_1，A_2，…，A_n 为任何值时各个特解都满足导热微分方程和边界条件，但是上述特解中的任何一个都与初始时刻的实际温度值不等，因此需用初始条件确定 A_i。该导热问题的通解为各个特解的线性叠加。因为导热微分方程是线性微分方程，把无穷多个解叠加起来，还是方程的解。

因此可以得到温度场的线性叠加形式：

$$\theta_n(x,\tau)=\sum_{n=1}^{\infty}A_n\cos(\varepsilon_n x)\exp(-a\varepsilon_n^2\tau)$$

根据初始条件 $\theta_0=t_0-t_\infty$，可得

$$\theta_0=\sum_{n=1}^{\infty}A_n\cos\left(\frac{\beta_n}{\delta}x\right)$$

两边同乘 $\cos(\beta_m x/\delta)$，然后在 $0\leqslant x\leqslant\delta$ 范围内进行积分：

$$\theta_0\int_0^{\delta}\cos\left(\beta_m\frac{x}{\delta}\right)\mathrm{d}x=\int_0^{\delta}\sum_{n=1}^{\infty}A_n\cos\left(\beta_n\frac{x}{\delta}\right)\cos\left(\beta_m\frac{x}{\delta}\right)\mathrm{d}x$$

再根据特征函数的正交性：

$$m\neq n\text{ 时，}\int_0^{\delta}\cos\left(\beta_n\frac{x}{\delta}\right)\cos\left(\beta_m\frac{x}{\delta}\right)\mathrm{d}x=0$$

得到

$$\theta_0\int_0^{\delta}\cos\left(\beta_n\frac{x}{\delta}\right)\mathrm{d}x=\int_0^{\delta}A_n\cos^2\left(\beta_n\frac{x}{\delta}\right)\mathrm{d}x$$

从而可以得到 A_n：

$$A_n = \frac{\theta_0 \int_0^{\delta} \cos\left(\beta_n \frac{x}{\delta}\right) \mathrm{d}x}{\int_0^{\delta} \cos^2\left(\beta_n \frac{x}{\delta}\right) \mathrm{d}x} = \theta_0 \frac{2\sin\beta_n}{\beta_n + \sin\beta_n \cos\beta_n}$$

再将 A_n 代回过余温度分布表达式，得到

$$\theta_n(x,\tau) = \sum_{n=1}^{\infty} A_n \cos(\varepsilon_n x) \exp(-a\varepsilon_n^2 \tau) = \sum_{n=1}^{\infty} \theta_0 \frac{2\sin\beta_n}{\beta_n + \sin\beta_n \cos\beta_n} \cos(\varepsilon_n x) \exp(-a\varepsilon_n^2 \tau)$$

定义傅里叶准则数 $Fo = \frac{a\tau}{\delta^2}$，将其代入温度表达式，最终可以得到包含 Fo 的过余温度分布的表达式：

$$\theta_n(x,\tau) = \sum_{n=1}^{\infty} \theta_0 \frac{2\sin\beta_n}{\beta_n + \sin\beta_n \cos\beta_n} \cos\left(\beta_n \frac{x}{\delta}\right) \exp(-\beta_n^2 Fo)$$

傅里叶数 Fo 可以改写为

$$Fo = \frac{\tau}{\delta^2 / a}$$

Fo 是反映热扰动快慢的量纲为 1 的时间，其中 τ 表示从边界上开始发生热扰动的过程时间，而分母 δ^2/a 相当于边界上发生热扰动穿过单位厚度的固体层扩散到面积 δ^2 上所需的时间。在非稳态导热过程中，傅里叶数越大，热扰动越能更深入地传播到物体内部，即物体内各点的温度就越接近周围介质的温度。

影响温度分布的因素过于复杂，可将有关变量整理成量纲为 1 的组合量，达到减少变量的目的，给分析带来极大的方便。这里定义了三个量纲为 1 的数：空间坐标 X、毕渥数 Bi 和傅里叶数 Fo：

$$X = \frac{x}{\delta};\quad Bi = \frac{h\delta}{\lambda};\quad Fo = \frac{a\tau}{\delta^2}$$

温度分布就是这三个量纲为 1 的数的函数：

$$\frac{\theta_n(x,\tau)}{\theta_0} = f(X, Bi, Fo)$$

由以上分析可见，对于给定形状的物体，一般其瞬时温度分布就是空间坐标 X、毕渥数 Bi 和傅里叶数 Fo 的函数。为此，工程技术界广泛采用以这些量纲为 1 的参数为变量而制成的标准图线来进行温度场估算。

注意到无穷级数按照 e 指数变化，大量研究已经表明当 $Fo \geqslant 0.2$ 时，无穷级数的第一项较后几项高出多个数量级，此时无穷级数解可以用第一项来近似地代替，所得的物体中心温度与采用完整级数计算得到的值的差别基本能控制在 1% 以内。在物理过程中，认为此时的非稳态导热过程进入正规状况阶段。

因此，若 $Fo \geqslant 0.2$，温度分布可取无穷级数的第一项：

$$\frac{\theta(x,\tau)}{\theta_0} = \frac{2\sin\beta_1}{\beta_1 + \sin\beta_1 \cos\beta_1} \cos\left(\beta_1 \frac{x}{\delta}\right) \exp(-\beta_1^2 Fo)$$

对于 $Fo \geqslant 0.2$ 时无限大平壁的非稳态导热过程，温度场可按上式计算，也可用计算线图（诺谟图）的方法。引入大平板的中心截面（$x=0$）在 τ 时刻的过余温度 θ_m，注意这里的 θ_m 也是随着时间发生变化的，随着被冷却温度会不断降低。

$$\frac{\theta(x,\tau)}{\theta_0}=\frac{\theta(x,\tau)}{\theta_m(\tau)}\frac{\theta_m(\tau)}{\theta_0}=f\left(Bi,\frac{x}{\delta}\right)f(Bi,Fo)$$

第一项$\frac{\theta(x,\tau)}{\theta_m(\tau)}$为 Bi 和$\frac{x}{\delta}$的函数，因为分子、分母关于时间的变化项相同，可以消掉，所以整体与时间无关。实际上，$Fo\geqslant 0.2$，进入正规状况阶段，平壁的外表面和内表面任何位置温度变化规律都相似，这一点下面将再讨论。

根据 $1/Bi$ 和 x/δ 的取值就可以由图 3-4 查出 θ/θ_m。例如，当 $x/\delta=1.0$ 时，x 在平板最外面的表面上，根据 $1/Bi$ 就可以查出 θ/θ_m 的具体数值。

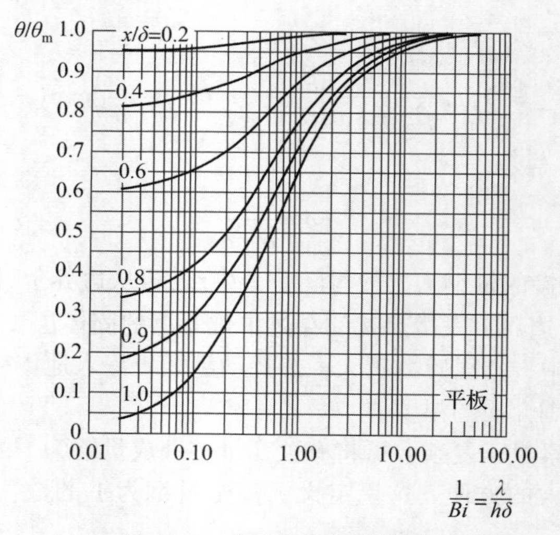

图 3-4　非稳态导热诺谟图

然后，再根据另外的诺谟图查出 θ_m/θ_0（图 3-5）。图 3-5 中横坐标是傅里叶数 Fo，纵坐标为 θ_m/θ_0，根据毕渥数 Bi 和傅里叶数 Fo 就可以查出 θ_m/θ_0。

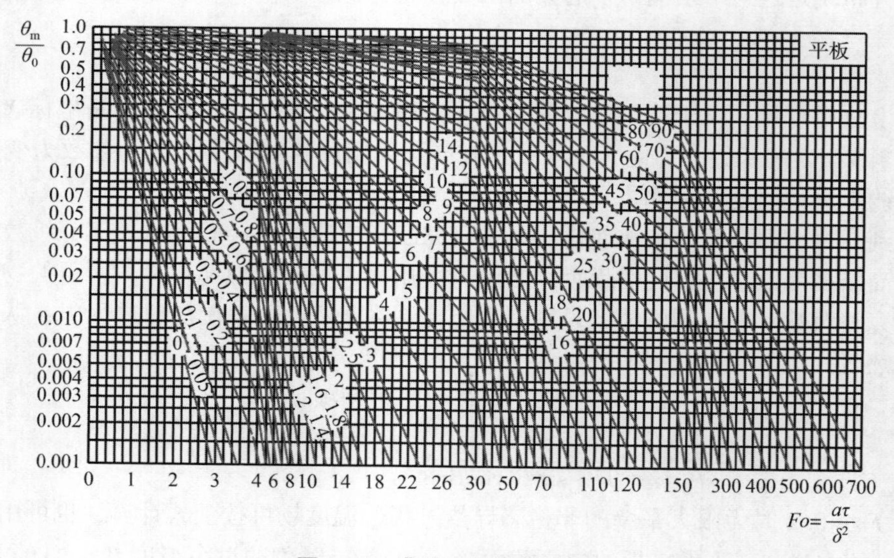

图 3-5　非稳态导热诺谟图

最后，根据两者的乘积（θ/θ_m 乘以 θ_m/θ_0）就可以得到过余温度 θ/θ_0 的值。

但对于 $Fo<0.2$ 时无限大平壁的非稳态导热过程，温度场只能按无穷级数计算：

$$\theta_n(x,\tau)=\sum_{n=1}^{\infty}\theta_0\frac{2\sin\beta_n}{\beta_n+\sin\beta_n\cos\beta_n}\cos\left(\beta_n\frac{x}{\delta}\right)\exp(-\beta_n^2 Fo)$$

经过时间τ，每平方米平壁放出或吸收的热量和稳态导热的计算方法不同，因为稳态下热流量是常数，可以直接对温度场求导得到。非稳态下，热流量不再是常数，但也可以通过温度场求出。此时，可在大平板中取一个微元面，宽度为 dx，温度为 t，那么该微元面在单位面积上放出的热量 dQ_τ为

$$dQ_\tau=\rho c(t_0-t)dx$$

因此，大平板的总放热量为微元面从 $-\delta$ 到 $+\delta$ 的积分：

$$Q_\tau=\rho c\int_{-\delta}^{+\delta}(t_0-t)dx=\rho c\int_{-\delta}^{+\delta}(\theta_0-\theta)dx$$

$$=2\rho c\delta\theta_0\left[1-\sum_{n=1}^{\infty}\frac{2\sin^2\beta_n}{\beta_n^2+\beta_n\sin\beta_n\cos\beta_n}\exp(-\beta_n^2 Fo)\right]$$

式中，$2\rho c\delta\theta_0=Q_0$，是大平板将放出的总热量。

平壁放热量也可以通过查线图得到（图 3－6）。

$$\frac{Q_\tau}{Q_0}=f(Fo,Bi)$$

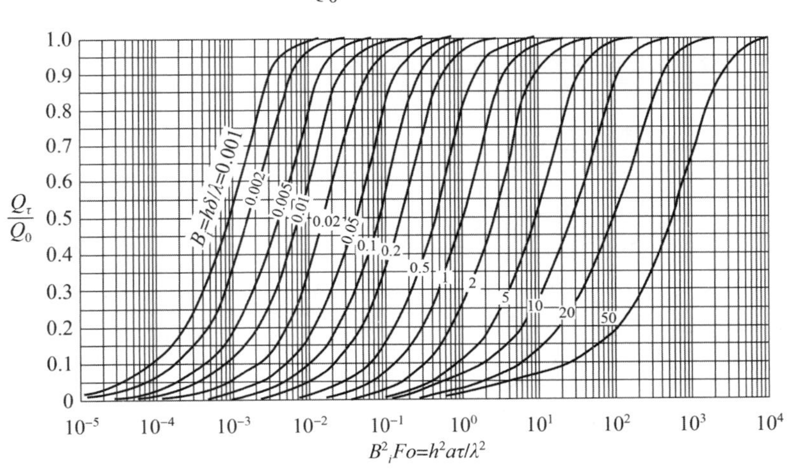

图 3－6　平壁放热量诺谟图

下面讨论一下傅里叶数 Fo 对温度分布的影响。

前面已经得到，若 $Fo\geqslant0.2$：

$$\theta(x,\tau)=\theta_0\frac{2\sin\beta_1}{\beta_1+\sin\beta_1\cos\beta_1}\cos\left(\beta_1\frac{x}{\delta}\right)\exp(-\beta_1^2 Fo)$$

等式两边取对数：

$$\ln[\theta(x,\tau)]=-\left(\beta_1^2\frac{a}{\delta^2}\right)\tau+\ln\left[\theta_0\frac{2\sin\beta_1}{\beta_1+\sin\beta_1\cos\beta_1}\cos\left(\beta_1\frac{x}{\delta}\right)\right]$$

令

$$m=\beta_1^2\frac{a}{\delta^2},\quad K=f\left(Bi,\frac{x}{\delta}\right)$$

则方程简化为

$$\ln\theta = -m\tau + K\left(Bi, \frac{x}{\delta}\right)$$

式中，$Bi=\frac{h\delta}{\lambda}$，与时间$\tau$无关，只取决于第三类边界条件、平壁的物性与几何尺寸。$m=\beta_1^2\cdot\frac{a}{\delta^2}$也与时间$\tau$无关，当平壁及其边界条件给定后，$m$ 为一个常数。表明：当 $Fo\geqslant 0.2$ 时，平壁内所有各点过余温度的对数都随时间按线性规律变化，变化曲线的斜率都相等，此时初始温度分布的影响已经消失，称为正规状况阶段（图 3－7）。

将上式两边对时间求导，可得

$$\frac{\partial \ln\theta}{\partial\tau} = \frac{1}{\theta}\frac{\partial\theta}{\partial\tau} = -m = -\beta_1^2\frac{a}{\delta^2}$$

因此，m 的物理意义就是过余温度随时间的相对变化率［1/s］，可以是冷却率或加热率。

当 $Fo\geqslant 0.2$ 时，即正规状况阶段，各处 m 相同，不随时间变化。m 数值取决于物体的物性、几何形状与尺寸以及表面传热系数。

当 $Fo<0.2$ 时，是瞬态温度变化的初始阶段或非正规状况阶段，m 不再是常数，因为各点温度变化速率不同，外表面的温度变化快，中心处的温度变化较慢。

下面讨论一下毕渥数 Bi 对温度分布的影响。

如图 3－8 表示，初始温度为 t_0 的平壁（厚度为 2δ）浸没在温度为 t_∞、对流换热系数为 h 的流体中进行冷却时，其温度随时间的变化。

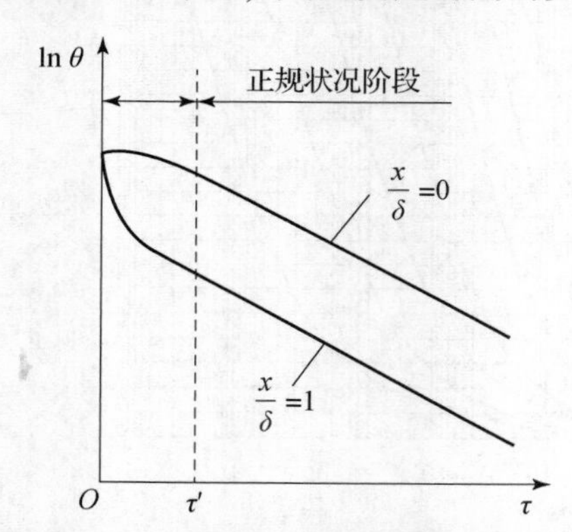

图 3－7　平壁过余温度随时间的变化

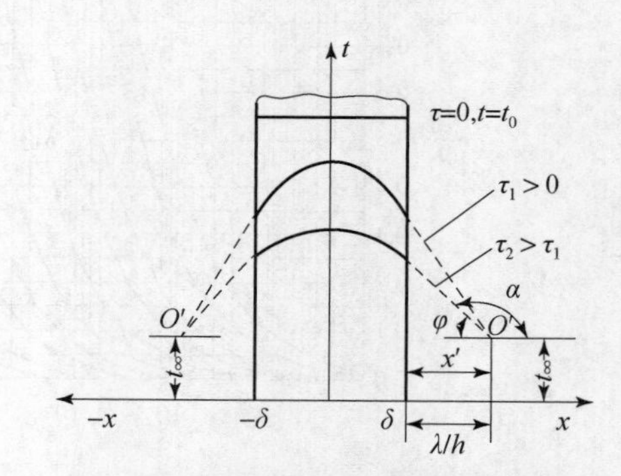

图 3－8　不同时刻的平壁温度分布曲线在壁面处的切线相交于 O' 点

根据无限大平板冷却时的第三类边界条件，有

$$x=\delta \text{时}，-\lambda\left.\frac{\partial t}{\partial x}\right|_{x=\delta} = h\left(t|_{x=\delta} - t_\infty\right)$$

所以，任意时刻平壁温度分布在壁面处的变化率为

$$-\left.\frac{\partial t}{\partial x}\right|_{x=\delta} = \frac{\left(t|_{x=\delta} - t_\infty\right)}{\lambda/h} = \frac{\left(t|_{x=\delta} - t_\infty\right)}{\delta/Bi}$$

另一方面，壁面处的温度变化率可以用温度分布曲线的切线斜率表示，运用图 3－8 所示的几何关系，分析温度曲线在壁面处的切线斜率，可以得到

$$\left.\frac{\partial t}{\partial x}\right|_{x=\delta}=\tan\alpha=-\tan\varphi$$

切线与环境温度线相交于 O' 点，所以有

$$\tan\varphi=\frac{t\,|_{x=\delta}-t_{\infty}}{\delta/Bi}$$

O' 点与壁面的距离为 x'，通过三角函数关系，$\tan\varphi=\dfrac{t\,|_{x=\delta}-t_{\infty}}{x'}$。

根据两个温度变化率相等，可以得到距离 x' 为

$$x'=\delta/Bi=\lambda/h$$

可见，点 O' 距壁面的距离为 λ/h 或 δ/Bi，是一个与时间无关的数，也就是说，任何时刻，壁面温度分布的切线都通过坐标为（$\delta+\lambda/h$，t_{∞}）的 O' 点，这个 O' 点称为第三类边界条件的定向点。

根据上述分析，可以得到毕渥数 Bi 对于平壁非稳态导热过程温度场变化的影响：

（1）当 $0<Bi<\infty$ 时，定向点 O' 坐标为（$\delta+\delta/Bi$，t_{∞}）或（$-\delta-\delta/Bi$，t_{∞}）。因此，一般情况下，平壁表面温度分布的切线都通过坐标为（$\delta+\lambda/h$，t_{∞}）的 O' 点。

（2）当 $Bi\to\infty$ 时，$x'\to 0$，定向点 O' 就在平壁表面上。意味着表面传热系数 $h\to\infty$（$Bi=h\delta/\lambda$），对流换热热阻趋于0。因而过程一开始平壁的表面温度就在瞬间冷却至流体的温度 t_{∞}，随着时间的推移，平壁内部各点温度逐渐下降而趋近于 t_{∞}。温度分布如图3－9所示。

（3）当 $Bi\to 0$ 时，$x'\to\infty$，定向点 O' 在无限远处。意味着物体的热导率很大，物体内部的导热热阻可以忽略，因而在任何瞬时，平壁内各点的温度几乎是相同的，物体内的温度分布趋于均匀一致。并且随着时间的推移而逐渐下降，此时，物体内的温度分布只是时间的函数，与空间位置无关。温度分布如图3－10所示。

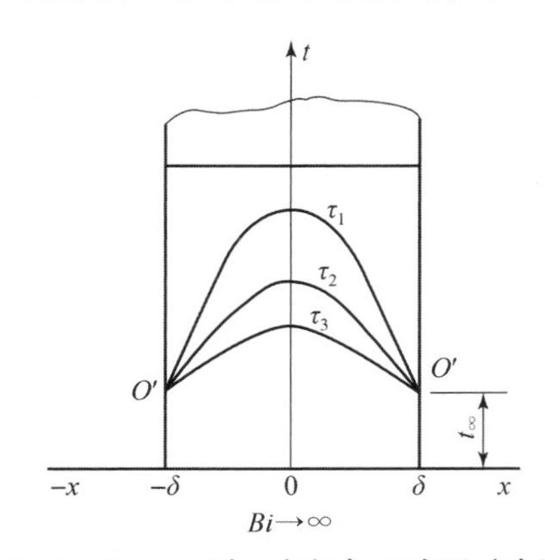

图3－9　$Bi\to\infty$ 时，定向点 O' 在平壁表面上

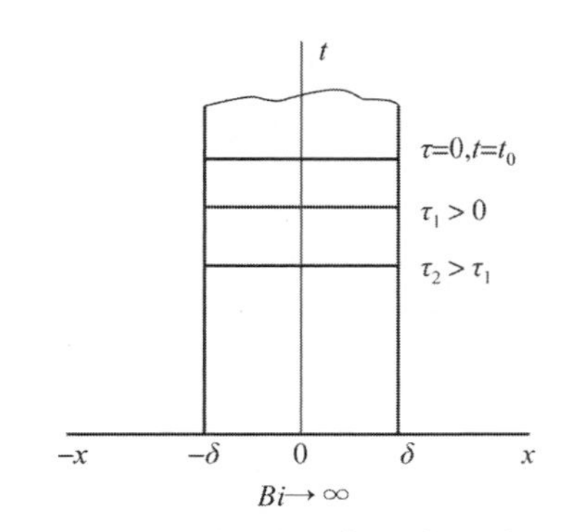

图3－10　$Bi\to 0$ 时，定向点 O' 在平壁无穷远处

$Bi\to 0$ 是一个极限情况，此时大平板导热性能非常好，可以在任何时刻看成等温分布。一般在工程应用中，当 $Bi<0.1$ 时，看作是接近这种极限的判据，就可以近似地认为物体内部的导热热阻与表面对流换热热阻相比可以忽略不计。这种在任何瞬时内部温度梯度小得可以忽略的导热体称为集总热容系统，有时也称为热薄物体系统，这种系统可以用下一节的集总参数法求解。

应该指出，这都是一个相对概念，是由系统内的导热热阻和表面对流换热热阻的相对大

小来决定的，同一物体在一种环境下是集总热容系统，而在另一种情况下就可能不是集总热容系统。

3.3 集总参数法

非稳态导热过程与物体表面的对流换热热阻和内部导热热阻有关。表征物体内部导热热阻与物体表面对流换热热阻相对大小的无量纲数（准则数）称为毕渥数 Bi。毕渥数的大小对于物体中非稳态导热过程的温度场变化具有重要影响。

上一节已经提到，$Bi \to 0$ 导热热阻极小，物体内部温度趋于一致，这时温度场 $t=f(x,y,z,\tau)$ 中的空间坐标不再起作用，温度场变为 $t=f(\tau)$，导热变成零维问题。这种忽略物体内部导热热阻，认为物体内部温度分布均匀一致的分析方法，称为集总参数法（lumped capacitance method）。其判定条件为 $Bi<0.1$ 时，平壁中心温度与表面温度的差别≤5%，接近均匀一致——可用集总参数法求解。

假设有一个任意形状的物体，不只限于球，只要它满足集总参数法求解的条件，即 $Bi<0.1$，假设物体体积是 V，它的表面积是 A，物体的密度是 ρ，比热是 c，导热系数是 λ，初始温度为 t_0，如图 3-11 所示。温度分布 t 是时间τ的函数 $t=f(\tau)$（因为它是一个等温体，所以温度分布与位置无关，它只是时间的函数）。把该物体放到周围流体环境中，周围流体的温度是 t_∞，流体和物体的换热系数是 h。

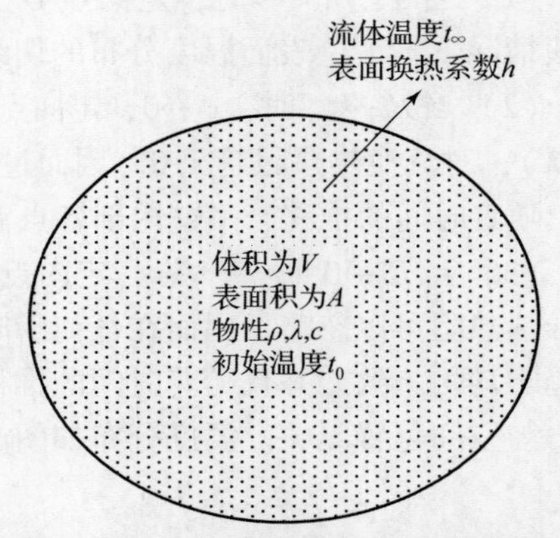

图 3-11 集总参数法相关参数示意图

集总参数法既然忽略了物体内部的导热热阻，那么描述这类物体非稳态导热的微分方程就可以根据能量守恒定律导出一种简单的形式。即物体吸收的热流量与表面的对流换热热流量平衡：

$$hA(t-t_\infty) = -\rho Vc\frac{\mathrm{d}t}{\mathrm{d}\tau}$$

引入过余温度 $\theta=t-t_\infty$，将导热微分方程改写成过余温度形式：

$$\frac{\mathrm{d}\theta}{\theta} = -\frac{hA}{\rho Vc}\mathrm{d}\tau$$

对上式分离变量，并进行积分，得到如下表达式：

$$\ln\frac{\theta}{\theta_0} = -\frac{hA}{\rho Vc}\tau$$

所以，过余温度可以表达为

$$\frac{\theta}{\theta_0} = \mathrm{e}^{-\frac{hA}{\rho Vc}\tau}$$

即在集总参数法中，物体温度是按指数规律随时间变化的，与空间坐标无关。所以集总参数法也叫作零维分析法。式中右端的指数项 $hA/(\rho Vc)$ 的倒数具有时间的量纲，称为时间常数，记作τ_r。

$$\tau_r = \frac{\rho Vc}{hA}\text{时}, \quad \frac{\theta}{\theta_0} = e^{-1} = 36.8\%$$

时间常数τ_r 是反映温度响应快慢的重要参数。当时间达到一个时间常数时（$\tau = \tau_r$），物体的过余温度达到初始过余温度的 36.8%。

时间常数越小，物体在恒温介质中冷却的过余温度变化就越迅速，或者说物体的温度趋近于周围介质温度的速度就越大。从物理意义上分析，时间常数的这种影响就是物体自身热容量和表面对流换热条件两种影响的综合结果。由于时间常数对系统的温度随时间而变化的快慢有很大影响，因而在温度的动态测量中是一个很受关注的物理量。例如，用热电偶测量一个随时间变化的温度场，热电偶时间常数的大小对所测量的温度变化就会产生影响，时间常数越大，响应越慢，跟随性越差；相反，时间常数越小，响应越快，跟随性越好。对于测温的热电偶节点，时间常数越小，说明热电偶对流体温度变化的响应越快。这是测温技术所需要的。

现引入定型尺寸或特征长度 $L_c = V/A$，即物体体积与对流换热表面积之比，则指数项可以作如下变化：

$$\frac{hA}{\rho cV}\tau = \frac{hL_c}{\lambda} \cdot \frac{\lambda}{\rho c} \cdot \frac{\tau}{L_c^2} = \frac{hL_c}{\lambda} \cdot \frac{a\,\tau}{L_c^2} = Bi \cdot Fo$$

最终写成了毕渥数和傅里叶数的乘积。

因此，集总参数法计算式可以表示为

$$\theta = \theta_0 \exp(-Bi \cdot Fo)$$

导热体在τ时刻、单位时间内传给流体的热量为

$$\Phi(\tau) = hA(t(\tau) - t_\infty) = hA\theta = hA\theta_0 e^{-\frac{hA}{\rho Vc}\tau}$$

在 0 ~ τ时间间隔内，导热体传给流体的总热量通过积分计算：

$$Q = \int_0^\tau \Phi(\tau)\,d\tau = \rho Vc\theta_0 \left(1 - e^{-\frac{hA}{\rho Vc}\tau}\right)$$

另外，定型尺寸 L_c 对于不同的物体，其具体取值是不同的（表 3－1）。

表 3－1　不同形状物体的定型尺寸

物体形状	定型尺寸（特征长度）
任意物体	$L_c = \frac{V}{A}$
无限大平壁	$L_c = \frac{V}{A} = \frac{2A\delta}{2A} = \delta$（壁厚的一半）
无限长圆柱体	$L_c = \frac{V}{A} = \frac{\pi R^2 l}{2\pi Rl} = \frac{R}{2}$
球体	$L_c = \frac{V}{A} = \frac{\frac{4}{3}\pi R^3}{4\pi R^2} = \frac{R}{3}$

例题　球形热电偶接点的瞬态响应设计：热电偶放入流体中，在 1 s 内，热电偶指示温度达到$\frac{t-t_f}{t_0-t_f}=0.9$。设 $h=60\ \mathrm{W/(m^2\cdot ℃)}$，热电偶材料 $c=400\ \mathrm{J/(kg\cdot ℃)}$，$\rho=8\ 000\ \mathrm{kg/m^3}$，$\lambda=50\ \mathrm{W/(m\cdot ℃)}$。试求：热电偶接点的最大允许半径。

解：假设本题中热电偶的 $Bi<0.1$，由集总参数法得

$$\frac{\theta}{\theta_0}=\exp\left(-\frac{\tau}{\tau_r}\right)=\exp\left(-\frac{1}{\tau_r}\right)=0.9$$

因此，

$$\left(-\frac{1}{\tau_r}\right)=\ln 0.9$$

可以求出时间常数：

$$\tau_r=-\frac{1}{\ln 0.9}=9.491$$

又因为

$$\tau_r=\frac{\rho cV}{hA}=\frac{\rho cR}{3h}$$

可以得到球体半径：$R=\frac{3h\tau_r}{\rho c}=\frac{3\times 60\times 9.491}{8\ 000\times 400}=5.333\times 10^{-4}\ (\mathrm{m})=0.533\ 3\ (\mathrm{mm})$

即热电偶接点的最大允许半径为 0.533 3 mm。

校核：$Bi=\frac{hL_c}{\lambda}=\frac{h\cdot\frac{R}{3}}{\lambda}=\frac{60\times 5.333\times 10^{-4}}{3\times 50}=0.000\ 2<0.1$

说明本题可采用集总参数法求解。

3.4　二维及三维非稳态导热概述

在二维和三维非稳态导热问题中，几种典型几何形状物体的非稳态导热问题可以利用一维非稳态导热分析解的组合求得。例如无限长方柱体、短圆柱体及短方柱体就是这类典型几何形状的例子（图 3－12）。

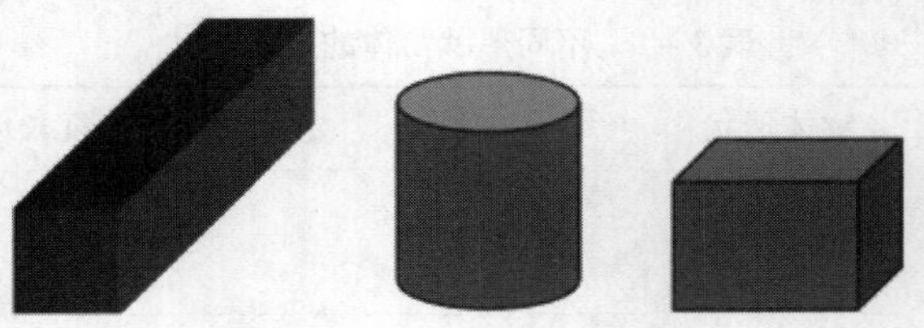

图 3－12　典型几何形状

（1）矩形截面的无限长方柱体是由两个无限大平壁垂直相交而成的。

（2）短圆柱是由一个无限长圆柱和一个无限大平壁垂直相交而成的。

（3）短方柱体是由三个无限大平壁垂直相交而成的。

如图 3－13 所示，无限长方柱体的温度场可表达为

$$\frac{\theta(x,y,\tau)}{\theta_0}=\frac{\theta(x,\tau)}{\theta_0}\cdot\frac{\theta(y,\tau)}{\theta_0}$$

因此，可以将其转化为一维问题求解。这也是处理二维及三维非稳态导热问题的常见方法。

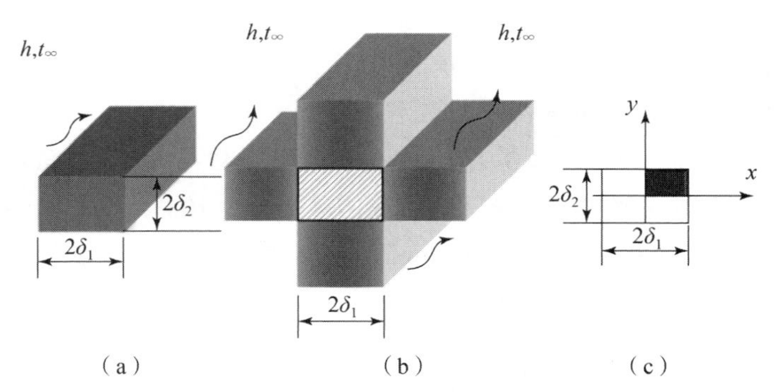

图 3－13　无限长方柱体导热问题简化示意图

习　题

3－1　设有 5 块厚为 30 mm 的无限大平板，各用银、铜、钢、玻璃及软木做成，初始温度均匀且为 20 ℃，两个侧面温度突然上升到 60 ℃，试计算使中心温度上升到 56 ℃时各板所需的时间。5 种材料的热扩散率依次为 170×10^{-6} m²/s、103×10^{-6} m²/s、12.9×10^{-6} m²/s、0.59×10^{-6} m²/s、0.155×10^{-6} m²/s。由此计算可以得出什么结论？

3－2　一初始温度为 t_0 的固体置于室温为 t_∞的房间中。物体表面的发射率为 ε，表面与空气间的传热系数为 h。物体的体积为 V，参与换热的面积为 A，比热容和密度分别为 c 及 ρ，物体的内热阻可略而不计，试列出物体温度随时间变化的微分方程式。

提示：物体单位面积上的辐射换热量为 $\varepsilon\sigma(t^4-t_\infty^4)$。

3－3　一热电偶的 $\rho cV/A$ 之值为 2.094 kJ/(m²·K)，初始温度为 20 ℃，后将其置于 320 ℃的气流中。试计算在气流与热电偶之间的表面传热系数为 58 W/(m²·K) 及 116 W/(m²·K) 两种情形下热电偶的时间常数，并画出两种情形下热电偶读数的过余温度随时间变化的曲线。

3－4　一热电偶的热接点可近似看成球形，初始温度为 25 ℃，后被置于温度为 200 ℃的气流中。问欲使热电偶的时间常数 $\tau_c=1$ s，热接点的直径应为多大？已知热接点与气流间的表面传热系数为 350 W/(m²·K)。热接点的物性为 $\lambda=20$ W/(m·K)，$c=400$ J/(kg·K)，$\rho=8\ 500$ kg/m³。如果气流与热接点之间还有辐射传热，对所需的热接点直径之值有何影响？热电偶引线的影响略而不计。

3－5　一根裸露的长铜导线处于温度为 t_∞的空气中。试导出当导线中通以恒定电流 I 后导线温度变化的微分方程。设导线同一截面上的温度是均匀的，导线的周长为 P，截面积为 A_c，比热容为 c，密度为 ρ，电阻率为 ρ_e，与环境的表面传热系数为 h，长度方向的温度变化略而不计。若已知导线的质量为 3.45 g/m，$c=460$ J/(kg·K)，电阻值为 3.63 Ω/m，电流为 8 A，试确定导线通电瞬间的温升率。

3－6　一块厚 20 mm 的钢板，加热到 500 ℃后置于 20 ℃的空气中冷却，设冷却过程中钢板两侧面的平均表面传热系数为 35 W/(m²·K)，钢板的导热系数为 45 W/(m·K)，热扩散率为 1.37×10^{-5} m²/s。试确定使钢板冷却到与空气相差 10 ℃时所需的时间。

3－7　等离子喷镀是一种用以改善材料表面特性（耐腐蚀性、耐磨性等）的高新技术。

陶瓷是常用的一种喷镀材料。喷镀过程大致如下：把陶瓷粉末注入温度高达 10^4 K 的等离子气流中，在到达被喷镀的表面之前，陶瓷粉末吸收等离子气流的热量而迅速升温到熔点并完全熔化为液滴，然后冲击到被喷镀表面上后迅速凝固，形成一镀层。设氧化铝（Al_2O_3）粉末颗粒的直径 $D_p = 50\ \mu m$，密度 $\rho = 3\ 970\ kg/m^3$，导热系数 $\lambda = 11\ W/(m \cdot K)$，比热容 $c = 1\ 560\ J/(kg \cdot K)$，这些粉末颗粒与气流间的表面传热系数为 $10\ 000\ W/(m^2 \cdot K)$，粉末颗粒的熔点为 2 350 K，熔解潜热为 3 580 kJ/kg。试在不考虑颗粒的辐射热损失时确定从 $t_0 = 300$ K 加热到其熔点所需的时间，以及从刚到达熔点直至全部熔为液滴所需的时间。

3 - 8　直径为 1 mm 的金属丝置于温度为 25 ℃的恒温油槽中，其电阻值为 0.01 Ω/m，设电流强度为 120 A 的电流突然流经此导线并保持不变，导线表面与油之间的表面传热系数为 $550\ W/(m^2 \cdot K)$。问：当导线温度稳定后其值为多少？从通电开始瞬间到导线温度与稳定时之值相差 1 ℃所需的时间为多少？设表面传热系数保持为常数，导线的 $c = 500\ J/(kg \cdot K)$，$\rho = 8\ 000\ kg/m^3$，$\lambda = 25\ W/(m \cdot K)$。

3 - 9　有两块同样材料的平板 A 和 B，A 板的厚度为 B 板的两倍，从同一高温炉中取出置于冷流体中淬火。流体与各表面间的传热系数均可视为无限大。已知 B 板中心点的过余温度下降到初值的一半需要 21 min，问 A 板达到同样温度工况需多长时间？

3 - 10　一高 $H = 0.4$ m 的圆柱体，初始温度均匀，然后将其四周曲面完全绝热，而上下底面暴露于气流中冷却，气流与两底面间的表面传热系数均为 $50\ W/(m^2 \cdot K)$。圆柱体导热系数 $\lambda = 20\ W/(m \cdot K)$，热扩散率 $\alpha = 5.6 \times 10\ m^2/s$。试确定圆柱体中心过余温度下降到初值一半时所需的时间。

3 - 11　厚 8 mm 的瓷砖被堆放在室外货场上，并与 -15 ℃的环境处于热平衡。此后把它们搬入 25 ℃的室内。为了加速升温过程，每块瓷砖被分散地搁在墙旁，设此时瓷砖两面与室内环境的表面传热系数为 $4.4\ W/(m^2 \cdot K)$。为防止瓷砖脆裂需待其温度上升到 10 ℃以上才可操作，问需等待多长时间？已知瓷砖的 $\lambda = 11\ W/(m \cdot K)$，$a = 7.5 \times 10\ m^2/s$。如瓷砖厚度增加一倍，其他条件不变，问等待时间又为多少？

3 - 12　一直径为 5 cm 的钢球，初始温度为 450 ℃，忽然被置于温度为 30 ℃的空气中。设钢球表面与周围环境间的传热系数为 $24\ W/(m^2 \cdot K)$，试计算钢球冷却到 300 ℃所需的时间。已知钢球的 $c = 0.48\ kJ/(kg \cdot K)$，$\rho = 7\ 753\ kg/m^3$，$\lambda = 33\ W/(m \cdot K)$。

3 - 13　一温度计的水银泡呈圆柱状，长 20 mm，内径为 4 mm，初始温度为 t_0，今将其插入温度较高的储气罐中测量气体温度。设水银泡同气体间的对流换热表面传热系数 $h = 11.63\ W/(m^2 \cdot K)$，水银泡一层薄玻璃的作用可忽略不计，试计算此条件下温度计的时间常数，并确定插入 5 min 后温度计读数的过余温度为初始温度的百分之几。

水银的物性参数如下：

$$\lambda = 10.36\ W/(m \cdot K),\ \rho = 13\ 110\ kg/m^3,\ c = 0.138\ kJ/(kg \cdot K)$$

参 考 文 献

[1] 章熙民，任泽霈，梅飞鸣．传热学［M］．2 版．北京：中国建筑工业出版社，1993.

[2] 陈启高．建筑热物理基础［M］．西安：西安交通大学出版社，1991.

[3] 董兆一，淮秀兰，赵耀华．超急速爆发沸腾传热的实验与理论研究［J］．工程热物理学报，2004，24（4）：667－669.

[4] 刘庄，吴肇基，吴景之，等．热处理过程的数值模拟［M］．北京：科学出版社，1996.

[5] 高应才．数学物理方程及其数值解法［M］．北京：高等教育出版社，1983.

[6] 杨世铭，陶文铨．传热学［M］．3 版．北京：高等教育出版社，1998.

[7] INCROPERA F P，DEWITT D P. Fundamentals of heat and mass transfer［M］. 5th ed. New York：John Wiley & Sons，Inc，2002.

[8] HOLMAN J P. Heat transfer［M］. 8th ed. New York：McGraw－Hill，Inc.，1997.

[9] CENGEL Y A. Heat transfer，A practical approach［M］. Boston：WCB McGraw－Hill，1998.

[10] 张洪济．热传导［M］．北京：高等教育出版社，1992.

[11] 奥齐西克 M N. 热传导［M］．俞昌铭，主译．北京：高等教育出版社，1984.

[12] GRIGULL U，SANDNER H. Heat conduction［M］. Washington：Hemisphere Publishing Corporation，1984.

[13] HEISLER M P. Temperature charts for conduction and temperature heating［J］. Trans ASME，1947，69（1）：227－236.

[14] SCHNEIDER P J. Conduction heat transfer［M］. Reading：Addison Wesley，1955.

[15] CAMPO A. Rapid determination of spatio－temporal temperatures and heat transfer in simple bodies cooled by convection：usage of calculators in lieu of Heisler－Grober charts［J］. Int Comm Heat Mass Transfer，1997，24（4）：553－564.

[16] GROBER H，ERK，H，GRIGULL U. Fundamentals of heat transfer［M］. 3rd ed. New York：McGraw－Hill，Inc，1961.

[17] SCHNEIDER P J. Temperature response charts［M］. New York：John Wiley & Sons，Inc，1963.

[18] LANGSTON L S. Heat transfer from multidimensional objects using one－dimensional solutions for heat loss［J］. Int J Heat Mass Transfer，1982，25：149－150.

[19] 苏塞克 J. 传热学［M］．俞佐平，译．北京：高等教育出版社，1980：243.

[20] 亚当斯 J A，罗杰斯 D F. 传热学的计算机分析 [M]. 蒋章焰，译. 北京：科学出版社，1980.

[21] 奥西波娃 B A. 传热学实验研究 [M]. 蒋章焰，王传院，译. 北京：高等教育出版社，1982.

[22] 辛荣昌，陶文铨. 非稳态导热充分发展阶段的分析解 [J]. 工程热物理学报，1993，14 (1)：80－83.

[23] XIN R C，TAO W Q. Analytical solution for transient heat conduction in two－semi－infinite bodies in contact [J]. ASME J Heat Transfer，1994，116 (1)：224－228.

第4章

对流换热原理

4.1 对流换热概述

物体表面和流体之间存在相对运动时发生的热量传递就称为对流换热。在绪论部分已经讲过，对流换热是包含了热传导和热对流两种基本换热方式的换热过程。对流换热的特点主要包括：

（1）必须有温差。

（2）导热与热对流同时存在的复杂热传递过程。

（3）必须有直接接触（流体与壁面）和宏观运动。

（4）受流体黏性和壁面摩擦阻力影响，紧贴壁面处形成速度梯度很大的流动边界层以及热边界层。

通过牛顿冷却定律可知，流体对流换热系数表示当流体与壁面温度相差1 ℃时，每单位壁面面积上，单位时间内所传递的热量：

$$h=\frac{\Phi}{A(t_{w}-t_{\infty})}$$

实际上，对流换热系数与流体流速、温度、物性等多个参数有关，研究对流换热的主要任务就是揭示对流换热系数与影响它的有关物理量之间的内在联系并定量地确定对流换热系数的数值。

$$h=f(\boldsymbol{v},t_{w},t_{f},\lambda,\rho,c_{p},\eta,\alpha,l,\cdots)$$

表4－1给出了几种不同换热过程的对流换热系数的大致范围，可以更直观地看到上述某些因素对于对流换热过程的影响规律。

表4－1 对流换热系数的数值范围

换热形式	对流换热系数 $h/(W\cdot m^{-2}\cdot ℃^{-1})$
空气自然对流	1～10
空气强迫对流	20～100

续表

换热形式	对流换热系数 $h/(W \cdot m^{-2} \cdot ℃^{-1})$
水的自然对流 水的强迫对流	200～1 000 1 000～15 000
水的沸腾 蒸汽凝结	2 500～35 000 5 000～25 000

对流换热可以按照不同的标准进行分类，例如：

(1) 按动力可分为如下三种。

强制对流（forced convection）：由泵、风机或压差等流体本身以外的动力而产生的流体流动换热。

自然对流（natural convection）：由于流体本身的密度差产生的浮升力作用产生的流体流动换热。

混合对流（mixed convection）：自然对流和强制流动换热并存。

(2) 按流动状态可分为如下两种。

层流运动（laminar flow）：流体质点的运动轨迹光滑而有规则，各部分的分层流动互不掺混、扰动，流场是稳定的。

湍流运动（turbulent flow）：与层流运动相反，流动是不规则、混乱、随机性的，流体质点做复杂无规则的运动。

(3) 按有无相变可分为如下两种。

单相介质传热：对流换热时只有一种流体。

相变换热：传热过程中有相变发生，如沸腾换热（物质由液态变为气态时发生的换热）、凝结换热（物质由气态变为液态时发生的换热）等。

(4) 按照换热表面的几何因素可分为如下两种。

内部流动对流换热（flow in ducts）：管内或槽内等。

外部流动对流换热（around vertical plant）：外掠平板、圆管、管束等。

研究对流换热的方法主要包括如下四种。

(1) 分析法：根据边界理论，得到边界层微分方程组——常微分方程——求解。

(2) 实验法。

(3) 比拟法：用相似理论指导。

(4) 数值法：近年来发展迅速，可求解很复杂的问题。

4.2 对流换热过程微分方程组

本节主要采用分析法讨论对流换热过程。从机理上说，对流换热，除了紧贴壁面的流体依靠微观粒子运动的导热之外，离开壁面的流体依靠宏观运动储存和输送热量。因而对流换热要涉及流体的运动状况、流体的性质以及与流体相接触的物体的表面形状、大小和部位等复杂因素。

对流换热以牛顿冷却定律为基本计算式，这个公式实质上只是对流换热系数 h 的一种定义方式，并未揭示出对流换热系数与有关物理量之间的内在联系。那么在对流换热过程的理论分析中，求解出流体的温度分布后，如何从流体的温度分布来进一步求得对流换热系数？换言之，对流换热系数与流体温度场之间存在什么样的内在关系？

首先，考察固体壁面和流体之间的热量传递过程。当流体流过固体表面时，由于流体的黏性作用，会形成流动边界层，同时也会形成温度边界层，如图 4－1 所示。紧贴壁面的区域流体将被滞止而处于无滑移状态，壁面与流体间的热量传递必须穿过这层静止的流体层。

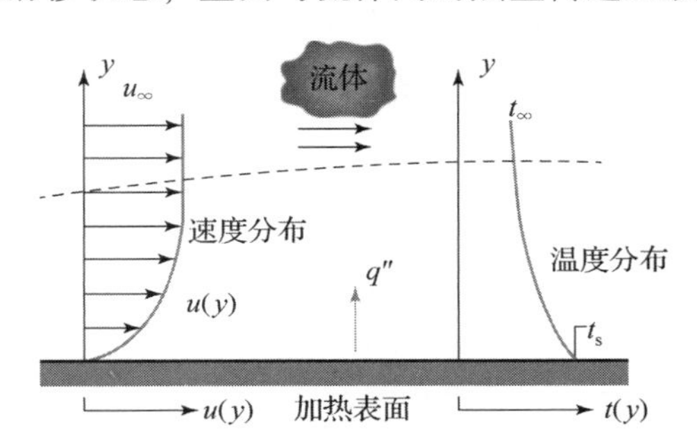

图 4－1　流体外掠平板形成流动边界层和热边界层

因此在贴近壁面的这层流体中，从壁面传入的导热热流密度可以根据傅里叶定律确定。

$$q_{w,x} = -\lambda\left(\frac{\partial t}{\partial y}\right)_{w,x}$$

值得注意的是，这里的 λ 为流体热导率。$\left(\frac{\partial t}{\partial y}\right)_{w,x}$ 为紧贴壁面处壁面法线方向上流体温度变化率。

在稳定状态下，壁面与流体之间的对流换热量或热流密度就等于贴近壁面处静止流体层的导热量或导热热流密度。

根据牛顿冷却公式，得到对流换热的热流密度表达式：

$$q_{w,x} = h_x(t_w - t_\infty)$$

两种方式计算的热流密度应该相等，进而得到对流换热系数与近壁流体层温度梯度的一般关系式：

$$h_x = -\frac{\lambda}{t_w - t_\infty}\left(\frac{\partial t}{\partial y}\right)_{w,x}$$

从式中可以看出，对流换热系数与流体的温度场，特别是贴近壁面附近区域的流体的温度分布状况密切相关。式中给出了计算对流换热壁面上热流密度的公式，也确定了对流换热系数与流体温度场之间的关系。它清晰地告诉我们，要求解一个对流换热问题，获得相应的对流换热系数，就必须首先获得流体的温度分布，即温度场，然后确定壁面上的温度梯度，最后计算出在参考温差下的对流换热系数。

温度梯度或温度场取决于流体热物性、流动状态（层流或湍流）、流速的大小及其分布、表面粗糙度等。由于流体的温度分布往往受到速度场的影响，因此对流换热问题完整的数学描写包括质量守恒、动量守恒和能量守恒的数学表达式。速度场和温度场可由对流换热微分方程组确定。

为了简化计算，对于影响常见对流换热问题的主要因素，做如下假设：

（1）流动是二维稳态的。

（2）流体为不可压缩的牛顿流体，即流体服从牛顿黏性定律：$\tau=\mu\dfrac{\partial u}{\partial y}$。

（3）流体物性（ρ、c_p、λ、μ）为常数，无内热源。

（4）流速较低，黏性耗散产生的耗散热可以忽略不计。

黏性耗散的物理意义为：作用于控制体表面上的法向力和切应力使流体位移产生摩擦功而转变成的热能。只有当流速完全均匀，没有内摩擦时，黏性耗散热才为零。一般地，对于低速流动或低普朗特数的流体，黏性耗散热与能量方程中的其他项相比甚小，可忽略不计。

研究对流换热问题，通常把流体看作连续体，因此力学和热力学的一些基本定律均适用。分析时常取流体的一个微元控制体作为研究对象，运用质量守恒、动量守恒和能量守恒等基本定律进行分析和计算，如图 4-2 所示。

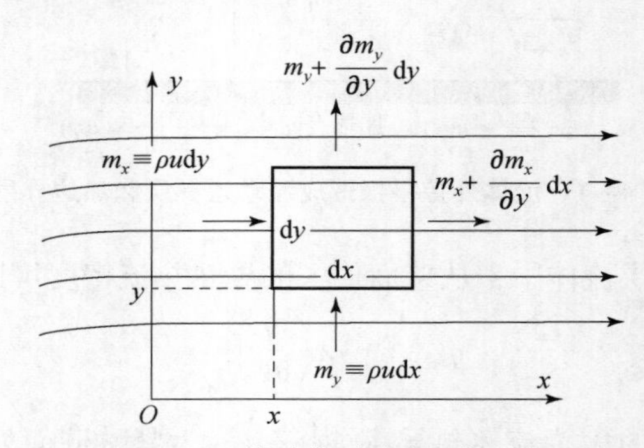

图 4-2 微动体质量流入与流出

1）连续性方程

首先，流体的连续流动遵循质量守恒规律，从流场中（x，y）处取出边长为 dx、dy 的微元体。单位时间内，沿 x 轴方向，在 x 处经 dy 表面进入微元体的质量为

$$m_x=\rho u\mathrm{d}y$$

单位时间内，沿 x 轴方向，在 $x+\mathrm{d}x$ 处经 dy 表面流出微元体的质量为

$$m_{x+\mathrm{d}x}=m_x+\frac{\partial m_x}{\partial x}\mathrm{d}x$$

因此，可以得到单位时间内，沿 x 轴方向流入微元体的净质量：

$$m_x-m_{x+\mathrm{d}x}=-\frac{\partial m_x}{\partial x}\mathrm{d}x=-\frac{\partial\rho u}{\partial x}\mathrm{d}x\mathrm{d}y$$

同理，可得到单位时间内，沿 y 轴方向流入微元体的净质量：

$$m_y-m_{y+\mathrm{d}x}=-\frac{\partial m_y}{\partial y}\mathrm{d}y=-\frac{\partial\rho v}{\partial y}\mathrm{d}y\mathrm{d}x$$

那么，单位时间内流入微元体的净质量为两项相加：

$$\Delta=-\left(\frac{\partial\rho u}{\partial x}+\frac{\partial\rho v}{\partial y}\right)\mathrm{d}x\mathrm{d}y$$

此外，单位时间内、微元体内流体质量的变化量可以表示为

$$\frac{\partial \rho \mathrm{d}x\mathrm{d}y}{\partial \tau}=\frac{\partial \rho}{\partial \tau}\mathrm{d}x\mathrm{d}y$$

根据微元体内流体质量守恒，即流入微元体的净质量应该等于微元体内流体质量的变化量，所以得到

$$-\left(\frac{\partial \rho u}{\partial x}+\frac{\partial \rho v}{\partial y}\right)\mathrm{d}x\mathrm{d}y=\frac{\partial \rho}{\partial \tau}\mathrm{d}x\mathrm{d}y$$

即

$$-\left(\frac{\partial \rho u}{\partial x}+\frac{\partial \rho v}{\partial y}\right)=\frac{\partial \rho}{\partial \tau}$$

对于二维常物性（密度为常数）流体，方程可简化为

$$\frac{\partial u}{\partial x}+\frac{\partial v}{\partial y}=0$$

这就是流体的连续性方程。

2）动量微分方程

动量微分方程是根据动量守恒定律，描述流体的速度场。根据牛顿第二运动定律，作用在微元体上各外力的总和等于控制体中流体动量的变化率。

作用力可以分为体积力和表面力。体积力主要包括重力、离心力和电磁力等，而表面力主要包括黏性引起的切向应力和法向应力、压力等。

动量微分方程——Navier - Stokes 方程（N - S 方程）可由流体力学相关内容推导得出，二维问题包括 x 方向和 y 方向两个动量方程：

$$\rho\left(\frac{\partial u}{\partial \tau}+u\frac{\partial u}{\partial x}+v\frac{\partial u}{\partial y}\right)=F_x-\frac{\partial p}{\partial x}+\mu\left(\frac{\partial^2 u}{\partial x^2}+\frac{\partial^2 u}{\partial y^2}\right)$$

$$\rho\left(\frac{\partial v}{\partial \tau}+u\frac{\partial v}{\partial x}+v\frac{\partial v}{\partial y}\right)=F_y-\frac{\partial p}{\partial y}+\mu\left(\frac{\partial^2 v}{\partial x^2}+\frac{\partial^2 v}{\partial y^2}\right)$$

对于稳态流动，流速不随时间变化，因此，$\frac{\partial u}{\partial \tau}=0$，$\frac{\partial v}{\partial \tau}=0$。

只有重力场时，$F_x=\rho g_x$，$F_y=\rho g_y$。

该动量方程在传热学中直接应用，其具体推导可参考流体力学相关内容。

3）能量微分方程

能量微分方程通过能量守恒描述流体温度场。

[导入与导出的净热量] + [热对流传递的净热量] + [内热源发热量] = [总能量的增量] + [对外膨胀做功]：

$$Q=\Delta E+W$$

式中，Q 为总的净热量：

$$Q=Q_{\text{导热}}+Q_{\text{对流}}+Q_{\text{内热源}}$$

ΔE 为总能量的增量：

$$\Delta E=\Delta U_{\text{热力学能}}+\Delta U_{\mathrm{K}(\text{动能})}$$

W 为对外膨胀做功：

$$W=\text{体积力(重力)做的功}+\text{表面力做的功}$$

在重力场作用下，流体流动，重力场做的功非常小，可以忽略，所以体积力做的功可以

忽略。表面力做功需要看假设条件，其中切向应力产生动能，法向应力产生黏性力。因此表面力做的功包括：

（1）压力做的功，包括变形功和推动功。

（2）表面应力（切向 + 法向）做的功，包括动能和 $\mu\Phi$。

假设：

（1）流体的热物性均为常量。

（2）流体为不可压缩的牛顿流体，所以变形功 = 0。

（3）流速较低，动能变化很小，近似认为动能变化为零，$\Delta U_{\mathrm{K}}=0$。

（4）忽略黏性耗散（摩擦损失），黏性力做的功为零，即 $\mu\Phi=0$。

（5）无内热源，$Q_{内热源}=0$。

根据假设条件，去掉可忽略的项，方程 $Q=\Delta E+W$ 可简化为

$$Q_{导热}+Q_{对流}=\Delta U_{热力学能}+W_{推动功}=\Delta H$$

下面需要分别求出方程中的 $Q_{导热}$、$Q_{对流}$ 和 ΔH，即可建立能量微分方程（图 4－3）。

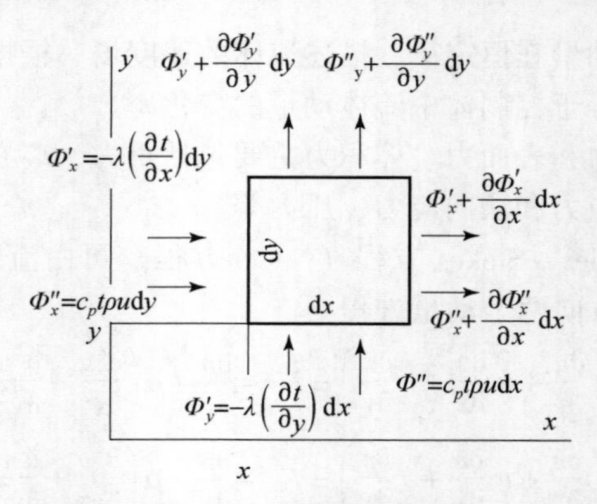

图 4－3　微元体能量流入与流出

单位时间内，沿 x 轴方向导入与导出微元体净热量为

$$\Phi'_x-\Phi'_{x+\mathrm{d}x}=\Phi'_x-\left(\Phi'_x+\frac{\partial\Phi'_x}{\partial x}\mathrm{d}x\right)=-\frac{\partial\Phi'_x}{\partial x}\mathrm{d}x=\lambda\frac{\partial^2 t}{\partial x^2}\mathrm{d}x\mathrm{d}y$$

单位时间内，沿 y 轴方向导入与导出微元体净热量为

$$\Phi'_y-\Phi'_{y+\mathrm{d}y}=\Phi'_y-\left(\Phi'_y+\frac{\partial\Phi'_y}{\partial y}\mathrm{d}y\right)=-\frac{\partial\Phi'_y}{\partial y}\mathrm{d}y=\lambda\frac{\partial^2 t}{\partial y^2}\mathrm{d}y\mathrm{d}x$$

所以可得

$$Q_{导热}=\lambda\frac{\partial^2 t}{\partial x^2}\mathrm{d}x\mathrm{d}y+\lambda\frac{\partial^2 t}{\partial y^2}\mathrm{d}y\mathrm{d}x$$

单位时间内，沿 x 轴方向通过热对流带入微元体的净热量：

$$\Phi''_x-\Phi''_{x+\mathrm{d}x}=\Phi''_x-\left(\Phi''_x+\frac{\partial\Phi''_x}{\partial x}\mathrm{d}x\right)=-\frac{\partial\Phi''_x}{\partial x}\mathrm{d}x=-\rho c_p\frac{\partial(ut)}{\partial x}\mathrm{d}x\mathrm{d}y$$

单位时间内，沿 y 轴方向通过热对流带入微元体的净热量：

$$\Phi''_y-\Phi''_{y+\mathrm{d}y}=\Phi''_y-\left(\Phi''_y+\frac{\partial\Phi''_y}{\partial y}\mathrm{d}y\right)=-\frac{\partial\Phi''_y}{\partial y}\mathrm{d}y=-\rho c_p\frac{\partial(vt)}{\partial y}\mathrm{d}y\mathrm{d}x$$

所以可得

$$Q_{对流}=-\rho c_p\frac{\partial(ut)}{\partial x}\mathrm{d}x\mathrm{d}y-\rho c_p\frac{\partial(vt)}{\partial y}\mathrm{d}y\mathrm{d}x$$

此外，单位时间内，微元体内焓的增量 ΔH 为

$$mc_p\frac{\partial(t)}{\partial\tau}=\rho\mathrm{d}x\mathrm{d}yc_p\frac{\partial(t)}{\partial\tau}=\rho c_p\frac{\partial(t)}{\partial\tau}\mathrm{d}x\mathrm{d}y$$

根据 $Q_{导热}+Q_{对流}=\Delta H$，有

$$\lambda\frac{\partial^2 t}{\partial x^2}\mathrm{d}x\mathrm{d}y+\lambda\frac{\partial^2 t}{\partial y^2}\mathrm{d}y\mathrm{d}x-\rho c_p\frac{\partial(ut)}{\partial x}\mathrm{d}x\mathrm{d}y-\rho c_p\frac{\partial(vt)}{\partial y}\mathrm{d}y\mathrm{d}x=\rho c_p\frac{\partial(t)}{\partial\tau}\mathrm{d}x\mathrm{d}y$$

消去相同的项 $\mathrm{d}x\mathrm{d}y$，再将含有 ρc_p 的项放在一起，即

$$\rho c_p\left(\frac{\partial(t)}{\partial\tau}+\frac{\partial(ut)}{\partial x}+\frac{\partial(vt)}{\partial y}\right)=\lambda\frac{\partial^2 t}{\partial x^2}+\lambda\frac{\partial^2 t}{\partial y^2}$$

式中，

$$\frac{\partial(ut)}{\partial x}+\frac{\partial(vt)}{\partial y}=u\frac{\partial(t)}{\partial x}+t\frac{\partial(u)}{\partial x}+v\frac{\partial(t)}{\partial y}+t\frac{\partial(v)}{\partial y}$$

根据连续性方程：

$$\frac{\partial u}{\partial x}+\frac{\partial v}{\partial y}=0$$

可得

$$\frac{\partial(ut)}{\partial x}+\frac{\partial(vt)}{\partial y}=u\frac{\partial(t)}{\partial x}+v\frac{\partial(t)}{\partial y}+t\left(\frac{\partial(u)}{\partial x}+\frac{\partial(v)}{\partial y}\right)=u\frac{\partial(t)}{\partial x}+v\frac{\partial(t)}{\partial y}$$

所以能量微分方程最终可简化为

$$\rho c_p\left(\frac{\partial(t)}{\partial\tau}+u\frac{\partial(t)}{\partial x}+v\frac{\partial(t)}{\partial y}\right)=\lambda\left(\frac{\partial^2 t}{\partial x^2}+\frac{\partial^2 t}{\partial y^2}\right)$$

将以上连续性方程、动量微分方程、能量微分方程联立，可以得到常物性、无内热源、二维、不可压缩牛顿流体的对流换热微分方程组：

$$\frac{\partial u}{\partial x}+\frac{\partial v}{\partial y}=0$$

$$\rho\left(\frac{\partial u}{\partial\tau}+u\frac{\partial u}{\partial x}+v\frac{\partial u}{\partial y}\right)=F_x-\frac{\partial p}{\partial x}+\mu\left(\frac{\partial^2 u}{\partial x^2}+\frac{\partial^2 u}{\partial y^2}\right)$$

$$\rho\left(\frac{\partial v}{\partial\tau}+u\frac{\partial v}{\partial x}+v\frac{\partial v}{\partial y}\right)=F_y-\frac{\partial p}{\partial y}+\mu\left(\frac{\partial^2 v}{\partial x^2}+\frac{\partial^2 v}{\partial y^2}\right)$$

$$\rho c_p\left(\frac{\partial(t)}{\partial\tau}+u\frac{\partial(t)}{\partial x}+v\frac{\partial(t)}{\partial y}\right)=\lambda\left(\frac{\partial^2 t}{\partial x^2}+\frac{\partial^2 t}{\partial y^2}\right)$$

可见，对流换热问题的数学描写比导热要复杂得多，尽管理论上通过 4 个方程可以对应求解出 4 个变量，速度 u、v，温度 t，压强 p，但实际上在数学上求出其解析解却是非常困难的。下节将详细讲解借助于普朗特提出的边界层概念，使用分析法如何求解对流换热问题。

4.3　对流换热的边界层理论

为了方便求解对流换热微分方程组，引入了边界层理论。当流体沿固体壁面流动时，流

体黏性起作用的区域仅仅局限在紧贴壁面的流体薄层内，这种黏性作用逐渐向外扩散，在离开壁面某个距离之外的流动区域，黏性的影响可以忽略不计。于是在这个距离以外区域的流动可以认为是理想流体的流动，普朗特（Prandtl）把速度急剧变化的这一流体薄层称为速度边界层或流动边界层。

如图4－4所示，由于黏性作用，流体流速在靠近壁面处随离壁面的距离缩短而逐渐降低，在贴壁处被滞止，处于无滑移状态，即速度为零。反过来看，从 $y=0$，$u=0$ 开始，速度 u 随着 y 方向离壁面距离的增加而迅速增大，经过厚度为 δ 的薄层，u 接近主流速度 u_∞。

因此，边界层厚度 δ 就定义为流体速度达到主流速度99%时，即 $u/u_\infty=0.99$ 的流体薄层厚度。实际上，边界层厚度是一个很小的量，以温度为20 ℃的空气沿平板的流动为例，如果来流速度为20 m/s，则速度边界层在距平板前缘100 mm和200 mm处的厚度分别为 $\delta_{x=100\ \text{mm}}=1.8$ mm和 $\delta_{x=200\ \text{mm}}=2.5$ mm。也就是说，在这样小的薄层内，流体的速度要从零变化到接近主流速度 u_∞。

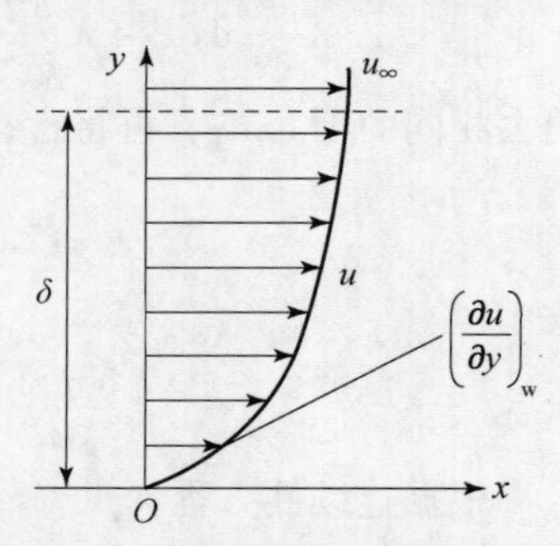

图4－4 流体外掠平板流动边界层示意图

可见，随着流体流过，边界层内速度梯度很大，这就意味着边界层内黏性力很大。边界层之外速度为主流速度，速度梯度为0，意味着黏性力为0。

因此，普朗特流场边界层的主要思想，就是流场可以划分为两个区域：一个是边界层区，一个是主流区。在边界层内，流体的黏性作用起主导作用。在边界层外的主流区 $\left(\text{黏性力为0，即}\tau=\mu\frac{\partial u}{\partial y}=0\right)$，流体可以看成理想流体。但要注意，这里的主流区不是没有黏性，黏性还是有的，只是由于速度梯度为0，黏性力0，所以可视为一种理想流体。

外掠平板的边界层形成和发展（图4－5），可以表述如下：

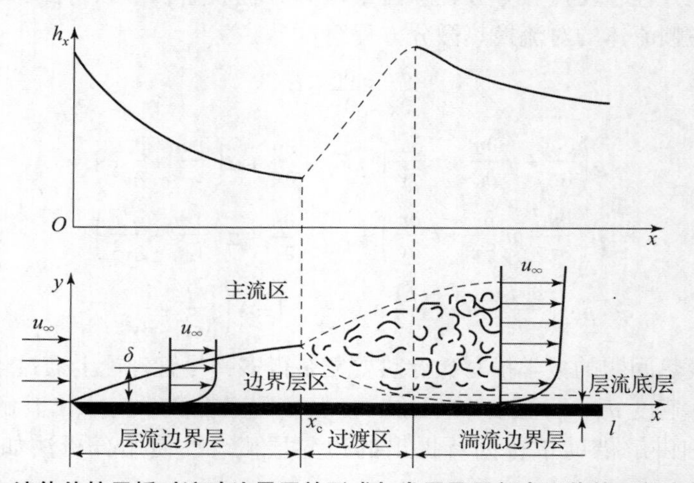

图4－5 流体外掠平板时流动边界层的形成与发展及局部表面传热系数变化示意图

（1）当流体以 u_∞ 的速度沿平板流动，速度边界层在平板前缘开始形成；随着 x 的增加，壁面黏滞力的影响逐渐向流体内部传递，边界层逐渐增厚，在某一距离 x_c 之前会一直保持层流的性质，此时流体作有秩序的分层流动，对应的边界层称为**层流边界层**。

（2）沿流动方向随边界层厚度的增加，边界层内部黏滞力和惯性力的对比向着惯性力相对占优的方向变化，促使边界层内的流动产生紊乱的不规则脉动，并最终发展为旺盛的湍流，形成**湍流边界层**。

（3）应特别注意，湍流边界层的主体核心虽处于湍流流动状态，但紧贴壁面处的一极薄流体层内，由于速度梯度很大，黏滞力仍然占主导地位，致使该薄层内的流动仍保持层流的性质，故称为**湍流边界层的层流底层**。

实验观察同样发现，当流体流过与其温度不相同的壁面时，在壁面附近的一个薄层内，流体温度在壁面的法线方向上会发生剧烈变化，即会产生温度梯度很大的薄层，而在此薄层之外，流体的温度梯度几乎为零。因此，波尔豪森将速度边界层的概念推广应用到对流换热问题，提出了温度边界层或热边界层的概念。

温度边界层的厚度 δ_t 是这样定义的：边界层边界上的过余温度等于99%主流流体过余温度时，即 $\theta=(t-t_w)=0.99(t_\infty-t_w)$ 时的边界层厚度。

从微观角度来看，速度边界层厚度 δ 和温度边界层厚度 δ_t 反映了流体分子动量和热量扩散的范围。一般情况下，速度边界层和温度边界层的厚度并不相等。δ 表达流体传递动量能力的大小，δ_t 表达的是流体传递热量能力的大小。

由于流体的流动状态有层流和湍流两类，在边界层内也会出现层流和湍流两类不同的流动状态。对于层流，温度呈抛物线分布，对于湍流，温度呈幂函数分布，如图4－6所示。湍流边界层贴壁处的温度梯度明显大于层流，因此湍流换热比层流换热强。

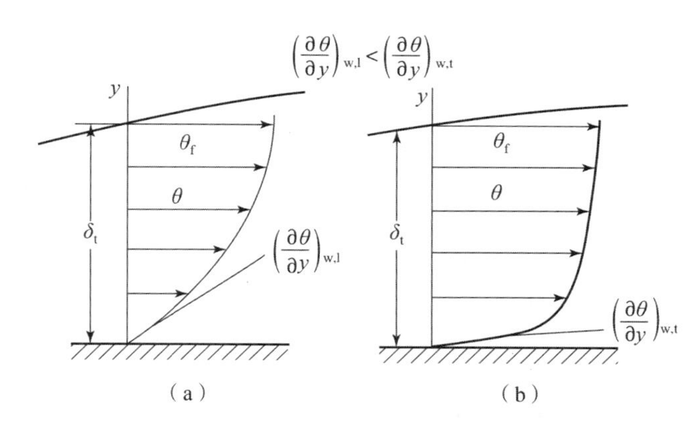

图4－6　流体外掠平板层流边界层温度梯度和湍流边界层温度梯度

（a）层流；（b）湍流

根据边界层的特点，可以运用数量级分析的方法简化对流换热微分方程组。数量级分析是工程问题分析中的一个重要方法，通过比较方程中各项的数量级相对大小，数量级小的项可以近似忽略，加以舍去，从而实现方程的合理简化。至于怎样确定各项的数量级，要根据分析问题的性质做出合理估算。

对于上一节得到的对流换热方程组，首先，在忽略重力的情况下，动量方程组中的重力项 F_x 和 F_y 可以忽略。如果是稳态流动，动量方程组中的速度 u 和 v 对时间的偏导数，以及能量方程中温度 t 对时间的偏导数，均可以忽略。对流换热方程组可简化成如下形式：

$$\frac{\partial u}{\partial x}+\frac{\partial v}{\partial y}=0$$

$$\rho\left(u\frac{\partial u}{\partial x}+v\frac{\partial u}{\partial y}\right)=-\frac{\partial p}{\partial x}+\mu\left(\frac{\partial^2 u}{\partial x^2}+\frac{\partial^2 u}{\partial y^2}\right)$$

$$\rho\left(u\frac{\partial v}{\partial x}+v\frac{\partial v}{\partial y}\right)=-\frac{\partial p}{\partial y}+\mu\left(\frac{\partial^2 v}{\partial x^2}+\frac{\partial^2 v}{\partial y^2}\right)$$

$$\rho c_p\left(u\frac{\partial (t)}{\partial x}+v\frac{\partial (t)}{\partial y}\right)=\lambda\left(\frac{\partial^2 t}{\partial x^2}+\frac{\partial^2 t}{\partial y^2}\right)$$

通过物理量的数量级分析，可对该方程组进行进一步简化。首先，在对流换热问题中，温度通常为几十度或几百度，应为大量，壁面特征长度也为大量，只有边界层厚度为小量。而主流方向的坐标 x 与壁面特征长度相对应，数量级为大量，坐标 y 与边界层厚度相对应，数量级应为小量。

主流速度 u 沿边界层厚度由 0 到 u_∞，所以主流速度 u 为大量：

$$u\approx u_\infty\approx O(1)$$

$O(1)$、$O(\delta)$ 表示数量级为大量 1 和小量 δ。

再由连续性方程：

$$\frac{\partial u}{\partial x}+\frac{\partial v}{\partial y}=0$$

可以得到

$$-\frac{\partial v}{\partial y}=\frac{\partial u}{\partial x}\approx\frac{u_\infty}{l}\approx O(1)$$

所以

$$v\approx O(\delta)$$

即 y 方向速度为小量。

对于两个动量微分方程，首先看 x 方向的动量微分方程：

$$\rho\left(u\frac{\partial u}{\partial x}+v\frac{\partial u}{\partial y}\right)=-\frac{\partial p}{\partial x}+\mu\left(\frac{\partial^2 u}{\partial x^2}+\frac{\partial^2 u}{\partial y^2}\right)$$

从量级上分析，可以近似认为流体密度 ρ 为大量，比如空气密度约为 1 kg/m^3，水的密度为 1 000 kg/m^3。方程左边两个动量项相当于两个大量：

$$1\left(1\,\frac{1}{1}+\delta\,\frac{1}{\delta}\right)$$

方程右边是压力梯度和黏性力梯度，首先可确定：

$$\left(\frac{\partial^2 u}{\partial x^2}+\frac{\partial^2 u}{\partial y^2}\right)\approx\frac{1}{1^2}+\frac{1}{\delta^2}$$

那么动力黏度 μ 必须是小量（$\sim\delta^2$），如果是大量，那么黏性力梯度项将变成一个大量再加上一个超大量，方程两边不平衡。实际上动力黏度 μ 也确实是小量，例如 $\mu_{水}\approx10^{-5}$ (N·s)/m^2，与速度（~10 m/s）和距离（~1 m）相比，确实很小，所以

$$\mu\frac{\partial^2 u}{\partial x^2}\approx\frac{\delta^2}{1^2}$$

该项是极小量，可以忽略。

另外若要方程左右两边平衡，需要压力梯度 $-\frac{\partial p}{\partial x}$ 是大量（~1）。

因此 x 方向的动量微分方程去掉极小量的项，可简化为

$$\rho\left(u\frac{\partial u}{\partial x}+v\frac{\partial u}{\partial y}\right)=-\frac{\partial p}{\partial x}+\mu\frac{\partial^2 u}{\partial y^2}$$

对于 y 方向的动量微分方程：

$$\rho\left(u\frac{\partial v}{\partial x}+v\frac{\partial v}{\partial y}\right)=-\frac{\partial p}{\partial y}+\mu\left(\frac{\partial^2 v}{\partial x^2}+\frac{\partial^2 v}{\partial y^2}\right)$$

量级上为

$$1\left(1\ \frac{\delta}{1}+\delta\ \frac{\delta}{\delta}\right)=\delta+\delta^2\left(\frac{\delta}{1^2}+\frac{\delta}{\delta^2}\right)$$

再比较 x 方向动量方程和 y 方向动量方程，x 方向动量方程左右两边都是大量（~1），而 y 方向左右两边都是小量（~δ），所以可以去掉整个 y 方向动量方程，直接简化成一个 x 方向动量方程，非常方便求解，这也是边界层理论非常重要的简化。

最后是能量微分方程：

$$\rho c_p\left(u\frac{\partial(t)}{\partial x}+v\frac{\partial(t)}{\partial y}\right)=\lambda\left(\frac{\partial^2 t}{\partial x^2}+\frac{\partial^2 t}{\partial y^2}\right)$$

量级上为

$$1\left(1\ \frac{1}{1}+\delta\ \frac{1}{\delta}\right)=\delta^2\left(\frac{1}{1^2}+\frac{1}{\delta^2}\right)$$

推导能量方程时，热量分成两大部分，一部分是通过热传导进入微元体的热量（方程式右边），一部分是通过热对流带入微元体的热量（方程式左边）。方程式左边是大量，为了使两边平衡，需要热导率 λ 是小量。而 λ 也确实是小量，例如空气的热导率是 0.024 W/(m·℃)，水的热导率是 0.5 W/(m·℃)，所以 δ^2 乘以 $\frac{1}{1^2}$ 是非常小的量，可以忽略。能量微分方程简化为

$$\rho c_p\left(u\frac{\partial(t)}{\partial x}+v\frac{\partial(t)}{\partial y}\right)=\lambda\frac{\partial^2 t}{\partial y^2}$$

因此通过数量级分析法，可以将对流换热微分方程组进行适当简化。其中，连续性方程保持不变；动量方程中，x 向的动量方程中速度 u 对 x 的二阶偏导数可以略去，同时，由于 y 向的动量方程相对于 x 向的动量方程的数量级是一个小量而被整个略去；能量方程中忽略温度 t 对 x 的二阶偏导数。最终方程组变成由 3 个简化方程组成：

$$\frac{\partial u}{\partial x}+\frac{\partial v}{\partial y}=0$$

$$\rho\left(u\frac{\partial u}{\partial x}+v\frac{\partial u}{\partial y}\right)=-\frac{\partial p}{\partial x}+\mu\frac{\partial^2 u}{\partial y^2}$$

$$\rho c_p\left(u\frac{\partial(t)}{\partial x}+v\frac{\partial(t)}{\partial y}\right)=\lambda\frac{\partial^2 t}{\partial y^2}$$

值得注意的是，在边界层内压强对 y 方向的偏导$\left(\frac{\partial p}{\partial y}\right)$相对于压强对 x 方向的偏导$\left(\frac{\partial p}{\partial x}\right)$而言，是一个小量，即意味着在边界层内沿壁面法线方向的压力梯度$\left(\frac{\partial p}{\partial y}\right)$可视为零，即在边界层中 y 方向的压力不发生变化，边界层内部的压力就等于远离边界层的压力，只取决于 x。这也应被视为边界层的一个重要特征。

也就是说，在同一个 x 处，流体在边界层内的压力与边界层外流体的压力相等。

把动量方程

$$\rho\left(u\frac{\partial u}{\partial x}+v\frac{\partial u}{\partial y}\right)=-\frac{\partial p}{\partial x}+\mu\frac{\partial^2 u}{\partial y^2}$$

用在边界层外缘上，边界层上的速度 u 约等于 u_∞，$\frac{\partial u}{\partial y}=0$，可知边界层黏性力为 0，因此可以得到

$$-\frac{\mathrm{d}p}{\mathrm{d}x}=\rho u_\infty\frac{\mathrm{d}u_\infty}{\mathrm{d}x}$$

这就是伯努利方程，所以压力对 x 的导数可以由边界层外理想流体的伯努利方程确定。特别的，对于沿平壁流动，由于 u_∞ 为常数，由伯努利方程可得，压力对 x 的导数 $\mathrm{d}p/\mathrm{d}x=0$。此时的动量方程与能量方程具有类似的形式：

$$u\frac{\partial u}{\partial x}+v\frac{\partial u}{\partial y}=\nu\frac{\partial^2 u}{\partial y^2}$$

$$u\frac{\partial t}{\partial x}+v\frac{\partial t}{\partial y}=a\frac{\partial^2 t}{\partial y^2}$$

此时，动量传递规律与热量传递规律类似，特别是当普朗特数 Pr 等于 1（$\nu=a$）时，速度场和温度场分布一致，此时的速度边界层厚度等于温度边界层厚度。

经过简化的方程组结合边界条件可以直接求解出温度场表达式，具体求解过程可参考相关文献或专著，本教材略去，最终再通过对流换热过程微分方程式：

$$h_x=-\frac{\lambda}{t_\mathrm{w}-t_\infty}\left(\frac{\partial t}{\partial y}\right)_{\mathrm{w},x}$$

可以得到局部努塞尔数和平均努塞尔数的表达式：

$$Nu_{\mathrm{m}x}=\frac{h_x x}{\lambda_\mathrm{m}}=0.332Re_{\mathrm{m}x}^{0.5}Pr_\mathrm{m}^{1/3},\ Re_{\mathrm{m}x}=\frac{u_\infty x}{\nu_\mathrm{m}}$$

$$Nu_\mathrm{m}=\frac{hL}{\lambda_\mathrm{m}}=0.664Re_\mathrm{m}^{0.5}\ Pr_\mathrm{m}^{1/3},\ Re_\mathrm{m}=\frac{u_\infty L}{\nu_\mathrm{m}}$$

4.4 相似理论及其在对流换热中的应用

至此，我们还停留在理论求解换热问题的阶段。而实验仍是检验数值模拟或数学模型是否正确的唯一方法，本节将主要回答如何进行传热学实验研究。例如，对流换热是一种很复杂的现象，影响它的因素很多，要找出众多变量间的函数关系并不容易做到。对流换热系数的函数通常要包含 9 个变量，如果每个变量变化 10 次，而其他 8 个变量不变，进行实验研究，则要进行 10^9 次实验，来总结不同变量的影响规律，这在实验上基本是无法实现的。

$$h=f(\nu,t_\mathrm{w},t_\mathrm{f},\lambda,c_p,\rho,\alpha,\eta,l)$$

那么，在运用实验方法研究对流换热问题时，必须首先明确以下三个问题：

（1）实验中应该测量哪些物理量？（是否所有的物理量均需要测量？）

（2）实验数据应该整理成什么样的具有普遍性的数学形式？（即整理成什么样的函数关系？）

(3) 实验结果如何推广运用于实际现象?(即实验结果能推广应用到什么范围?)

本节的相似原理将回答上述三个问题。

4.4.1　物理相似

1. 几何相似

几何相似是说几何图形之间的相似性，例如彼此几何相似的三角形，对应边成比例(图4－7)。

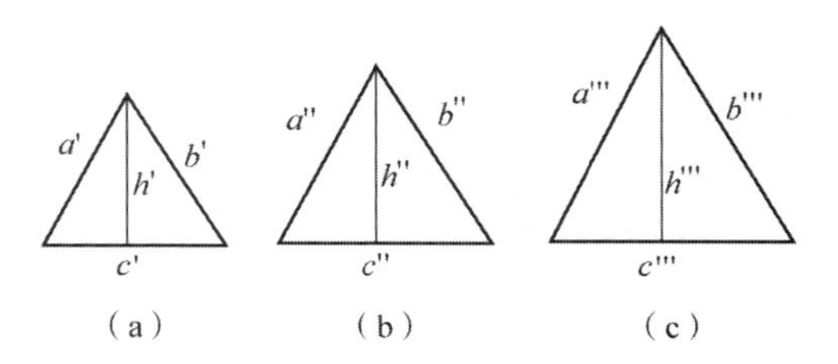

图4－7　几何相似

若三角形(a)、(b)相似：$\frac{a'}{a''}=\frac{b'}{b''}=\frac{c'}{c''}=\frac{h'}{h''}=C_l'$。

若三角形(a)、(c)相似：$\frac{a'}{a'''}=\frac{b'}{b'''}=\frac{c'}{c'''}=\frac{h'}{h'''}=C''_l$。

C_l' 和 C_l'' 就称为几何相似倍数。

上述两个式子还可以整理为

$$\frac{b'}{a'}=\frac{b''}{a''}=\frac{b'''}{a'''}=L_\mathrm{A}$$

$$\frac{c'}{a'}=\frac{c''}{a''}=\frac{c'''}{a'''}=L_\mathrm{B}$$

也就是说，两三角形相似时，不仅各对应边成比例，而且它们相邻两边的比值 L_A、L_B 必定相等。

反过来，若两个三角形具备相同的相邻两边比值 L_A、L_B：

$$L_\mathrm{A}=\frac{b'}{a'}=\frac{b''}{a''}$$

$$L_\mathrm{B}=\frac{c'}{a'}=\frac{c''}{a''}$$

那么它们必定相似。

这里的 L_A、L_B 实际上就是几何相似特征数或者称为几何相似准则，主要有3个特征：

(1) L_A、L_B 分别相等表达了三角形相似的充分和必要条件。

(2) L_A、L_B 有判断两三角形是否相似的作用。

(3) L_A、L_B 是量纲为1的量。

2. 物理现象相似

例题4－1　流体在圆管内稳态流动时速度场相似问题。

图4－8中圆管半径分别为 R'、R''，速度沿 x、r 方向变化，如果在空间对应点上有

$$\frac{x_1'}{x_1''}=\frac{x_2'}{x_2''}=\frac{x_3'}{x_3''}=\cdots=\frac{l'}{l''}=C_l$$

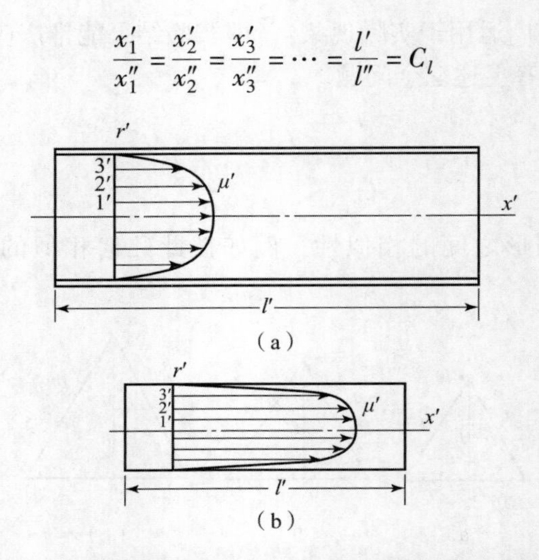

图 4－8　流体在圆管内稳态流动时速度场分布示意图

$$\frac{r_1'}{r_1''}=\frac{r_2'}{r_2''}=\frac{r_3'}{r_3''}=\cdots=\frac{R'}{R''}=C_l$$

C_l 为几何相似倍数。

而且速度成正比：

$$\frac{u_1'}{u_1''}=\frac{u_2'}{u_2''}=\frac{u_3'}{u_3''}=\cdots=\frac{u_{\max}'}{u_{\max}''}=\frac{u_m'}{u_m''}=C_u$$

C_u 为速度场相似倍数。

对于非稳定的速度场，还有各对应点上的时间成比例：

$$\frac{\tau_1''}{\tau_1'}=\frac{\tau_2''}{\tau_2'}=\cdots=C_\tau$$

比例常数 C_τ 为时间相似倍数。

此时，可以称两圆管内速度场相似。

例题 4－2　流体外掠平板对流换热边界层温度场相似问题（图 4－9）。

假设温度沿 x、y 方向变化，如果在空间对应点上：

$$\frac{x_1'}{x_1''}=\frac{x_2'}{x_2''}=\frac{x_3'}{x_3''}=\cdots=\frac{x_n'}{x_n''}=C_l$$

$$\frac{y_1'}{y_1''}=\frac{y_2'}{y_2''}=\frac{y_3'}{y_3''}=\cdots=\frac{y_n'}{y_n''}=C_l$$

C_l 为几何相似倍数。

而且过余温度成正比：

$$\frac{\theta_1'}{\theta_1''}=\frac{\theta_2'}{\theta_2''}=\frac{\theta_3'}{\theta_3''}=\cdots=\frac{\theta_n'}{\theta_n''}=C_\theta$$

C_θ 为温度场相似倍数。

此时，称这两个对流换热过程的温度场相似。

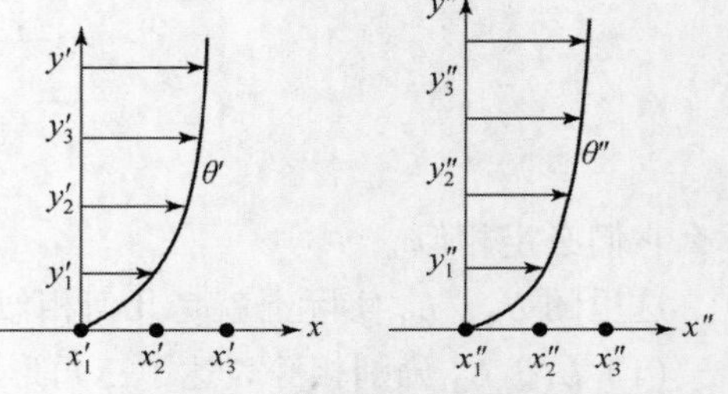

图 4－9　流体外掠平板对流换热边界层温度场相似问题

可见，若两个对流换热现象相似，除了壁面几何因素相似外，它们的温度场、速度场、黏度场、热导率场等都应分别相似。

即在对应瞬间、对应点上各物理量分别成比例：

$$\frac{x'}{x''}=\frac{y'}{y''}=\frac{z'}{z''}=C_l;\quad \frac{u'}{u''}=\frac{v'}{v''}=C_u;\quad \frac{\theta'}{\theta''}=C_\theta;\quad \frac{\lambda'}{\lambda''}=C_\lambda;\quad \frac{\mu'}{\mu''}=C_\mu;\quad \frac{\tau'}{\tau''}=C_\tau$$

注意：各影响因素彼此之间不是孤立的，它们之间存在着由对流换热微分方程组所规定的关系。所以各相似倍数之间也必定有特定的制约关系，它们的值不是随意的。

以上说明：

（1）物理现象相似的先决条件是几何相似。

（2）相似现象只发生于同类物理现象中。

那些用相同形式并具有相同内容的数学方程式（控制方程＋单值性条件方程）所描写的现象称为同类现象。对于同类的物理现象，在相应的时刻与相应的地点上与现象有关的物理量一一对应成比例，称为物理现象相似。相似原理就是研究相似物理现象之间的关系。

4.4.2　相似原理

1. 相似性质

相似性质：彼此相似的现象，它们的同名相似特征数相等。

该性质可以通过前面推导的对流换热方程组进行证明，首先分别写出两个相似对流换热现象的控制方程组。

现象 1：

$$\begin{cases} h' = -\dfrac{\lambda'}{\Delta t'}\left(\dfrac{\partial t'}{\partial y'}\right)_{\mathrm{w}} \\ \dfrac{\partial u'}{\partial x'}+\dfrac{\partial v'}{\partial y'}=0 \\ u'\dfrac{\partial u'}{\partial x'}+v'\dfrac{\partial u'}{\partial y'} = -\dfrac{1}{\rho'}\dfrac{\mathrm{d}p'}{\mathrm{d}x'}+\nu'\dfrac{\partial^2 u'}{\partial y'^2} \\ u'\dfrac{\partial t'}{\partial x'}+v'\dfrac{\partial t'}{\partial y'}=a'\dfrac{\partial^2 t'}{\partial y'^2} \end{cases}$$

现象 2：

$$\begin{cases} h'' = -\dfrac{\lambda''}{\Delta t''}\left(\dfrac{\partial t''}{\partial y''}\right)_{\mathrm{w}} \\ \dfrac{\partial u''}{\partial x''}+\dfrac{\partial v''}{\partial y''}=0 \\ u''\dfrac{\partial u''}{\partial x''}+v''\dfrac{\partial u''}{\partial y''} = -\dfrac{1}{\rho''}\dfrac{\mathrm{d}p''}{\mathrm{d}x''}+\nu''\dfrac{\partial^2 u''}{\partial y''^2} \\ u''\dfrac{\partial t''}{\partial x''}+v''\dfrac{\partial t''}{\partial y''}=a''\dfrac{\partial^2 t''}{\partial y''^2} \end{cases}$$

两个现象相似，故各物理量场应分别相似：

$\dfrac{h'}{h''}=C_h$；$\dfrac{t'}{t''}=C_t$；$\dfrac{u'}{u''}=\dfrac{v'}{v''}=C_u$；

$\frac{x'}{x''}=\frac{y'}{y''}=C_l$； $\frac{\rho'}{\rho''}=C_\rho$； $\frac{\lambda'}{\lambda''}=C_\lambda$；

$\frac{\upsilon'}{\upsilon''}=C_\upsilon$； $\frac{p'}{p''}=C_{\Delta p}$； $\frac{a'}{a''}=C_a$

即：

$h'=C_h h''$； $t'=C_t t''$； $u'=C_u u''$； $v'=C_v v''$；

$x'=C_l x''$； $y'=C_l y''$； $\rho'=C_\rho \rho''$； $\lambda'=C_\lambda \lambda''$；

$\upsilon'=C_\upsilon \upsilon''$； $p'=C_{\Delta p} p''$； $a'=C_a a''$

再将其代入物理现象 1 的方程组中，得到

$$\frac{C_h C_l h''}{C_\lambda}=-\frac{\lambda''}{\Delta t''}\left(\frac{\partial t''}{\partial y''}\right)_{\mathrm{w}}$$

$$\frac{C_u}{C_l}\left(\frac{\partial u''}{\partial x''}+\frac{\partial v''}{\partial y''}\right)=0$$

$$\frac{C_u C_l}{C_\upsilon}\left(u''\frac{\partial u''}{\partial x''}+v''\frac{\partial u''}{\partial y''}\right)=-\frac{C_{\Delta p} C_l}{C_\rho C_u C_\upsilon}\frac{1}{\rho''}\frac{\mathrm{d}p''}{\mathrm{d}x''}+\upsilon''\frac{\partial^2 u''}{\partial y''^2}$$

$$\frac{C_u C_l}{C_a}\left(u''\frac{\partial t''}{\partial x''}+v''\frac{\partial t''}{\partial y''}\right)=a''\frac{\partial^2 t''}{\partial y''^2}$$

根据描述相似现象的方程组是相同的，再与现象 2 方程组进行比较：

（1）通过对流换热过程微分方程对比，首先可以得到两个现象的努塞尔数 Nu 相等：

$$\frac{C_h C_l}{C_\lambda}=1$$

$$\Rightarrow\frac{h'l'\lambda''}{h''l''\lambda'}=1$$

$$\Rightarrow\frac{h'l'}{\lambda'}\frac{\lambda''}{h''l''}=1$$

$$\Rightarrow Nu'=Nu''$$

（2）通过动量方程对比，可以得到

$$\frac{C_u C_l}{C_\upsilon}=1$$

$$\Rightarrow\frac{u'l'}{\upsilon'}\frac{\upsilon''}{u''l''}=1$$

$$\Rightarrow Re'=Re''$$

另外有

$$\frac{C_{\Delta p} C_l}{C_\rho C_u C_\upsilon}=1$$

$$\Rightarrow\frac{\Delta p'}{\rho' u'^2}\frac{u'l'}{\upsilon'}\frac{\rho'' u''^2}{\Delta p''}\frac{\upsilon''}{u''l''}=1$$

$$\Rightarrow Eu'Re'=Eu''Re''$$

（3）通过能量方程对比，可以得到

$$\frac{C_u C_l}{C_a}=1$$

$$\Rightarrow \frac{u'l'}{\upsilon'}\frac{\upsilon'}{a'}\frac{\upsilon''}{u''l''}\frac{a''}{\upsilon''}=1$$

$$\Rightarrow Re'Pr'=Re''Pr''$$

从而最终可以得到，努塞尔数 Nu、雷诺数 Re、欧拉数 Eu 和普朗特数 Pr 都相等。

$$Nu'=Nu''$$

$$Re'=Re''$$

$$Eu'=Eu''$$

$$Pr'=Pr''$$

这些相似特征数或相似准则对于两个现象是否对应相等是判断这两个现象是否相似的必要条件。即可以通过计算这些相似特征数来判断两个物理过程是不是相似过程。

努塞尔数：流体在壁面处法向无量纲温度梯度。

$$Nu=\frac{hl}{\lambda}=\frac{h(T_w-T_f)l}{\lambda(T_w-T_f)}=-\frac{\lambda(\partial T/\partial y|_{y=0})l}{\lambda(T_w-T_f)}=\frac{\partial\left(\dfrac{T-T_w}{T_f-T_w}\right)}{\partial\left(\dfrac{y}{l}\right)}\Bigg|_{y=0}=\frac{\partial\theta}{\partial Y}\Bigg|_{y=0}$$

雷诺数：流体惯性力与黏性力之比。

$$Re=\frac{ul}{\nu}=\frac{\rho ul}{\mu}=\frac{\rho\dfrac{u^2}{l}}{\mu\dfrac{u}{l^2}}\propto\frac{\text{惯性力}}{\text{黏性力}}$$

普朗特数：流体动量传递能力与热量传递能力之比（参考动量方程和能量方程）。

$$Pr=\frac{\nu}{a}$$

欧拉数：

$$Eu=\frac{\Delta p}{\rho u^2}$$

贝克利数数：

$$Pe=RePr=\frac{ul}{a}$$

下一节对自然对流的微分方程进行相应分析，还可得到一个新的量纲为 1 的数——格拉晓夫数，表征流体浮生力与黏性力的比值：

$$Gr=\frac{g\beta\Delta tl^3}{\nu^2}$$

式中，β 为流体的体积膨胀系数，$\beta=\frac{1}{V}\left(\frac{\partial V}{\partial T}\right)_p$。

2. 相似特征数间的关系

上述特征数之间对于不同的对流换热工况存在特定的函数关系，以外掠平板对流换热为例（图 4－10），简化为二维、稳态、强制层流换热，物性为常量、无内热源。

其对流换热微分方程组为

$$\begin{cases} h_x = -\dfrac{\lambda}{t_w - t_\infty}\left(\dfrac{\partial t}{\partial y}\right)_{w,x} \\ \dfrac{\partial u}{\partial x} + \dfrac{\partial v}{\partial y} = 0 \\ u\dfrac{\partial u}{\partial x} + v\dfrac{\partial u}{\partial y} = \nu\dfrac{\partial^2 u}{\partial y^2} \\ u\dfrac{\partial t}{\partial x} + v\dfrac{\partial t}{\partial y} = a\dfrac{\partial^2 t}{\partial y^2} \end{cases}$$

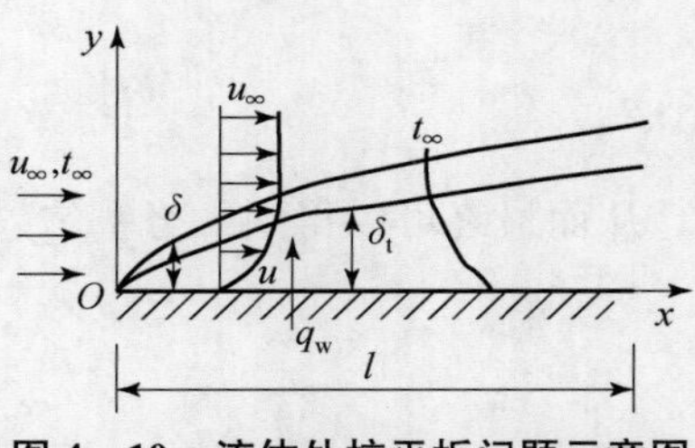

图 4－10　流体外掠平板问题示意图

引入量纲为 1 的数：

$$x' = \frac{x}{l};\ y' = \frac{y}{l};\ u' = \frac{u}{u_\infty};\ v' = \frac{v}{u_\infty};\ \theta' = \frac{\theta}{\theta_\infty} = \frac{t - t_w}{t_\infty - t_w}$$

将量纲为 1 的数代入方程组：

$$h_x = -\frac{\lambda}{t_w - t_\infty}\left(\frac{\partial t}{\partial y}\right)_{w,x} = -\frac{\lambda}{-\theta_\infty}\left(\frac{\partial(t - t_w)}{\partial(y'l)}\right)_{w,x} = \frac{\lambda}{l}\left(\frac{\partial\theta'}{\partial y'}\right)_{w,x}$$

$$\frac{u_\infty}{l}\left(\frac{\partial u'}{\partial x'} + \frac{\partial v'}{\partial y'}\right) = 0$$

$$u'\frac{\partial u'}{\partial x'} + v'\frac{\partial u'}{\partial y'} = \frac{\nu}{u_\infty l}\frac{\partial^2 u}{\partial y^2}$$

$$u'\frac{\partial\theta'}{\partial x'} + v'\frac{\partial\theta'}{\partial y'} = \frac{a}{u_\infty l}\frac{\partial^2\theta'}{\partial y'^2}$$

整理，得

$$h_x = \frac{\lambda}{l}\left(\frac{\partial\theta'}{\partial y'}\right)_{w,x}$$

$$\frac{\partial u'}{\partial x'} + \frac{\partial v'}{\partial y'} = 0$$

$$u'\frac{\partial u'}{\partial x'} + v'\frac{\partial u'}{\partial y'} = \frac{1}{Re}\frac{\partial^2 u'}{\partial y'^2}$$

$$u'\frac{\partial\theta'}{\partial x'} + v'\frac{\partial\theta'}{\partial y'} = \frac{1}{RePr}\frac{\partial^2\theta'}{\partial y'^2}$$

由连续性方程与动量方程，可得流速的函数关系：

$$u' = f_1(x', y', Re)$$
$$v' = f_2(x', y', Re)$$

由能量方程，可得过余温度的函数关系：

$$\theta' = f_3(x', y', u', v', Re, Pr)$$

将速度 u'、v'代入过余温度函数，可进一步简化过余温度函数：

$$\theta' = f_4(x', y', Re, Pr)$$

再由对流换热过程微分方程式：

$$h_x = \frac{\lambda}{l}\left(\frac{\partial\theta'}{\partial y'}\right)_{w,x}$$

$$Nu_x = \frac{h_x x}{\lambda} = \frac{\lambda x}{l\lambda}\left(\frac{\partial\theta'}{\partial y'}\right)_{w,x} = x'\left(\frac{\partial\theta'}{\partial y'}\right)_{w,x} = f_5(x', Re, Pr)$$

对于恒温平板，沿板长 l 的平均表面传热系数：

$$Nu = \frac{hl}{\lambda} = \int_0^1 x' \left(\frac{\partial \theta'}{\partial y'}\right)_{y'=0} \mathrm{d}x' = \int_0^1 f_5(x', Re, Pr)\mathrm{d}x' = f_6(Re, Pr)$$

所以得到强迫对流换热相似准则之间的函数关系：

$$Nu_x = f(x', Re, Pr)$$

$$Nu = f(Re, Pr)$$

可见，对于强迫对流，可以整理成 Nu、Re、Pr 三个量纲为 1 的数的函数关系，即 $Nu = f(Re, Pr)$，相当于变成了只有两个自变量。实验时改变条件，测量与现象有关的、相似特征数中所包含的全部物理量即可，因而可以得到几组有关的相似特征数，利用这几组有关的相似特征数，经过综合得到特征数间的函数关联式。这就解决了测量哪些物理量以及实验数据如何整理的问题。

同理，对于自然对流换热，有

$$Nu = f(Gr, Pr)$$

对于混合对流换热，有

$$Nu = f(Gr, Re, Pr)$$

努塞尔数 Nu 为待定特征数（含有待求的 h），Re、Pr、Gr 为已定特征数。

判别相似的条件归纳：凡同类现象、单值性条件相似、同名已定特征数相等，那么现象必定相似。可见，物理现象相似可归结为两个条件：同名的已定特征数相等；单值性条件相似。

单值性条件包括几何条件、物理条件、时间条件和边界条件等。

例如，对于不同的强制对流，只要 Re 和 Pr 对应相等，并且单值性条件相似，那么两个强制对流现象就是相似的，从而解决了实验结果如何推广运用于实际现象的问题。

至此就解决了本节开始提出的三个问题：

（1）实验中只需测量各特征数所包含的物理量，避免了测量的盲目性，解决了实验中测量哪些物理量的问题。

（2）按特征数之间的函数关系整理实验数据，得到实验关联式，解决了实验中实验数据如何整理的问题。

（3）可以在相似原理的指导下采用模化实验，解决了实物实验很困难或太昂贵的情况下如何进行实验的问题。

综上，实际研究中的模化实验应遵循以下原则：

首先，模型与原型中的对流换热过程必须相似；其次，实验时改变条件，测量与现象有关的、相似特征数中所包含的全部物理量，因而可以得到几组有关的相似特征数；最后，利用这几组有关的相似特征数，经过综合得到特征数间的函数关联式。为了完满表达实验数据的规律性、便于应用，特征数关联式通常整理成已定特征准则的幂函数形式。

4.4.3　定性温度、特征长度和特征速度

1. 定性温度

确定物性的温度，即定性温度。

（1）热边界层的平均温度：通常取壁面温度与流体温度的平均值。

$$t_m = \frac{t_w + t_\infty}{2}$$

（2）流体温度的选取需考虑不同的换热情况：

如果是流体沿平板流动换热，可直接用无穷远处的流体温度作为流体温度：

$$t_f = t_\infty$$

如果流体在管内流动换热，通常取进口温度和出口温度的平均值：

$$t_f = \frac{t_f' + t_f''}{2}$$

在对流换热特征数关联式中，常用特征数的下标表示出定性温度需要如何选取，如：

$$Nu_f、Re_f、Pr_f \text{ 或 } Nu_m、Re_m、Pr_m$$

下一章将要讲的不同换热关联式是由不同研究人员做实验时总结出来的，因此实验中所用的确定物体的温度并不一定是一致的。所以，一定要注意，使用不同的特征数关联式时，必须与其下标的定性温度一致。

2. 特征长度

包含在相似特征数中的几何长度，应取对于流动和换热有显著影响的几何尺度。

例如，管内流动换热，取直径 d 作为特征长度；沿平板流动换热，取板长 l 或坐标 x 作为特征长度；流体在流通截面形状不规则的槽道中流动，应取当量直径作为特征长度：

$$d_e = \frac{4A_c}{P}$$

式中，A_c 为过流断面面积（m^2）；P 为湿周（m）。

3. 特征速度

特征速度指雷诺数 Re 中的流体速度 u。

流体外掠平板或绕流圆柱：取来流速度 u_∞；

管内流动：取截面上的平均速度 u_m；

流体绕流管束：取最小流通截面的最大速度 u_{max}，该速度的选取与管束排列方式（顺排、叉排）有关系，将在管束对流换热部分详细讲解。

例题 4－3　一换热设备的工作条件是：壁温为 120 ℃，加热 80 ℃ 的空气，空气流速 $u=0.5$ m/s。采用一个全盘缩小成原设备 1/5 的模型来研究它的换热情况。在模型中亦对空气加热，空气温度为 10 ℃，壁面温度为 30 ℃。试问在模型中流速 u' 应为多大才能保证与原设备中的换热现象相似。

解：模型与原设备中研究的是同类现象，单值性条件亦相似，所以只要已定准则 Re、Pr 彼此相等即可实现相似。因为空气的 Pr 随温度变化不大，可以认为 $Pr' = Pr$，于是需要确保的是 $Re' = Re$。

所以，可以得到

$$\frac{u'l'}{v'} = \frac{ul}{v}$$

$$u' = u\,\frac{v'l}{vl'}$$

取定性温度为流体与壁面温度的平均值：

$$t_m = (t_w + t_f)/2$$

查表得到该定性温度下的物性参数：

$$v = 23.13 \times 10^{-6} \mathrm{m^2/s},\ v' = 15.06 \times 10^{-6} \mathrm{m^2/s}$$

已知 $l/l' = 5$，于是，模型中要求的流速 u' 为

$$u' = u \frac{v'l}{vl'} = \frac{0.5\ \mathrm{m/s} \times 15.06 \times 10^{-6}\ \mathrm{m^2/s} \times 5}{23.13 \times 10^{-6}\ \mathrm{m^2/s}} = 1.63\ \mathrm{m/s}$$

习　　题

4－1　对于油、空气及液态金属，分别有 $Pr \gg 1$，$Pr \approx 1$，$Pr \ll 1$。试就外掠等温平板层流边界层流动，画出三种流体边界层中速度分布与温度分布的大致图像（要能显示出 δ 与 δ_t 的相对大小）。

4－2　流体在两平行平板间作层流充分发展的对流传热，见附图。试画出下列三种情形下充分发展区域截面上的流体温度分布曲线：

（1）$q_{w1} = q_{w2}$；

（2）$q_{w1} = 2q_{w2}$；

（3）$q_{w1} = 0$。

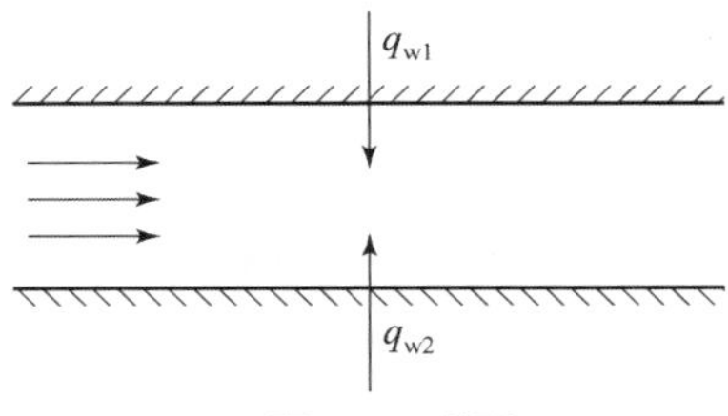

习题 4－2 附图

4－3　设某一电子器件的外壳可以简化成附图所示的形状。截面呈方形，上下表面绝热，而两侧竖壁分别维持在 t_h 及 t_c（$t_h > t_c$）。试定性地画出空腔截面上空气流动的图像。

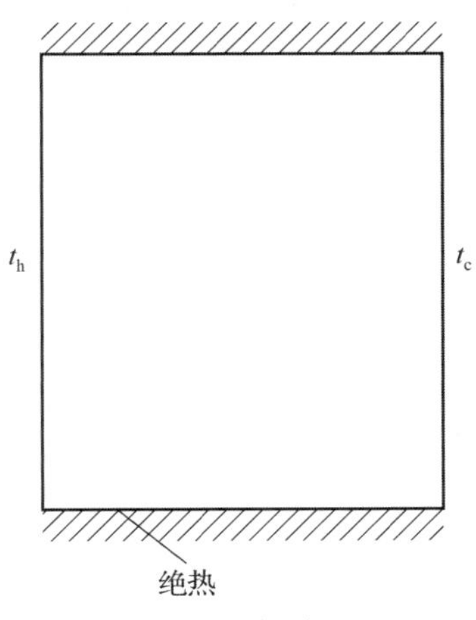

习题 4－3 附图

4－4　一种输送大电流的导线—母线的截面形状如附图所示，内管为导体，其中通以大电流，外管起保护导体的作用。设母线水平走向，内外管间充满空气，试分析内管中所产生

的热量是怎样散失到周围环境中的，并定性地画出截面上空气流动的图像。

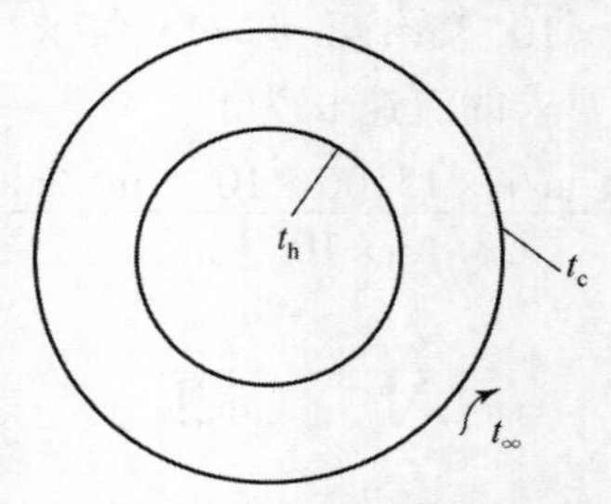

习题 4-4 附图

4-5　在高速飞行部件中广泛采用的钝体是一个轴对称的物体（见附图）。试根据你所掌握的流动与传热知识，画出钝体表面上沿 x 方向的局部表面传热系数的大致图像，并分析滞止点 S 附近边界层流动的状态（层流或湍流）。

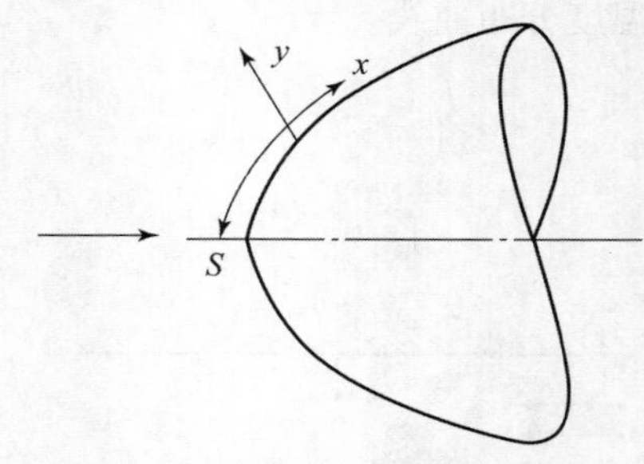

习题 4-5 附图

4-6　温度为 80 ℃的平板置于来流温度为 20 ℃的气流中。假设平板表面中某点在垂直于壁面方向的温度梯度为 40 ℃/mm，试确定该处的热流密度。

4-7　取外掠平板边界层的流动由层流转变为湍流的临界雷诺数 Re_c 为 5×10^5，试计算 25 ℃的空气、水及 14 号润滑油达到 Re_c 时所需的平板长度，取 $u_\infty=1$ m/s。

4-8　一飞机在 10 000 m 高空飞行，速度为 600 km/h。该处温度为 -40 ℃。把机翼当成一块平板，试确定离开机翼前沿点多远的位置上，空气的流动为充分发展的湍流。空气当作干空气处理。

4-9　将一条长度为原型 1/4 的潜水艇模型放在一闭式风洞中进行阻力试验。潜水艇水下的最大航速为 16 m/s，风洞内气体的压力为 6×10^5 Pa，模型长为 3 m，试确定试验时最大的风速应为多少。潜水艇在水下工作，风洞中的阻力试验结果能否用于水下工作的潜水艇？

参考文献

[1] 陶文铨．计算流体力学与传热学［M］．北京：中国建筑工业出版社，1991．

[2] 陶文铨．数值传热学［M］．2 版．西安：西安交通大学出版社，2001．

[3] SCHLICHTING H. Boundary layer theory［M］. 7th ed. New York：McGraw－Hill，Inc，1979．

[4] 景思睿，张鸣远．流体力学［M］．西安：西安交通大学出版社，2001．

[5] 罗惕乾，程兆雪，谢永曜．流体力学［M］．北京：机械工业出版社，1999．

[6] INCROPERA F P，DEWITT D P. Fundamentals of heat and mass transfer［M］. 5th ed. New York：John Wiley & Sons. Inc.，2002．

[7] PARMELEE G V，HUEBSCHER R G. Heat transfer by forced convection along a flat surface［J］. Heat Piping Air Cond，1947，19（8）：115－120．

[8] CHILTON T H，COLBURN A P. Mass transfer（absorption）coefficients：prediction from data on heat transfer and fluid friction［J］. IndEng Chem，1934，26：1183－1187．

[9] COLBURN A P. A method of correlating forced convection heat transfer data and comparison with fluid friction［J］. Trans AIChE，1933，29：174－180．

[10] KAYS W M，CRAWFORD M E. Convective heat and mass transfer［M］. New York：McGraw－Hill，Inc，1980．

[11] 施明恒，王海，郝英立．离心力作用下多孔介质中强制对流换热的研究［J］．工程热物理学报，2002，23（4）：473－475．

[12] 过增元．对流换热的物理机制及其控制：速度场与热流场的协同［J］．科学通报，2000，45（19）：2118－2122．

[13] 陶文铨，何雅玲．场协同原理在强化换热与脉管制冷机性能改进中的应用（上）［J］．西安交通大学学报，2002，36（11）：1101－1105．

第5章

单相流体对流换热的准则关联式

上一章已经证明，强迫对流换热过程可以用3个特征准则表示，即 $Nu=f(Re,Pr)$，本章将给出强迫对流、自然对流等不同情况下的特征准则具体函数形式，这些函数形式主要是通过大量的实验研究总结出来的。

5.1 管内强迫对流换热

管内强迫对流换热在工程上、日常生活中都有大量应用，如各类热水及蒸汽管道、暖气管道、换热器、锅炉中的水冷壁等。本节主要包括管内强迫对流换热的主要特征、对流换热计算方法等。图5-1中为常用的U形管式换热器示意图，可以看到冷流体在管内流动，而热流体在管外流动，从而实现冷热交换，设计换热器时就需要计算出这种换热器的换热量是多少，以及如何根据实际换热量需求去设计管长等参数。

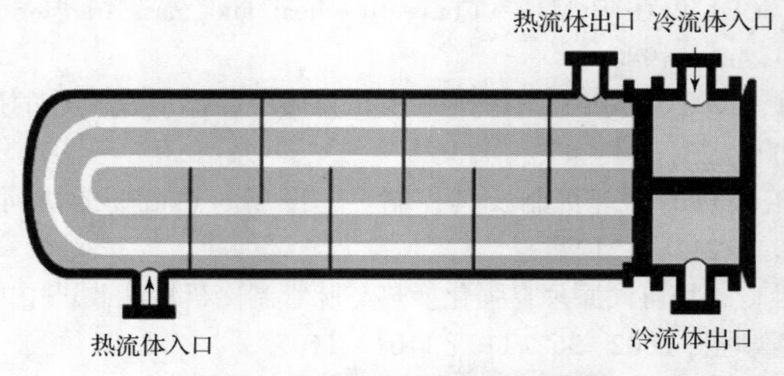

图5-1 U形管式换热器示意图

首先管内流动同样存在层流和湍流，其判断依据是雷诺数 Re，如果 $Re<2\ 300$，说明流体为层流；$2\ 300 \leqslant Re<10\ 000$ 时，为过渡区；$Re \geqslant 10\ 000$，则为湍流。

其次，流动还存在进口段和充分发展段，这是由于当流体从大空间进入一根圆管时，会形成一个从零开始增长直到汇合于管子中心线的流动边界层。对于管内流动，进口处边界层为零，然后逐渐增厚，与平板不同的是管内四周边界层均逐渐增厚，最后闭合（因为管子是圆形），此时，边界层厚度等于管子截面的半径，边界层闭合之前的这一段就称为流动进口段，如图5-2所示。

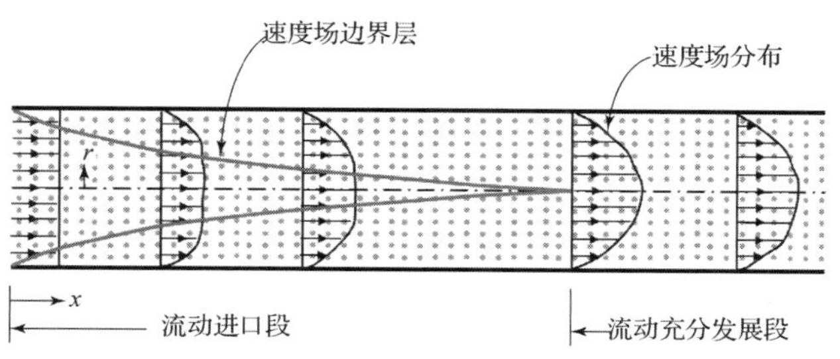

图 5－2　流动进口段示意图

5.1.1　热进口段

类似于流动进口段，对于换热问题，还有对应的热进口段（图 5－3），这是因为存在热边界层。但要注意热边界层与流动边界层并不一定相等，上一章已经提到普朗特数 $Pr=\nu/a$ 表示流体动量扩散能力与热量扩散能力之比，当 $Pr=1$ 时，热边界层与流动边界层才一致。

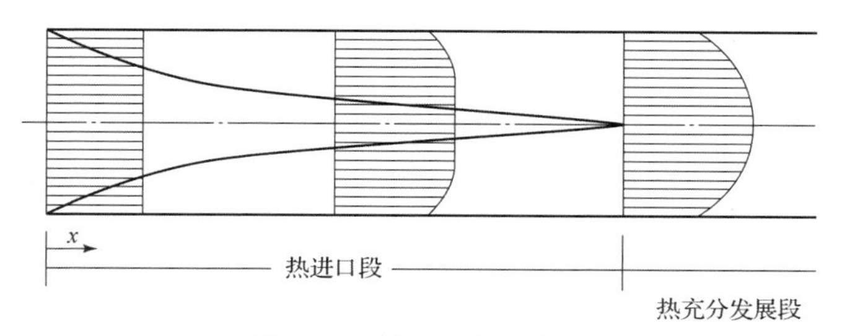

图 5－3　热进口段示意图

进口段的长度可以计算出来（图 5－4），对于层流，其热进口段长度又分为两种情况，第一种情况是在等热流条件下（如均匀缠绕的电热丝加热壁面，就是等热流），此时 $\frac{x_t}{d}=0.05RePr$（等热流），热进口段长度 x_t 比上管子直径等于 5% 的 Re（雷诺数）乘以 Pr（普朗特数）；第二种情况是在等壁温条件下（如蒸汽凝结加热或者液体沸腾冷却），在这种情况下，$\frac{x_t}{d}=0.07RePr$（等壁温）。而对于湍流，其热进口段长度 x_t 比上管子直径都在 10～45 以内。

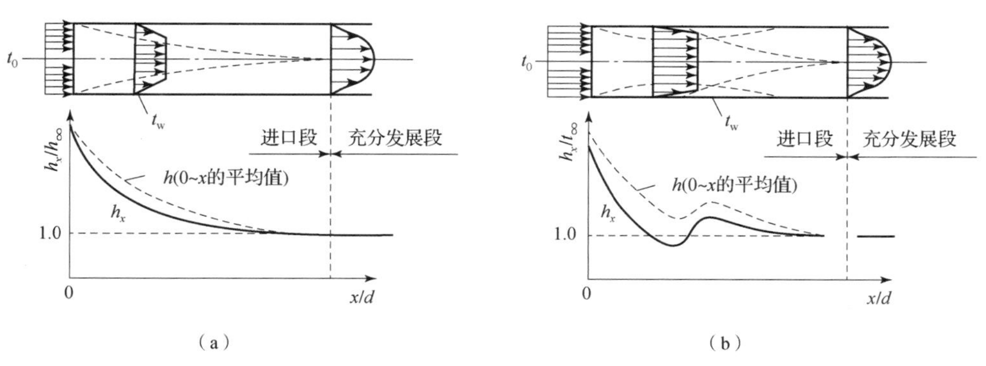

图 5－4　管内对流换热局部换热系数 h_x 沿管程的变化

（a）层流；（b）湍流

举例：（1）通常情况下，油的普朗特数 $Pr=100$，假设雷诺数 $Re=2\ 000$，此时可判断为层流，那么对于等热流情况，$x_t/d=0.05RePr=0.05\times2\ 000\times100=10\ 000$，即热进口段长度与管子直径的比值是10 000，如果管子直径 $d=1$ cm，那么热进口段长度 x 就是100 m。

（2）对于液态金属，普朗特数 $Pr=0.01$，假设雷诺数不变，还是2 000，那么 $x_t/d=0.05\times2\ 000\times0.01=1$，同样对于直径 $d=1$ cm的管子，热进口段长度变为1 cm，两种情况热进口段长度差了1万倍，这主要是因为普朗特数的影响。

可见，热进口段的长度与材料物性有很大关系。而且热进口段的边界层是逐渐增厚的，此时对流换热系数逐渐下降，因此对流换热的计算往往需要考虑进口段效应。

另外，流体在管内流动时，流体与管子壁面之间的温度不同，可以存在流体被加热或被冷却两种情况，加热或冷却的热状况称为热边界条件。例如，轴向与周向热流密度均匀，热流密度为一个常量，均匀缠绕的电热丝加热壁面就是这种等热流密度的情况。如果轴向与周向壁温均匀为一个常量，就称为等壁温边界条件，如蒸汽凝结加热壁面或者液体沸腾冷却壁面。这是两种比较典型的热边界条件，如图5-5所示。

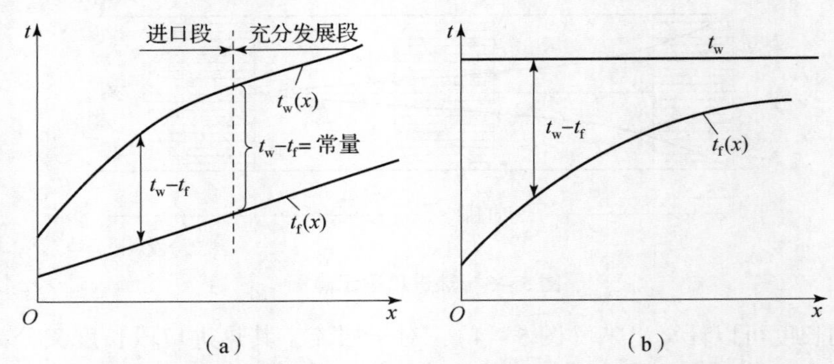

图5-5　管内对流换热在等热流密度（q_w=常量）与等壁温条件下（t_w=常量）的流体平均温度与壁面温度沿管程的变化

（a）q_w=常量；（b）t_w=常量

5.1.2　管内流动换热修正系数

1. 短管修正系数

由于进口段的对流换热系数 h_x 比充分发展段大（图5-4），而通常计算平均表面传热系数 h 的经验公式是由 $L/d>60$ 的长管实验数据得到的（L 是管长，d 是管子直径），因此，对于 $L/d<60$ 的短管，进口段起主要作用，那么实际传热系数会偏大，所以短管的对流传热系数 h 应进行修正：

$$h_{短管}=h_{公式}C_L$$

短管的传热系数等于长管公式计算得到的传热系数乘以一个大于1的修正系数，这个修正系数具体为

$$C_L=1+\left(\frac{d}{L}\right)^{0.7}$$

2. 物性修正系数

除了进口段对传热系数有影响，流体的热物性变化也会对传热产生影响。

对于液体，主要是黏性系数随温度变化，液体的温度升高，动力黏度 μ 下降，从而使流速增加，这对传热有利。但气体的变化因素较多，温度升高时，气体的动力黏度 μ 反而升高，密度 ρ 下降，热导率 λ 上升。需要注意的是，气体动力黏度随温度升高而增大，这跟液体正好相反，主要是因为温度升高，气体分子碰撞会加剧。因此，液体和气体的流动换热需要分别进行修正。

图 5-6 所示为流体热物性变化造成的管内流速分布畸变，曲线 1 是等温流动速度分布，如果假设是液体流动，被冷却，即液体向外散热，此时液体温度降低，液体动力黏度 μ 升高，这会导致边界层速度降低，在流量一定的情况下，流体中间速度升高，因此速度分布为曲线 2。这也对应气体被加热的情况。

而曲线 3 代表液体被加热和气体被冷却的情况，此时由于边界处流体动力黏度 μ 降低，使得边界处流速升高，在流量一定的情况下，中心处速度降低。由图中曲线 3 可见，中心处速度降低，而接近壁面的地方速度梯度增大，同样温度梯度也有所增加，因此对流换热系数较高。

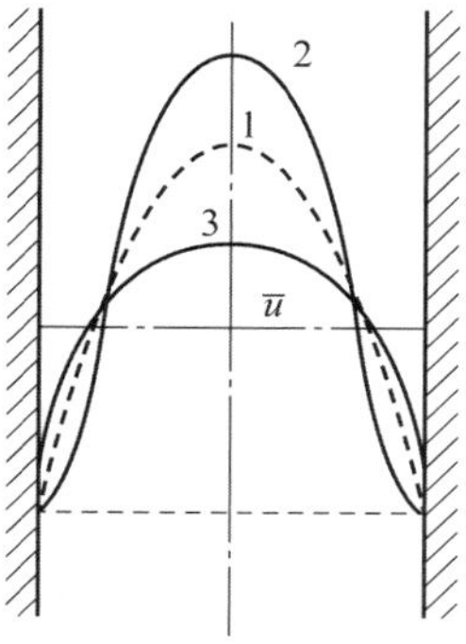

图 5-6　管内对流换热时速度分布的畸变

1—等温流；
2—冷却液体或加热气体；
3—加热液体或冷却气体

也就是说，流体平均温度相同的条件下，液体被加热时的表面对流传热系数要高于液体被冷却时的传热系数。

由于物性随温度变化，会对传热系数造成影响，因此需要引入一个温度修正系数，而且这个修正系数对于液体或气体，以及流体是被加热还是被冷却，都是不同的。

1）流体是气体的温度修正系数

气体被加热时，修正系数为 $C_t = \left(\dfrac{T_f}{T_w}\right)^{0.5}$；

气体被冷却时，修正系数为 $C_t = 1$。

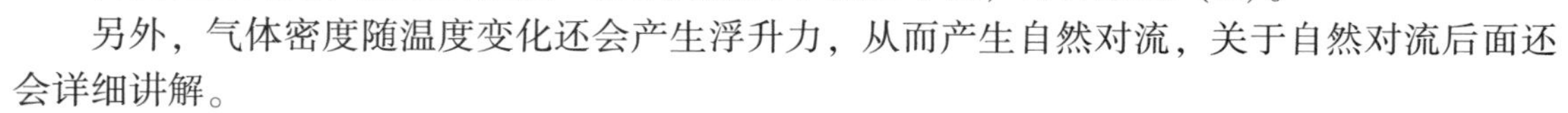

需要注意的是，这里的温度 T 必须用热力学温度单位，即开尔文（K）。

另外，气体密度随温度变化还会产生浮升力，从而产生自然对流，关于自然对流后面还会详细讲解。

2）流体是液体的温度修正系数

对于液体，温度修正系数为 $C_t = \left(\dfrac{\mu_f}{\mu_w}\right)^m$。

即流体温度做定性温度时的动力黏度，与壁面温度做定性温度时动力黏度的比值的 m 次方，其中 m 的取值与液体被加热还是被冷却有关：液体被加热时，$m = 0.11$；液体被冷却时，$m = 0.25$。

3. 弯管修正系数

除了进口段修正系数和温度修正系数，如果管道存在弯曲，还需要引入弯管修正系数。对于弯管来说，由于离心力的作用，会产生二次环流（这是一种漩涡流动），从而使换热增强（图 5-7），因此可以引入一个弯管修正系数来体现这种换热增强效应，而且这个修正系数对于气体和液体也是不同的。

对于气体，弯管修正系数为

$$c_r = 1 + 1.77\,\frac{d}{R}$$

对于液体，弯管修正系数为

$$c_r = 1 + 10.3\left(\frac{d}{R}\right)^3$$

式中，d 是管子内径，R 是弯管曲率半径。

4. 管壁粗糙度的影响

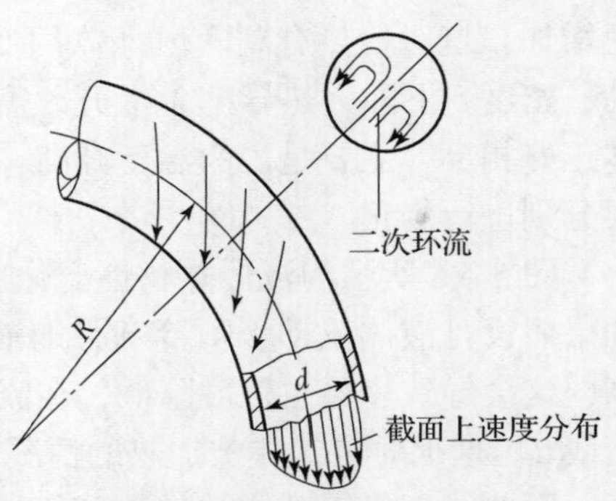

图 5－7　弯管流体示意图

另外，实际应用的管子（如暖气管道）都不是绝对光滑的，那么还需要考虑管壁的粗糙度对传热的影响，如常用的铸造管、冷拔管等。

首先对层流来说，管壁粗糙度对传热影响不大，因为层流边界层比较厚，往往远大于管壁粗糙度 Δ，所以可以忽略粗糙度的影响，近似认为管子是光滑的。

但是湍流边界层紧靠壁面还有黏性底层或者叫层流底层，这一层非常薄，而且会对流动换热产生很大影响。因此，对于湍流，只有管壁粗糙度小于层流底层厚度时，才可以忽略粗糙度的影响，当粗糙度大于层流底层厚度时，会增强换热。

例如：温度为 300 K 的水，以 5 m/s 的速度流过直径 3 cm 的管子，层流底层的厚度为 20 μm，一般情况下管壁粗糙度 Δ 都会大于 20 μm。在实际工程应用中，经常利用粗糙表面来强化换热，称为换热强化表面，比如在壁面引入肋结构，肋的高度一般为几毫米，肯定比黏性底层或层流底层大很多，这是一种比较常用的强化换热方法（图 5－8）。

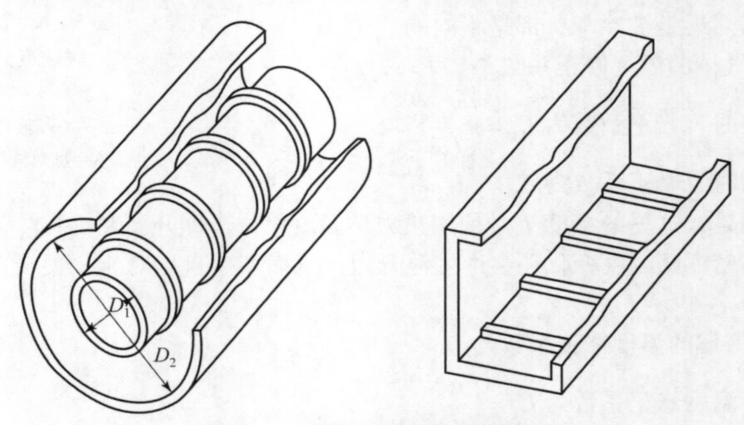

图 5－8　表面肋强化换热示意图

粗糙度会直接影响流体摩擦系数 f，针对粗糙管壁对流换热有专门的计算公式，不在本教材的讨论范围之内。需要注意的是，粗糙度增加到一定程度后换热系数不再增加。

5.1.3　管内强迫对流换热的计算

管内强迫对流换热，在具体换热计算时，首先要计算雷诺数 Re，通过雷诺数判断流态，根据是层流还是湍流来选用对应的公式，大多数计算关联式是以前的研究人员根据实验数据整理的，因此不同的人总结的公式也会有所区别，要根据具体情况选用。

1. 层流换热

对于管内层流换热，雷诺数 $Re < 2\,300$，这时可以用西得－塔特（Sieder－Tate）层流关联式进行计算：

$$Nu_f = 1.86\left(Re_f Pr_f \frac{d}{L}\right)^{1/3}\left(\frac{\mu_f}{\mu_w}\right)^{0.14}$$

需要特别注意的是，这些公式包括后面马上要讲到的公式，都有自己的适用范围，一定要在满足其对应的适用范围时才能使用。比如西得 - 塔特关联式对应的适用范围是

$$Re_f < 2\,300;\ 0.48 < Pr_f < 16\,700;\ Re_f Pr_f \frac{d}{L} > 10;\ 0.004\,4 < \frac{\mu_f}{\mu_w} < 9.75$$

2. 湍流换热

（1）对于管内湍流的情况，雷诺数 $Re > 10^4$，可以选用比较简单的迪图斯 - 玻尔特（Dittus - Boelter）关联式：

$$Nu_f = 0.023 Re_f^{0.8} Pr_f^n$$

式中，n 的取值有两种情况：加热流体时，即壁面温度大于流体温度时，$n = 0.4$；冷却流体时，即壁面温度小于流体温度时，$n = 0.3$。

同样，这个公式也有适用范围：

$$2\,000 \leqslant Re_f \leqslant 10^6;\ 0.7 \leqslant Pr_f \leqslant 100;\ \frac{x}{d} \geqslant 0.5$$

这个公式很简单，缺点是误差较大，比较适用于壁面与流体温差不大的情况，例如：

$\Delta t < 50$ ℃（气体）；$\Delta t < 20$ ℃（水）；$\Delta t < 10$ ℃（油）

（2）另外，还可以选择西得 - 塔特的湍流关联式：

$$Nu_f = 0.027 Re_f^{0.8} Pr_f^{1/3}\left(\frac{\mu_f}{\mu_w}\right)^{0.14}$$

该公式考虑了热物性的影响，所以主要是多了动力黏度比值的 0.14 次方这一项，其适用范围是

$$Re_f \geqslant 10^4;\ 0.7 \leqslant Pr_f \leqslant 16\,700;\ \frac{L}{d} \geqslant 10$$

对这个公式的评价也是误差较大，比较适用于液体被加热的情况。

（3）格尼林斯基（Gnielinski）关联式：

$$Nu_f = \frac{(f/8)(Re_f - 1\,000)Pr_f}{1 + 12.7\sqrt{f/8}(Pr_f^{2/3} - 1)}$$

这个公式看起来稍微复杂一点，实际上也是雷诺数和普朗特数的函数，其中多了一个摩擦因数 f：

$$f = (1.82 \cdot \lg Re_f - 1.64)^{-2}$$

适用范围为

$$2\,000 \leqslant Re_f \leqslant 10^6;\ 0.7 \leqslant Rr_f \leqslant 100;\ \frac{x}{d} > 0.5$$

该公式比较准确，也是工程设计计算中比较常用的，除了用于设计换热器，它还有很重要的功能，如某个传热学实验研究会得出很多实验数据，那么如何证明实验系统是可靠的呢？这就需要先与较为准确的公式做对比验证，从而证明实验系统是可靠的，然后再做进一步的实验研究。

3. 过渡区换热

对于过渡区中的对流换热，即雷诺数 Re 在 2 300 ~ 10^4 之间（$2\,300 < Re < 10^4$），可以直

接用前面讲到的格尼林斯基公式，因为格尼林斯基公式的适用范围中雷诺数为 2 000 < Re < 10^6，已经覆盖了过渡区雷诺数范围。

另外，格尼林斯基还针对过渡区提出了考虑热物性变化修正的新公式，对于气体：

$$Nu_f = 0.0214(Re_f^{0.8} - 100)Pr_f^{0.4}\left[1 + \left(\frac{d}{l}\right)^{2/3}\right]\left(\frac{T_f}{T_w}\right)^{0.45}$$

适用范围为

$$2\,300 < Re_f < 10^4；\ 0.6 < Pr_f < 1.5；\ 0.5 < \frac{T_f}{T_w} < 1.5$$

对于液体：

$$Nu_f = 0.012(Re_f^{0.87} - 280)Pr_f^{0.4}\left[1 + \left(\frac{d}{l}\right)^{2/3}\right]\left(\frac{Pr_f}{Pr_w}\right)^{0.11}$$

适用范围为

$$2\,300 < Re_f < 10^4；\ 1.5 < Pr_f < 500；\ 0.05 < \frac{Pr_f}{Pr_w} < 20$$

总的来说，关于管内强迫对流换热的计算，首先要根据雷诺数 Re 判断流态，根据是层流还是湍流来选用对应的公式，这些公式在使用时要特别注意不同公式的适用条件，还需要注意的是定性温度，需要与公式中的下标一致。如果存在短管、螺旋管或较大温差的情况，还应考虑对应的修正系数。对于非圆形管，采用当量直径$\left(d_e = \frac{4A}{U}\right)$作为特征尺寸。

此外，以上所有方程仅适用于普朗特数 $Pr > 0.6$ 的气体或液体。实际上，流体的运动黏度 ν 反映了流体中由于分子运动而扩散动量的能力，这一能力越大，黏性的影响传递越远，因而流动边界层越厚。相似地，热扩散率 a 越大则温度边界层越厚。因此，普朗特数（$Pr = \nu/a$）也反映了流体边界层与温度边界层厚度的相对大小。

对于 Pr 很小的液态金属，其温度边界层的发展比速度边界层快得多（$\delta \ll \delta_t$），可近似认为在整个热边界层内速度分布是均匀的，即 $u = u_\infty$，此时，对流换热具有不同的规律。

例如，液态金属在光滑圆管内充分发展湍流换热的准则式：

均匀热流边界条件下（q_w = 常量）：

$$Nu_f = 4.82 + 0.0185Pr_f^{0.827}$$

适用范围：$Re_f = 3.6 \times 10^3 \sim 9.05 \times 10^5$，$Pr_f = 10^2 \sim 10^4$。

均匀壁温边界条件下（t_w = 常量）：

$$Nu_f = 5.0 + 0.025Pe_r^{0.8}$$

适用范围：$Pr_f > 100$。

例题 5－1 假设水以 2 m/s 的流速流过一个长 5 m 的直管道（内径为 20 mm），管道壁面温度均匀，水的温度由 25.3 ℃被加热到 34.6 ℃，求表面传热系数 h。

解：水的定性温度取进出口温度的平均值：

$$t_f = \frac{t_f' + t_f''}{2} = \frac{25.3 + 34.6}{2} \approx 30\ (℃)$$

由此，查出水的物性参数：

$$\lambda = 0.618\,\mathrm{W/(m \cdot K)},\ \nu = 0.805 \times 10^{-6}\ \mathrm{m^2/s},\ Pr = 5.42$$

从而可以首先计算雷诺数判断流态：

$$Re=\frac{ud}{\nu}=\frac{2\ \mathrm{m/s}\times 0.02\ \mathrm{m}}{0.805\times 10^{-6}\ \mathrm{m^2/s}}=4.97\times 10^4>10^4$$

流动为旺盛湍流，且 $L/d>60$，选用比较简单的迪图斯－玻尔特关联式：

$$Nu_f=0.023Re_f^{0.8}Pr_f^n$$

需假定换热处于小温差范围，$\Delta t<20$ ℃(水)，流体被加热，$n=0.4$。

可以直接求出努塞尔数：

$$Nu_f=0.023\ Re_f^{0.8}\ Pr_f^{0.4}=0.023\times(4.97\times 10^4)^{0.8}\times 5.42^{0.4}\approx 258.5$$

因此，表面传热系数为

$$h=\frac{\lambda}{d}Nu_f=\frac{0.618\ \mathrm{W/(m\cdot K)}}{0.02\ \mathrm{m}}\times 258.5\approx 7\ 988\ \mathrm{W/(m^2\cdot K)}$$

验证：通过换热量求出壁面温度，验证是否处于小温差范围。

水被加热过程每秒钟的吸收热量为

$$\Phi=\rho u\frac{\pi d^2}{4}c_p(t_f''-t_f')\approx 2.43\times 10^4\ \mathrm{W}$$

式中，水在30 ℃的密度为 $\rho=995.7\ \mathrm{kg/m^3}$，比热为 $c_p=4\ 177\ \mathrm{J/(kg\cdot K)}$。

水被加热过程中每秒钟的吸收热量即对流换热的换热量($\Phi=hA(t_w-t_f)$)，因此，可以求出壁面温度 t_w：

$$t_w=\frac{\Phi}{hA}+t_f=\frac{2.43\times 10^4\ \mathrm{W}}{7\ 988\ \mathrm{W/(m^2\cdot K)}\times 3.14\times 0.02\ \mathrm{m}\times 5\ \mathrm{m}}+30\ ℃\approx 39.7\ ℃$$

温差 $t_w-t_f=9.7$ ℃，远小于20 ℃，因此适合选用迪图斯－玻尔特关联式，所求对流换热系数较为准确合理。

5.2 外掠强迫对流换热

与管内强迫对流不同，外掠强迫对流换热是流体在外部流动，换热壁面上的流动边界层与热边界层能自由发展，不会受到邻近壁面的限制。因此，外掠强迫对流工况下存在一个边界层以外的区域，在该区域内，流体的速度梯度和温度梯度都可以忽略。从类别上看，外掠强迫对流可以分为外掠平板、外掠单管和外掠管束等不同情况。外掠单管指的是流体沿着垂直于管子轴线的方向流过管子表面，流动具有边界层特征，还会发生绕流脱体，与外掠平板具有显著区别。

5.2.1 外掠平板

同样，对于此类外掠平板问题（图5－9），首先要计算雷诺数 Re，判断流态。

对于外掠平板层流换热（$Re<5\times 10^5$），可以选用玻尔豪森（E. Pohlhausen）关联式，此时还包括两种热边界条件情况：恒壁温和恒热流密度。

如果是恒壁温的情况下（t_w＝常量），局部努塞尔数和平均努塞尔数分别为

$$Nu_{mx}=\frac{h_x x}{\lambda_m}=0.332Re_{mx}^{0.5}Pr_m^{1/3};\ Re_{mx}=\frac{u_\infty x}{\nu_m}$$

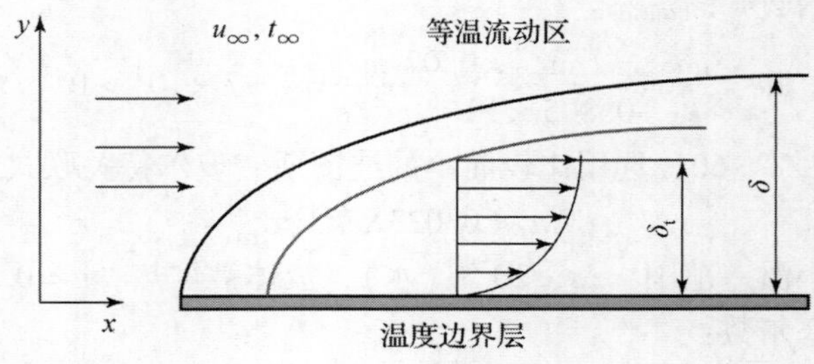

图 5-9　外掠平板

$$Nu_m = \frac{hL}{\lambda_m} = 0.664\, Re_m^{0.5} Pr_m^{13}\text{；}\ Re_m = \frac{u_\infty L}{\nu_m}$$

如果是恒热流密度的情况下（q_w = 常量）：

$$Nu_{mx} = \frac{h_x x}{\lambda_m} = 0.453\, Re_{mx}^{0.5} Pr_m^{1/3}\text{；}\ Re_{mx} = \frac{u_\infty x}{\nu_m}$$

$$Nu_m = \frac{hL}{\lambda_m} = 0.906\, Re_m^{0.5}\, Pr_m^{1/3}\text{；}\ Re_m = \frac{u_\infty L}{\nu_m}$$

适用范围：$0.6 < Pr_m < 50$，$Re_m < 5 \times 10^5$。

对于外掠平板的湍流换热，即雷诺数 $Re > 5 \times 10^5$ 时，其局部努塞尔数等于：

$$Nu_{mx} = \frac{h_x x}{\lambda_m} = 0.029\ 2 Re_{mx}^{0.8} Pr_m^{1/3}\text{；}\ Re_{mx} = \frac{u_\infty x}{\nu_m}$$

而平均努塞尔数 Nu_m 还需要分情况考虑：

（1）如果湍流边界层开始形成于平板前缘，即流体掠过平板一开始就是湍流，那么平均努塞尔数直接按照湍流计算等于：

$$Nu_m = \frac{hL}{\lambda_m} = 0.037\, Re_m^{0.8}\, Pr_m^{1/3}\text{；}\ Re_m = \frac{u_\infty L}{\nu_m}$$

（2）如果流体在平板前半部分为层流，后来才转变为湍流，就需要分段考虑，总的换热系数就等于层流部分的局部换热系数积分再加上湍流部分的局部换热系数积分：

$$h = \frac{1}{L}\left(\int_0^{x_c} h_{x,L} dx + \int_{x_c}^{L} h_{x,t} \mathrm{d}x\right)$$

此时的平均努塞尔数等于：

$$Nu_m = \frac{hL}{\lambda_m} = 0.037\ (Re_m^{0.8} - 23\ 546) Pr_m^{1/3}$$

适用范围是：$0.6 < Pr_m < 60$，$5 \times 10^5 < Re_l < 10^7$。

5.2.2　外掠单管

外掠单管的情况相对复杂一些，当流体从左侧流过来（图 5-10），在圆管前缘被滞止，这个点称为前滞止点。前滞止点位置的流体速度为零，而压力最大，边界层开始形成，在掠过管子的前半周过程中，流体速度逐渐增加，而压力逐渐减小；到了后半周，流速又开始减小，压力则增大，对流动起到阻碍作用，到达某个点后，会开始出现倒流，这个点就称为脱体点或分离点。

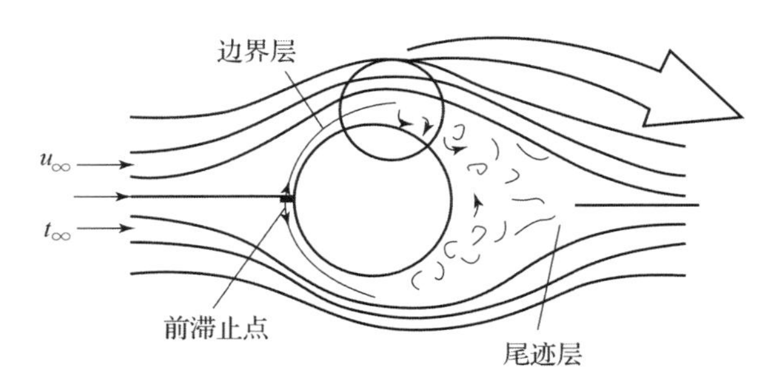

图 5－10　流体外掠单管示意图

根据伯努利方程：

$$-\frac{\mathrm{d}p}{\mathrm{d}x}=\rho u_\infty\frac{\mathrm{d}u_\infty}{\mathrm{d}x}$$

也可以得到速度变化率与压力变化率的符号相反，即前半周速度增加时，压力减小：

$$\frac{\partial u}{\partial x}>0\text{ 时，}\frac{\partial p}{\partial x}<0$$

此时为压力减小的加速流动，或称为顺压力梯度流动。

后半周流动过程中速度减小，而压力增加，即压力增加的减速流动，也称为逆压力梯度流动。

$$\frac{\partial u}{\partial x}<0\text{ 时，}\frac{\partial p}{\partial x}>0$$

脱体点或分离点的位置，比如是靠前一点还是靠后一点，还是根本没有脱体点，主要与雷诺数 Re 相关。对于不同的雷诺数，会对应不同的物理现象，流体会形成不同的漩涡，这实际上是流体的压力、黏性力、惯性力相互作用的结果。外掠单管及脱体现象实际上在自然界中会经常出现。例如，在一定条件下的流体绕过某些物体时，物体两侧会周期性地脱落出旋转方向相反、排列规则的双列线涡，经过非线性作用后，形成卡门涡街。卡门涡街是冯·卡门（Theodore von Kármán，1881—1963）发现的流体力学中重要现象，如水流过桥墩，风吹过高塔、烟囱、电线等都会形成卡门涡街（图 5－11）。

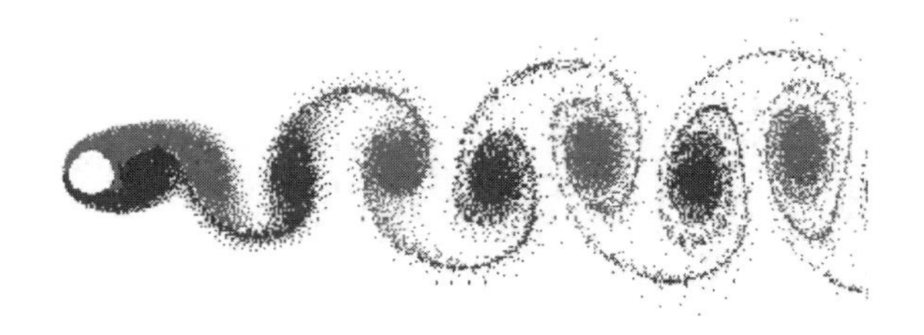

图 5－11　卡门涡街示意图

脱体点或分离点的位置与 Re 紧密相关（表 5－1），而且情况较为复杂，在做换热计算时就不能再以简单的层流和湍流进行区分。而且层流和湍流都存在脱体情况，脱体点或分离点的位置也是不同的。层流（$Re\leqslant 1.5\times10^5$）脱体发生在 $\varphi=80°\sim85°$ 处，湍流脱体（$Re\leqslant 1.5\times10^5$）在 $\varphi=140°$ 处。角度 φ 就是来流水平方向与脱体点的夹角。

表 5-1　流体外掠单管时的流动状态

$Re<5$		不脱体
$5<Re<40$		开始脱体，尾流出现涡
$40<Re<150$		脱体，尾流形成层流涡街
$150<Re<3\times10^3$		脱体前边界层保持层流，涡流涡街
$3\times10^3<Re<3.5\times10^6$		边界层从层流过渡到涡流再脱体，尾流涡乱、变窄
$Re>3.5\times10^6$		又出现涡流涡街，但比第 4 种情况狭窄

这也可以解释外掠单管局部换热系数的变化特点（图 5-12）：当雷诺数较小时，如图 5-12 最下面的这条曲线（$Re=70\ 800$），努塞尔数 Nu 先下降后上升，这是因为开始层流边界层逐渐增厚，换热下降，然后到 $\varphi=80°$处产生脱体，传热增强，因此换热系数又开始上升。雷诺数较大时，层流会转变为湍流，情况会复杂一些，换热系数曲线可以分为 4 段：首先层流边界层增厚，换热系数下降；然后层流向湍流过渡，换热迅速增加；随后湍流边界层又开始增厚，导致换热下降；最后湍流出现脱体，换热再上升。

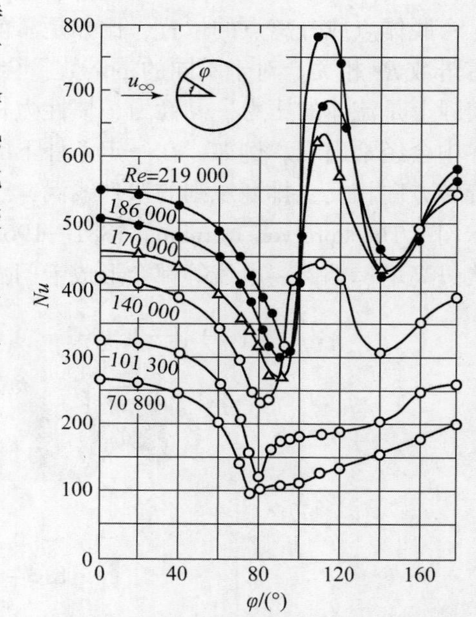

图 5-12　外掠单管局部换热系数的变化

外掠单管的换热计算公式通常可以采用茹考思卡斯（Zhukauskas）关联式：

$$Nu_{\mathrm{f}}=CRe_{\mathrm{f}}^{n}Pr_{\mathrm{f}}^{m}\left(\frac{Pr_{\mathrm{f}}}{Pr_{\mathrm{w}}}\right)^{0.25}$$

公式中有三个待定的数：C，n，m。

m 的值与普朗特数 Pr 的范围有关：

$$Pr\leqslant 10\text{ 时},\ m=0.37$$

$$Pr>10\text{ 时},\ m=0.36$$

而 C 和 n 的值与雷诺数的取值范围有关，可以查表 5-2 得到。

表 5-2　不同雷诺数情况的 C 和 n 取值

Re_f	C	n
1 ~ 40	0.75	0.4
40 ~ 1 000	0.51	0.5
$10^3 \sim 2\times10^5$	0.26	0.6
$2\times10^5 \sim 10^6$	0.076	0.7

公式的适用范围：$1 \leqslant Re_f \leqslant 10^6$；$0.7 < Pr_f \leqslant 500$。

5.2.3　外掠管束

上面讲的是比较简单的外掠单管情况，实际上，工程应用中为了增加换热面积，会将大量的圆管排列成管束，因此大部分情况都是管束换热。此时，流体不是绕过一根管子，而是绕过很多根管子，如管壳式换热器，空调中的蒸发器、冷凝器等。影响管束换热的因素除了雷诺数 Re、普朗特数 Pr 以外，还有管子的排列方式（如叉排或顺排）、管子间距、管束排数、冲击角等。

通常管子有叉排和顺排两种排列方式（图 5-13）。从传热角度来看，叉排有较强的扰动，会使换热得到增强，但这种排列方式也有缺点，就是它的流动阻力会加剧，而且难以清洗。

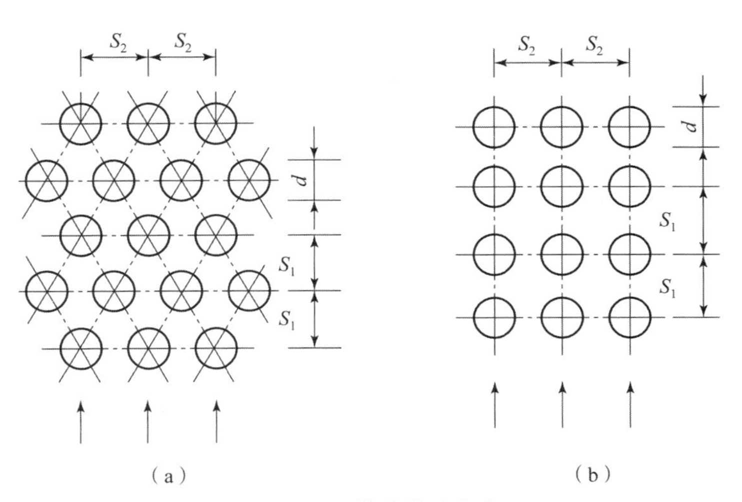

图 5-13　管束排列方式

(a) 叉排；(b) 顺排

从流动状态来看，雷诺数 $Re < 10^3$ 为层流；$Re = 5\times10^2 \sim 2\times10^5$ 前半周为层流，后半周为漩涡流；$Re > 2\times10^5$ 为湍流。实际上，前排管子产生的漩涡微流还会对后面管子的换热产生增强作用，所以后几排管子的表面传热系数会更强，一般是第一排的 1.3 ~ 1.7 倍，而且这种作用对平均表面传热系数的影响直到 20 排以上才能消失。

管束的传热计算公式还是茹考思卡斯总结出来的：

$$Nu_{\mathrm{f}}=CRe_{\mathrm{f}}^{n}Pr_{\mathrm{f}}^{0.36}\left(\frac{Pr_{\mathrm{f}}}{Pr_{\mathrm{w}}}\right)^{0.25}\left(\frac{S_1}{S_2}\right)^{p}\varepsilon_{\mathrm{N}}$$

适用范围：$1\leqslant Re_{\mathrm{f}}\leqslant 2\times10^{6}$；$0.7<Pr_{\mathrm{f}}\leqslant 500$。

其中，$\frac{S_1}{S_2}$为相对管间距，纵向间距为 S_1，横向间距为 S_2；ε_{N} 为管排数影响的校正系数。

茹考思卡斯做实验时，都是用几十排管子做实验得出的公式，假设换热器只有几排管子，那么计算结果会偏大，因为后面管子换热强，前几排换热较弱，即排数太少会导致换热偏弱，所以要乘以一个小于 1 的校正系数 ε_{N}。

不同的管子排数，校正系数 ε_{N} 取值也不同（表 5 - 3），20 排以后校正系数等于 1，即 20 排以后的换热系数趋于稳定值。

表 5 - 3　不同管子排数的校正系数 ε_{N} 取值

排数	1	2	3	4	5	6	8	12	16	20
顺排	0.69	0.80	0.86	0.90	0.93	0.95	0.96	0.98	0.99	1.00
叉排	0.62	0.76	0.84	0.88	0.92	0.95	0.96	0.98	0.99	1.00

此外，公式中还有三个待定参数，分别是 C，n，p，它们的具体取值可以根据具体情况查表 5 - 4 得到。

表 5 - 4　外掠管束的换热准则关联式参数取值

排列方式	适用范围 $0.7<Pr_{\mathrm{f}}<500$		准则关联式 Nu_{f}	对空气或烟气的简化式 $Pr=0.7Nu_{\mathrm{f}}$
顺排	$Re_{\mathrm{f}}=10^{3}\sim2\times10^{5}$	$\frac{S_1}{S_2}<0.7$	$0.027Re_{\mathrm{f}}^{0.63}Pr_{\mathrm{f}}^{0.36}\left(\frac{Pr_{\mathrm{f}}}{Pr_{\mathrm{w}}}\right)^{0.25}$	$0.24Re_{\mathrm{f}}^{0.63}$
	$Re_{\mathrm{f}}=2\times10^{5}\sim2\times10^{6}$		$0.021Re_{\mathrm{f}}^{0.84}Pr_{\mathrm{f}}^{0.36}\left(\frac{Pr_{\mathrm{f}}}{Pr_{\mathrm{w}}}\right)^{0.25}$	$0.018Re_{\mathrm{f}}^{0.84}$
叉排	$Re_{\mathrm{f}}=10^{3}\sim2\times10^{5}$	$\frac{S_1}{S_2}\leqslant2$	$0.35Re_{\mathrm{f}}^{0.6}Pr_{\mathrm{f}}^{0.36}\left(\frac{Pr_{\mathrm{f}}}{Pr_{\mathrm{w}}}\right)^{0.25}\left(\frac{S_1}{S_2}\right)^{0.2}$	$0.31Re_{\mathrm{f}}^{0.63}\left(\frac{S_1}{S_2}\right)^{0.2}$
		$\frac{S_1}{S_2}>2$	$0.40Re_{\mathrm{f}}^{0.6}Pr_{\mathrm{f}}^{0.36}\left(\frac{Pr_{\mathrm{f}}}{Pr_{\mathrm{w}}}\right)^{0.25}$	$0.35Re_{\mathrm{f}}^{0.6}$
	$Re_{\mathrm{f}}=2\times10^{5}\sim2\times10^{6}$		$0.022Re_{\mathrm{f}}^{0.84}Pr_{\mathrm{f}}^{0.36}\left(\frac{Pr_{\mathrm{f}}}{Pr_{\mathrm{w}}}\right)^{0.25}$	$0.019Re_{\mathrm{f}}^{0.84}$

可见，待定参数的具体数值因不同的排列方式而不同，如顺排、叉排，或者不同的雷诺数范围都有不同的取值，在应用时要具体情况具体分析。

而且，这里的茹考思卡斯关联式是针对流动冲击角 ψ 为 90°的情况，即流体流动方向与管束是垂直的。如果 $\psi<90°$，对流换热将减弱，需要引入修正系数 ε_ψ（图 5 - 14）：

$$\varepsilon_\psi = 1 - 0.54\cos^2\psi$$

再进一步计算管束的平均表面传热系数。

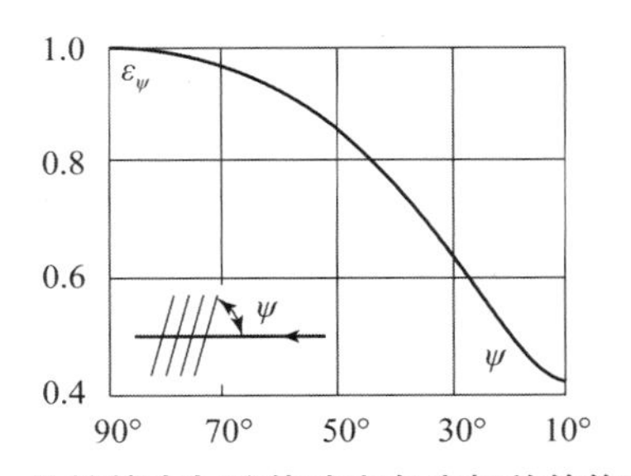

图 5 - 14 外掠管束与流体冲击角度相关的修正系数 ε_ψ

另外，需注意管束换热的特征速度要选取最小截面处的最大流速 $u_{\max}$，如图 5 - 15 所示，光束纵向间距为 s_1，横向间距为 s_2，管子直径为 D。

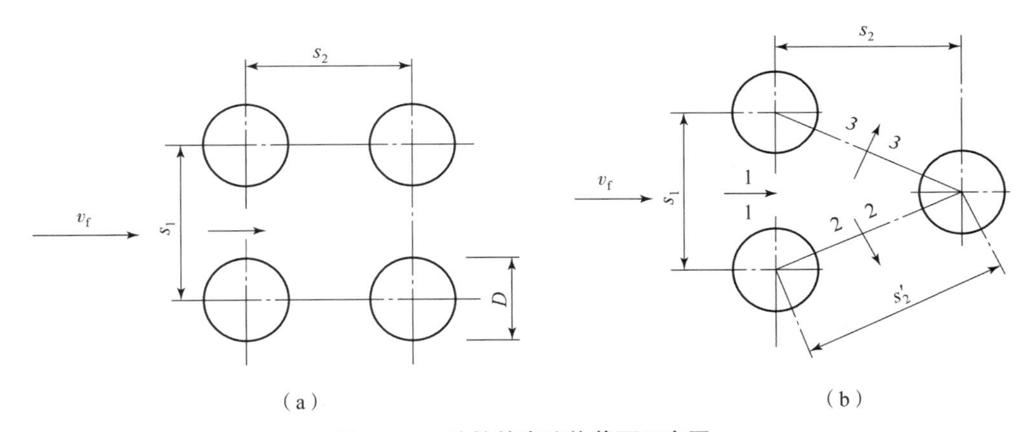

图 5 - 15 外掠管束流体截面示意图

(a) 顺排；(b) 叉排

对于顺排情况，沿着流动方向截面不变，均为 $s_1 - D$，特征速度 $u_{\max}$可以直接计算：

$$u_{\max} = u_f \frac{s_1}{s_1 - D}$$

对于叉排情况，流动截面有两种情况，一种是类似于顺排的截面 $s_1 - D$，还有一种是 $2(s_2' - D)$，这两种截面哪个小是不一定的，需要进行判断，因此特征速度有两种情况：

$$u_{\max} = \begin{cases} u_f \dfrac{s_1}{s_1 - D}, & 2(s_2' - D) > (s_1 - D) \\[2ex] u_f \dfrac{s_1}{2(s_2' - D)}, & 2(s_2' - D) < (s_1 - D) \end{cases}$$

5.3 自然对流换热

自然对流就是不依靠泵或风机等外力推动，由流体自身温度场的不均匀所引起的流动。

一般情况下，不均匀温度场仅发生在靠近换热壁面的薄层之内，外侧仍为流体本身温度。例如，暖气管道的散热、不用风扇强制冷却的电气元件的散热等，都属于自然对流换热。例如一个温度较高的平板放在房间里（图 5－16），靠近平板的空气温度会升高，这就导致此处的空气密度降低，会产生向上浮动，从而产生自然对流。在贴近平板壁面处，空气流体的温度 t_f 就等于壁面温度 t_w，在离开壁面方向流体温度逐渐降低，直到等于周围环境温度 t_∞。若壁面温度低于环境温度，则靠近壁面处的流体密度高，向下流动，从而形成方向向下的自然对流。

在边界层内，自然对流温度分布逐渐下降，最后等于周围环境温度，这与外掠平板的情况类似，而速度分布是不同的：由于自然对流最外面流体也不流动，因此边界层两边的速度都是零，大概在 1/3 边界层厚度的地方流体速度最大。

这一切的起源就是固体壁面与流体的温差。由于温度不同导致密度不同，从而产生浮升力，这个浮升力的大小可以用流体密度差乘以重力加速度 g 表示：

$$f_B = (\rho_\infty - \rho)g$$

式中，ρ_∞表示距离壁面无穷远处的流体密度，ρ 表示边界层内部的流体密度。

生活中比较常见的例子就是煮熟的鸡蛋放在桌子上，鸡蛋周围的冷空气由于与鸡蛋有温差，就会形成自然对流，从而对鸡蛋产生冷却作用，空气被加热，密度降低，所以自然对流的方向是向上的。如果是从冰箱里拿出来的可乐，表面温度比环境温度低，周围空气被冷却，密度增加，此时自然对流的方向就是向下的。

自然对流也会有层流和湍流（图 5－17），只不过是用格拉晓夫数 Gr 乘以普朗特数 Pr 作为判据，这两个数的乘积有个专门的名字叫瑞利数 Ra（$Ra = Gr \cdot Pr$），瑞利数 $Ra < 10^8$，为层流，此时，换热热阻主要取决于边界层的厚度，所以换热系数会逐渐下降。换热系数后面再上升是因为层流向湍流过渡，换热增强。

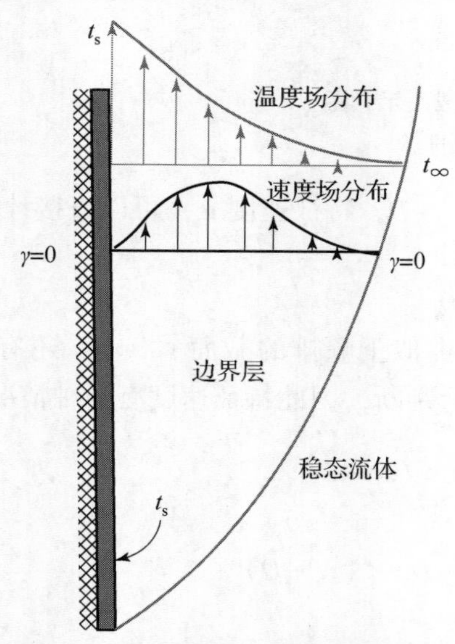

图 5－16　竖壁自然对流边界层示意图

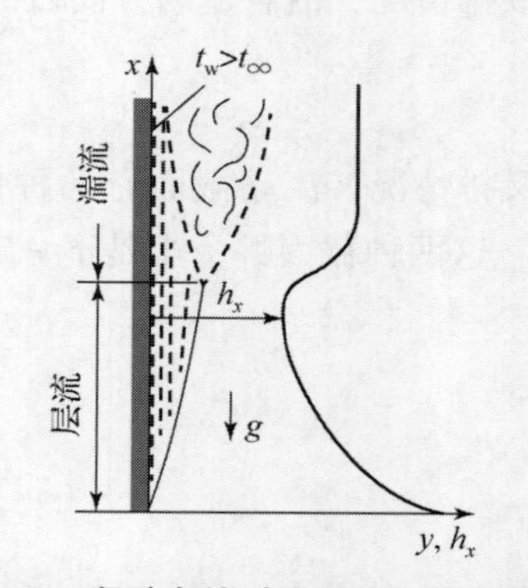

图 5－17　竖壁自然对流层流、湍流示意图

瑞利数如果在 $10^8 \sim 10^{10}$之间就是层流到湍流的过渡区。

当瑞利数 $Ra > 10^{10}$时，形成自然对流的湍流区，此时，局部表面传热系数 h_x 逐渐趋于一个常数，而与壁面高度无关，这也是自然对流中特有的一个现象，叫做自模化现象，至于为什么会这样，下面会有计算证明。

对于自然对流的数学描述，以图5－14所示的情况为例，自然对流流动方向取为x方向，壁面法线方向取为y方向，按照前面讲的对流换热边界层理论，可以写出自然对流的微分方程组，这个方程组同样包括连续性方程、动量方程和能量方程：

$$\begin{cases}\dfrac{\partial u}{\partial x}+\dfrac{\partial v}{\partial y}=0\\ \rho\left(u\dfrac{\partial u}{\partial x}+v\dfrac{\partial u}{\partial y}\right)=-\rho g-\dfrac{\mathrm{d}p}{\mathrm{d}x}+\mu\dfrac{\partial^2 u}{\partial y^2}\\ u\dfrac{\partial t}{\partial x}+v\dfrac{\partial t}{\partial y}=a\dfrac{\partial^2 t}{\partial y^2}\end{cases}$$

与流体外掠平板微分方程组基本一样，自然对流的区别就是多了重力项。

在动量方程中，由于自然对流在边界层外的流体速度u，v都是0，黏性力也为0，所以可以直接由动量方程得到边界层外的压力梯度：

$$\frac{\mathrm{d}p}{\mathrm{d}x}=-\rho_\infty g$$

根据边界层特性，y方向无压力变化，因此在同一x截面上，边界层内外的压力相同。因此，边界层外的压力梯度$\mathrm{d}p/\mathrm{d}x$就等于边界层内的压力梯度。将边界层外的压力梯度代入原来的边界层内动量方程，此时，重力项和压力梯度项合并，即浮升力项：

$$\rho\left(u\frac{\partial u}{\partial x}+v\frac{\partial u}{\partial y}\right)=(\rho_\infty-\rho)g+\mu\frac{\partial^2 u}{\partial y^2}$$

但浮升力这一项不太好用，因为这项中的密度ρ是未知的变化量，相当于微分方程组又多了一个未知数，导致整个方程组无法联立求解，因此要想办法换成温度表达式，因为能量方程中有温度，这样才能联立求解。

这里需要用到一个假设，称为布斯涅斯克（Boussinesq）假设，即假设流体物性除了浮升力项中的密度ρ外均为常量，而这个不为常量的密度ρ可以假设与温度t为线性关系，目的是要用温度t来表示密度ρ。

首先，流体体积膨胀系数等于

$$\beta=\frac{1}{V}\left(\frac{\partial V}{\partial t}\right)_p$$

根据质量、体积和密度之间的关系$m=\rho V$，体积膨胀系数可以改写为

$$\beta=\frac{1}{V}\left(\frac{\partial V}{\partial t}\right)_p=\frac{\rho}{m}\left(-\frac{m}{\rho^2}\frac{\partial\rho}{\partial t}\right)_p=-\frac{1}{\rho}\left(\frac{\partial\rho}{\partial t}\right)_p\approx-\frac{1}{\rho}\left(\frac{\rho_\infty-\rho}{t_\infty-t}\right)$$

所以$\rho_\infty-\rho$可以表示为

$$\rho_\infty-\rho=-\beta\rho(t_\infty-t)$$

再将其代入动量方程，可得到

$$\rho\left(u\frac{\partial u}{\partial x}+v\frac{\partial u}{\partial y}\right)=\beta\rho g(t-t_\infty)+\mu\frac{\partial^2 u}{\partial y^2}$$

此时，可以两边同时除以密度ρ，把ρ约掉，动力黏度μ除以ρ为运动黏度ν，得到

$$\left(u\frac{\partial u}{\partial x}+v\frac{\partial u}{\partial y}\right)=\beta g(t-t_\infty)+\nu\frac{\partial^2 u}{\partial y^2}$$

为了引出类似雷诺数 Re、普朗特数 Pr 的无量纲特征数，需要对方程进行无量纲化，可以先引入一系列无量纲参数：

$$X=\frac{x}{l};\ Y=\frac{y}{l};\ U=\frac{u}{u_0};\ V=\frac{v}{u_0};\ \theta=\frac{t-t_\infty}{t_w-t_\infty}=\frac{t-t_\infty}{\Delta t}$$

再将这些无量纲参数代回原方程，就可以得到一个新的无量纲方程：

$$\frac{u_0^2}{l}\left(U\frac{\partial U}{\partial X}+V\frac{\partial U}{\partial Y}\right)=\beta g\Delta t\theta+\frac{\nu u_0}{l^2}\frac{\partial^2 U}{\partial Y^2}$$

整理一下，会得到比较特殊的这一项：

$$\frac{\beta g\Delta t l^2}{\nu u_0}=\frac{\beta g\Delta t\ l^2}{\nu u_0}\frac{u_0 l}{\nu}\Big/\frac{u_0 l}{\nu}=\frac{\beta g\Delta t l^3}{\nu^2}\Big/\frac{u_0 l}{\nu}=Gr/Re_0$$

这一项实际上就是格拉晓夫数 Gr 与雷诺数 Re 的比值。

格拉晓夫数 Gr 表示浮升力与黏性力的相对大小，Gr 越大，浮升力相对越大，自然对流就越强。

自然对流的无量纲方程组最终可以整理为

$$\begin{cases}Nu_x=\dfrac{h_x x}{\lambda}=\left(\dfrac{\partial\theta}{\partial Y}\right)_{w,x}\\[2mm]\dfrac{\partial U}{\partial X}+\dfrac{\partial V}{\partial Y}=0\\[2mm]U\dfrac{\partial U}{\partial X}+V\dfrac{\partial U}{\partial Y}=\dfrac{Gr}{Re_0^2}\theta+\dfrac{1}{Re_0}\dfrac{\partial^2 U}{\partial Y^2}\\[2mm]U\dfrac{\partial\theta}{\partial X}+V\dfrac{\partial\theta}{\partial Y}=\dfrac{1}{Re_0 Pr}\dfrac{\partial^2\theta}{\partial Y^2}\end{cases}$$

这个方程组是可以求解的，有专门的教材讲解自然对流精确解法，为了简化计算，多数情况下可以通过特征关联式来计算。自然对流换热特征关联式中平均努塞尔数 Nu 是格拉晓夫数 Gr 和普朗特数 Pr 的函数：

$$Nu_x=f\left(\frac{x}{l},Gr,Pr\right)$$

$$Nu=f(Gr,Pr)$$

如果是混合对流，即自然对流和强迫对流同时存在，那么特征关联式中会多一个雷诺数 Re_0：

$$Nu_x=f\left(\frac{x}{l},Re_0,Gr,Pr\right)$$

$$Nu=f(Re_0,Gr,Pr)$$

5.3.1 大空间自然对流换热的实验关联式

实际上自然对流可以分为大空间自然对流和有限空间自然对流两类，用于计算对流换热的特征关联式也有所不同。所谓大空间，是指流体可以充分发展，基本没有空间限制，工程上用得比较多的计算关联式为

$$Nu_m = C(Gr_m Pr_m)^n$$

式中，C 和 n 是常数，具体数值可以根据不同的情况查表 5－5 获得，比如煮熟的鸡蛋放在桌子上，是典型的大空间自然对流换热过程。

表 5－5　壁温恒定条件下大空间自然对流准则关联式系数取值

壁面形状与位置	特征长度	C	n	$Gr \cdot Pr$ 适用范围
竖平壁或竖圆管	高度 l	0.59 0.10	1/4 1/3	$10^4 \sim 10^9$ $10^9 \sim 10^{13}$
水平圆柱	圆柱外径 d	0.85 0.48 0.125	0.188 1/4 1/3	$10^2 \sim 10^4$ $10^4 \sim 10^7$ $10^7 \sim 10^{12}$
水平壁热面朝上或冷面朝下	平壁面积与周长之比 A/P，圆盘取 0.9d	0.54 0.15	1/4 1/3	$10^4 \sim 10^7$ $10^7 \sim 10^{11}$
水平壁热面朝下或冷面朝上	平壁面积与周长之比 A/P，圆盘取 0.9d	0.27	1/4	$10^5 \sim 10^{11}$

另外需要注意的是，公式中的定性温度选用的是膜温度 t_m，特征长度的选择要分情况，竖壁和竖圆柱取高度 l，横圆柱取外径 d，水平板取面积与周长之比 A/P。

根据计算换热的特征关联式，可以证明上文提到的自然对流自模化现象。对于大平板自然对流湍流换热，$n = 1/3$，特征关联式为

$$Nu_m = \frac{h_x x}{\lambda} = C(Gr_{mx} Pr_m)^{\frac{1}{3}}$$

式中，格拉晓夫数为 $Gr_x = \dfrac{\beta g \Delta t x^3}{v^2}$。

将格拉晓夫数代入，展开关联式后，得到

$$\frac{h_x x}{\lambda} = C\left(\frac{\beta g \Delta t x^3}{v^2} Pr_m\right)^{\frac{1}{3}}$$

等号两边的定型尺寸 x 正好可以消去，表明自然对流湍流换热的表面传热系数 h_x 是一个常数，与定型尺寸 x 无关，这就是所谓的“自模化现象”。因此，湍流自然对流换热的实验研究可以采用较小尺寸的物体进行，只需实验现象的瑞利数 Ra（即 $Gr \cdot Pr$）的取值处于湍流范围即可。

5.3.2　有限空间自然对流换热的实验关联式

对于有限空间自然对流换热，它除了与流体性质、两壁温差有关外，还受空间位置、形状、尺寸比例等影响，比大空间的自然对流换热要复杂很多。本节主要讨论比较简单的扁平矩形封闭夹层，典型例子就是双层玻璃，如果该矩形夹层放置的空间位置不同，例如竖直

放、水平放还是斜着放等，换热情况又有不同（图 5－18）。

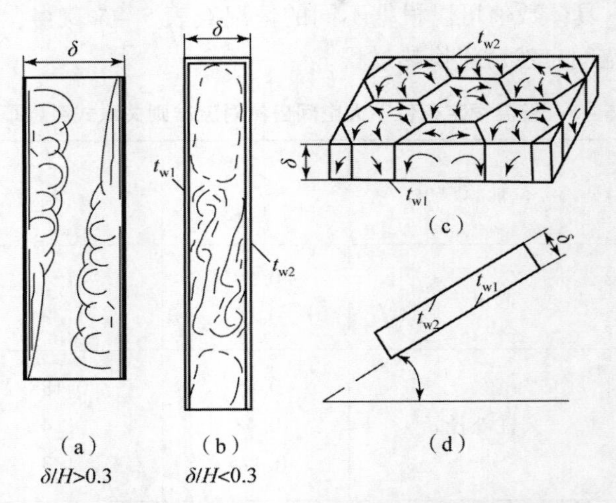

图 5－18　竖壁夹层、水平夹层、倾斜夹层示意图

1. 竖壁夹层

夹层中，靠近热壁面的流体会因浮升力而向上运动，形成向上的自然对流，高温壁面通过自然对流将热量传递给流体，而靠近冷壁面的流体则向下运动，形成向下的自然对流，并将热量传递给低温壁面。因此，有限空间中的自然对流换热就是热壁面和冷壁面两个自然对流过程的组合。

如果夹层厚度 δ 与高度 H 之比较大（$\delta/H>0.3$），两壁面互不干扰，冷热壁面的对流换热过程可分别按大空间自然对流计算。

如果 $\delta/H<0.3$，两壁面自然对流流动会互相混合，进而出现环流，换热会比较复杂。

夹层内的自然对流流动，主要取决于以夹层厚度 δ 为定型尺寸（特征尺寸）的格拉晓夫数 Gr_δ：

$$Gr_\delta=\frac{\beta g(t_{w1}-t_{w2})\delta^3}{\nu^2}$$

可见，当夹层厚度 δ 与两壁温差（$t_{w1}-t_{w2}$）都很小时，Gr_δ 就很小。当 $Gr_\delta<2\ 000$ 时，可认为夹层内没有自然对流流动发生，即可以忽略对流换热，此时通过夹层的换热量可按纯导热计算。

2. 水平夹层

（1）热面在上：冷热面之间无对流流动发生；若无外界扰动，则应按导热问题分析。

（2）热面在下：当 $Gr_\delta<1\ 700$ 时，仍然难以形成自然对流，可按导热过程计算；当 $Gr_\delta>1\ 700$ 时，夹层流动形成交替上升和下降的对流过程，呈现如图 5－19 所示的有序蜂窝状分布环流；当 $Gr_\delta>5\ 000$ 时，蜂窝状环流消失，出现湍流流动。

3. 倾斜夹层

与水平夹层类似，倾斜夹层（图 5－20）在 $Gr_\delta Pr\cdot\cos\theta>1\ 700$ 时发生蜂窝状流动。

在有限空间中的自然对流换热计算，主要关注的实际上就是热壁面传给冷壁面的热流量。通常把两侧的对流换热用一个当量表面传热系数来表示：

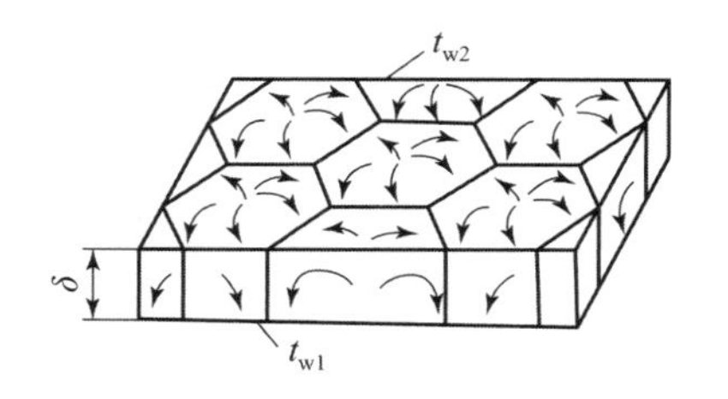

图 5－19　水平夹层有序蜂窝状分布环流

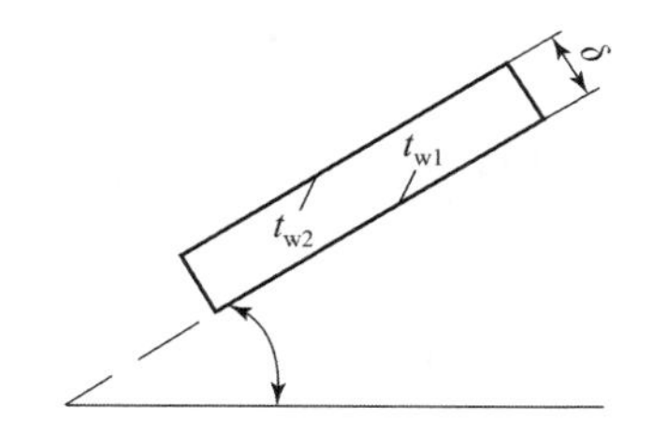

图 5－20　倾斜夹层对流换热

$$q = h_e(t_{w1} - t_{w2})$$

式中，q 为通过夹层的热流密度（W/m^2）；t_{w1}，t_{w2}分别为夹层的热壁和冷壁温度（℃）；h_e为当量对流换热系数［$W/(m^2 \cdot K)$］。

对于封闭夹层空间的自然对流，其换热准则关联式可表示为

$$Nu_\delta = \frac{h_e \delta}{\lambda} = C(Gr_\delta Pr)^m \left(\frac{\delta}{H}\right)^n$$

定性温度取两个壁面温度的平均值，即 $t_m = t_{w1} - t_{w2}$。

常数 C，m，n 的取值同样需要根据具体情况查表 5－6 获得。例如，竖壁夹层、水平夹层、倾斜夹层等不同情况都有不同的取值。

表 5－6　有限空间自然对流换热准则关联式取值

夹层位置	Nu_δ 准则关联式	适用范围
竖壁夹层（气体）	$=1$（导热）	$Gr_\delta < 2\ 000$
	$=0.18 Gr_\delta^{\frac{1}{4}} \left(\frac{\delta}{H}\right)^{\frac{1}{9}}$（层流）	$2\ 000 < Gr_\delta \leqslant 2 \times 10^5$
	$=0.065 Gr_\delta^{\frac{1}{3}} \left(\frac{\delta}{H}\right)^{\frac{1}{9}}$（湍流）	$2 \times 10^5 < Gr_\delta < 2 \times 10^7$
水平夹层（热面在下）（气体）	$=0.059\ (Gr_\delta \cdot Pr)^{0.4}$	$1\ 700 <\ (Gr_\delta \cdot Pr)\ 7\ 000$
	$=0.212\ (Gr_\delta \cdot Pr)^{1/4}$	$7\ 000 <\ (Gr_\delta \cdot Pr)\ 3.2 \times 10^5$
	$=0.061\ (Gr_\delta \cdot Pr)^{1/3}$	$(Gr_\delta \cdot Pr) > 3.2 \times 10^5$
倾斜夹层（热面在下与水平夹角为 θ）（气体）	$=1+1.446\left(1-\frac{1\ 708}{Gr_\delta \cdot Pr \cdot \cos\theta}\right)$	$1\ 708 < (Gr_\delta \cdot Pr \cdot \cos\theta) < 5\ 900$
	$=0.229(Gr_\delta \cdot Pr \cdot \cos\theta)^{0.252}$	$5\ 900 < (Gr_\delta \cdot Pr \cdot \cos\theta) < 9.23 \times 10^4$
	$=0.157(Gr_\delta \cdot Pr \cdot \cos\theta)^{0.285}$	$9.23 \times 10^4 < (Gr_\delta \cdot Pr \cdot \cos\theta) < 10^6$

5.3.3　自然对流与强制对流并存的混合对流换热

实际上，一般情况下，如重力场或离心力作用下，自然对流和强制对流往往是共存的，只要有温差，流体密度就不同，从而产生浮生力，从而形成自然对流，只是如果自然对流相

对很小则可以忽略。例如在强迫对流中，若流速和动量转移率很大，即惯性力占主导地位，则自然对流换热的影响可以忽略。当然，如果浮升力很大，其引起的自然对流也可能对换热过程起主导作用，从而可以忽略强迫对流换热过程。

所以我们所说的混合对流一般是自然对流和强制对流差不多的情况，因此需要先判断流动是纯受迫对流还是混合对流。判断依据就是浮升力与惯性力的相对大小。

$$\frac{Gr}{Re^2}=\frac{\beta g\Delta tl^3}{\nu^2}\frac{\nu^2}{u^2\ l^2}=\frac{\beta g\Delta tl}{u^2}$$

一般认为

$$Gr/Re^2\leqslant 0.1$$

自然对流的影响可以忽略，按照纯强迫对流换热处理；

$$Gr/Re^2\geqslant 10$$

强制对流的影响可以忽略，可以按照纯自然对流处理。

以外掠平板，层流换热为例，其纯强迫对流和纯自然对流换热准则关联式分别为

$$Nu'_{\mathrm{m}}=0.664Re_{\mathrm{m}}^{0.5}Pr_{\mathrm{m}}^{1/3}$$

$$Nu''_{\mathrm{m}}=0.54Gr_{\mathrm{m}}^{1/4}Pr_{\mathrm{m}}^{1/4}$$

二者相除，可得

$$\frac{Nu''_{\mathrm{m}}}{Nu'_{\mathrm{m}}}=\frac{0.54Gr_{\mathrm{m}}^{1/4}Pr_{\mathrm{m}}^{1/4}}{0.664Re_{\mathrm{m}}^{0.5}Pr_{\mathrm{m}}^{1/3}}=\frac{0.813}{Pr_{\mathrm{m}}^{0.083}}\frac{Gr_{\mathrm{m}}^{1/4}}{Re_{\mathrm{m}}^{0.5}}$$

对于气体可近似认为$\frac{0.813}{Pr_{\mathrm{m}}^{0.083}}\approx 1$。

所以

$$\frac{Nu''_{\mathrm{m}}}{Nu'_{\mathrm{m}}}\approx\frac{Gr_{\mathrm{m}}^{1/4}}{Re_{\mathrm{m}}^{0.5}}=\frac{Gr_{\mathrm{m}}}{Re_{\mathrm{m}}^2}$$

当自然对流与强迫对流具有相同的热效应时（$Nu''_{\mathrm{m}}=Nu'_{\mathrm{m}}$）：

$$\frac{Gr_{\mathrm{m}}}{Re_{\mathrm{m}}^2}=1$$

可见，用浮升力与惯性力的相对大小 Gr/Re^2 作为判据是十分合理的。

对于混合对流的计算，可以采用以下关联式：

（1）Brown 和 Gauvin 提出层流混合对流换热的计算式：

$$Nu_{\mathrm{m}}=1.75\left[Gz_{\mathrm{m}}+0.012\left(Gz_{\mathrm{m}}Gr_{\mathrm{m}}^{\frac{1}{3}}\right)^{\frac{4}{3}}\right]^{\frac{1}{3}}\left(\frac{\mu_{\mathrm{f}}}{\mu_{\mathrm{w}}}\right)^{0.14}$$

式中，格雷兹数 $Gz_{\mathrm{m}}=Re_{\mathrm{m}}Pr_{\mathrm{m}}\dfrac{d}{l}$。

（2）Metaix 和 Eckert 提出湍流混合对流换热的计算式：

$$Nu_{\mathrm{m}}=4.69Re_{\mathrm{m}}^{0.27}Pr_{\mathrm{m}}^{0.21}Gr_{\mathrm{m}}^{0.07}\left(\frac{d}{l}\right)^{0.36}$$

习　题

5－1　在一台缩小成为实物 1/8 的模型中，用 20 ℃的空气来模拟实物中平均温度为

200 ℃空气的加热过程。实物中空气的平均流速为 6.03 m/s，问模型中的流速应为多少？若模型中的平均表面传热系数为 195 W/(m^2 · K)，求相应实物中的值。在这一实验中，模型与实物中流体的 Pr 并不严格相等，你认为这样的模化实验有无实用价值？

5－2　有人曾经给出下列流体外掠正方形柱体（其一个面与来流方向垂直）的换热数据：

Nu	Re	Pr
41	5 000	2.2
125	20 000	3.9
117	41 000	0.7
202	90 000	0.7

采用 $Nu = CRe^n/Pr^m$ 的关系式来整理数据并取 $m = 1/3$，试确定其中的常数 C 与指数 n。在上述 Re 及 Pr 的范围内，当方形柱体的截面对角线与来流方向平行时，可否用此式进行计算？为什么？

5－3　对于空气横掠如附图示的正方形截面柱体（$l = 0.5$ m）的情形，有人通过试验测得了下列数据：$u_1 = 15$ m/s，$h_1 = 40$ W/(m^2 · K)，$u_2 = 20$ m/s，$h_2 = 50$ W/(m^2 · K)，其中 h_1、h_2 为平均表面传热系数。对于形状相似但 $l = 1$ m 的柱体，试确定当空气流速为 15 m/s 及 20 m/s 时的平均表面传热系数。设在所讨论的情况下空气的对流传热准则方程具有以下形式：

$$Nu = CRe^n/Pr^m$$

四种情形下的定性温度之值均相同，特征长度为l_0。

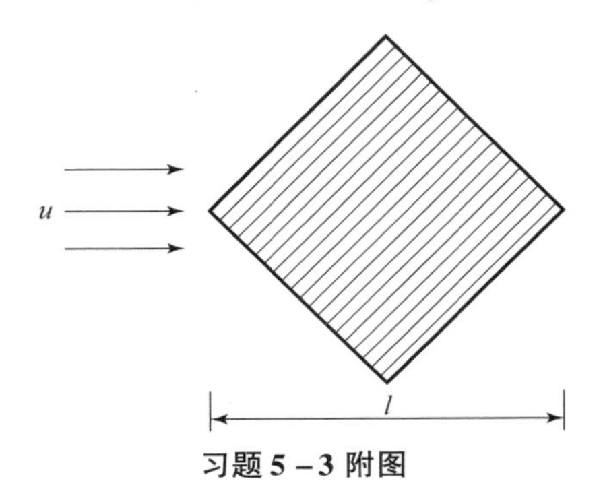

习题 5－3 附图

“管槽内强制对流传热”表示其以下的习题是关于这方面的习题。

5－4　试计算下列情形下的当量直径：

（1）边长为 a 及 b 的矩形通道；

（2）同（1），但 $b \leqslant a$；

（3）环形通道，内管外径为 d，外管内径为 D；

（4）在一个内径为 D 的圆形筒体内布置 n 根外径为 d 的圆管，流体在圆外作纵向流动。

5－5　变压器油在内径为 30 mm 的管子内冷却，管子长为 2 m，流量为 0.313 kg/s。变压器油的平均物性可取为 $\rho = 885$ kg/m^3，$v = 3.8 \times 10^{-5}$ m^2/s，$Pr = 490$。试判断流动状态及

换热是否已进入充分发展区。

5-6　发电机的冷却介质从空气改为氢气后可以提高冷却效率，试对氢气与空气的冷却效果进行比较。比较的条件是：管道内湍流对流传热，通道几何尺寸、流速均相同，定性温度为50 ℃气体均处于常压下，不考虑温差修正。50 ℃氢气的物性数据如下：$\rho=0.0755\ \mathrm{kg/m^3}$，$\lambda=19.42\times10^{-2}\ \mathrm{W/(m\cdot K)}$，$\eta=9.41\times10^{-6}\ \mathrm{Pa\cdot s}$，$c_p=14.36\ \mathrm{kJ/(kg\cdot K)}$。

5-7　平均温度为100 ℃、压力为120 kPa的空气，以1.5 m/s的流速流经内径为25 mm的电加热管子。试估计在换热充分发展区的对流传热表面传热系数。在均匀热流边界条件下管内层流充分发展对流传热区的 $Nu=4.36$。

5-8　水以0.5 kg/s的质量流量流过一个内径为2.5 cm、长为15 m的直通道，入口水温为10 ℃。管子除了入口处很短的一段距离外，其余部分每个截面上的壁温都比当地平均水温高15 ℃。试计算水的出口温度，并判断此时的热边界条件。

5-9　流体以1.5 m/s的平均速度流经内径为16 mm的直管，流体平均温度为10 ℃，换热已进入充分发展阶段。试比较当流体分别为氟利昂134a及水时对流传热表面传热系数的相对大小。管壁平均温度与液体平均温度的差值小于10 ℃，流体被加热。

5-10　1.013×10^5 Pa下的空气在内径为76 mm的直管内流动，入口温度为65 ℃，入口体积流量为0.022 $\mathrm{m^3/s}$，管壁的平均温度为180 ℃。问管子要多长才能使空气加热到115 ℃？

5-11　平均温度为40 ℃的14号润滑油，流过壁温为80 ℃、长为1.5 m、内径为22.1 mm的直管，流量为800 kg/h。油的物性参数可从书末附录中查取。试计算油与壁面间的平均表面传热系数及换热量。80 ℃时油的 $\eta=28.4\times10^{-4}\ \mathrm{Pa\cdot s}$。

5-12　初温为30 ℃的水，以0.857 kg/s的流量流经一套管式换热器的环形空间，水蒸气在该环形空间的内管中凝结，使内管外壁温维持在100 ℃。换热器外壳绝热良好。环形夹层内管外径为40 mm，外管内径为60 mm。试确定把水加热到50 ℃时的套管长度，以及管子出口截面处的局部热流密度。

5-13　水以1.2 m/s的平均流速流过内径为20 mm的长直管。（1）管子壁温为75 ℃，水从20 ℃加热到70 ℃；（2）管子壁温为15 ℃，水从70 ℃冷却到20 ℃。试计算两种情形下的表面传热系数，并讨论造成差别的原因。

5-14　现代储蓄热能的一种装置的示意图如附图所示。一根内径 $d=25$ mm的圆管被置于一正方形截面的石蜡体中心，热水流过管内使石蜡熔解，从而把热水的显热转化成石蜡的潜热而储蓄起来。热水的入口温度为60 ℃，流量为0.15 kg/s。石蜡的物性参数：熔点为27.4 ℃，熔化潜热 $L=244$ kJ/kg，固体石蜡的密度 $\rho_s=770\ \mathrm{kg/m^3}$。假设圆管表面温度在加热过程中一直处于石蜡的熔点，试计算把该单元中的石蜡全部熔化热水需流过多长时间？$b=0.25$ m，$l=3$ m。

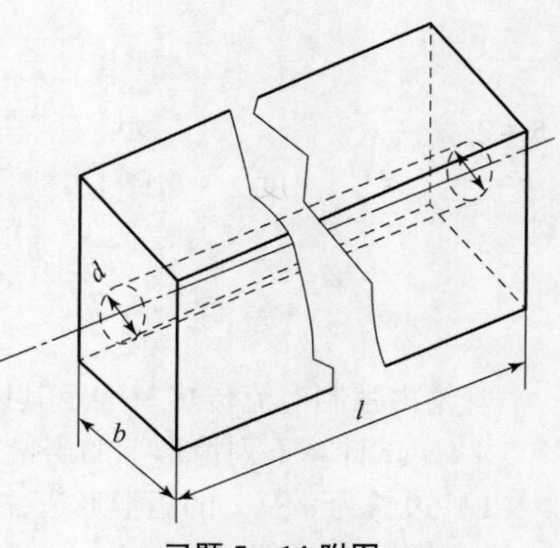

习题5-14附图

5-15　温度为0 ℃的冷空气以6 m/s的流速平行地吹过一太阳能集热器的表面。该表面呈方形，尺寸为1 m×1 m，其中一个边与来流方向垂直。如果表面平均温度为20 ℃，试计算由于对流而散失的热量。

5－16　在一摩托车引擎的壳体上有一条高为 2 cm 、长为 12 cm 的散热片（长度方向系与车身平行）。散热片表面温度为 150 ℃。如果车子在 20 ℃的环境中逆风前进，车速为 30 km/h，而风速为 2 m/s，试计算此时肋片的散热量（风速与车速相平行）。

5－17　飞机的机翼可近似地看成是一块置于平行气流中长为 2.5 m 的平板，飞机的飞行速度为 400 km/h，空气压力为 0.7×10^5 Pa，空气温度为 －10 ℃。机翼顶面吸收的太阳辐射为 800 W/m^2，而其自身辐射略而不计。试确定处于稳态时机翼的温度（假设温度是均匀的）。如果考虑机翼的本身辐射，这一温度应上升还是下降？

5－18　为解决世界上干旱地区的用水问题，曾召开过数次世界性会议进行讨论。有一个方案是把南极的冰山拖到干旱地区去。宽阔且平整的冰山是最适宜于拖运的。设要把一座长为 1 km、宽为 0.5 km 、厚为 0.25 km 的冰山拖运到 6 000 km 以外的地区去，平均拖运速度为每小时 1 km。拖运路上水温的平均值为 10 ℃。作为一种估算，在拖运中冰与环境的作用可认为主要是冰块的底部与水之间的换热。试估算在拖运过程中冰山自身的融化量。冰的融解热为 3.34×10^5 J/kg，当 $Re>5\times10^5$ 时全部边界层可认为已进入湍流。

5－19　直径为 10 mm 的电加热圆柱置于气流中冷却，在 $Re=4\ 000$ 时每米长圆柱通过对流传热散失的热量为 69 W。若把圆柱直径改为 20 mm，其余条件不变（包括 t_v），问每米长圆柱的散热量为多少？

5－20　测定流速的热线风速仪是利用流速不同对圆柱体的冷却能力不同，从而导致电热丝温度及电阻值不同的原理制成的。用电桥测定电热丝的阻值可推得其温度。今有直径为 0.1 mm 的电热丝垂直于气流方向放置，来流温度为 20 ℃，电热丝温度为 40 ℃，加热功率为 17.8 W/m。试确定此时的流速。略去其他的热损失。

5－21　一个优秀的马拉松长跑运动员可以在 2.5 h 内跑完全程（41 842.8 m）。为了估计他在跑步过程中的散热损失，可以作这样的简化：把人体看成高为 1.75 m、直径为 0.35 m 的圆柱体，皮肤温度作为柱体表面温度，取为 31 ℃；空气是静止的，温度为 15 ℃。不计柱体两端面的散热。试据此估算一个马拉松长跑运动员跑完全程后的散热量（不计出汗散失的部分）。

5－22　一未包绝热材料的蒸汽管道用来输送 150 ℃的水蒸气。管道外径为 500 mm，置于室外。冬天室外温度为 －10 ℃。如果空气以 5 m/s 的流速横向吹过该管道，试确定其单位长度上的对流散热量。

5－23　某锅炉厂生产的 220 t/h 高压锅炉，其低温段空气预热器的设计参数为：叉排布置，$s_1=76$ mm，$s_2=44$ mm，管子为 $\phi40$ mm $\times1.5$ mm，平均温度 150 ℃的空气横向冲刷管束，流动方向的总排数为 44，在管排中心线截面上的空气流速（即最小截面上的流速）为 6.03 m/s。试确定管束与空气间的平均表面传热系数。管壁平均温度为 185 ℃。

5－24　如附图所示，一股冷空气横向吹过一组圆形截面的直肋。已知：最小截面处的空气流速为 3.8 m/s，气流温度 $t_f=35$ ℃；肋片的平均表面温度为 65 ℃，导热系数为 98 W/(m·K)，肋根温度维持定值；$\frac{s_1}{d}=\frac{s_1}{d}=2$，$d=10$ mm。为有效地利用金属，规定肋片的 mH 值不应大于 1.5，试计算此时肋片应为多高。在流动方向上排数大于 10。

5－25　在锅炉的空气预热器中，空气横向掠过一组叉排管束，$s_1=80$ mm，$s_2=50$ mm，

管子外径 $d=40$ mm。空气在最小截面处的流速为 6 m/s，流体温度 $t_f=133$ ℃。流动方向上的排数大于 10，管壁平均温度为 165 ℃。试确定空气与管束间的平均表面传热系数。

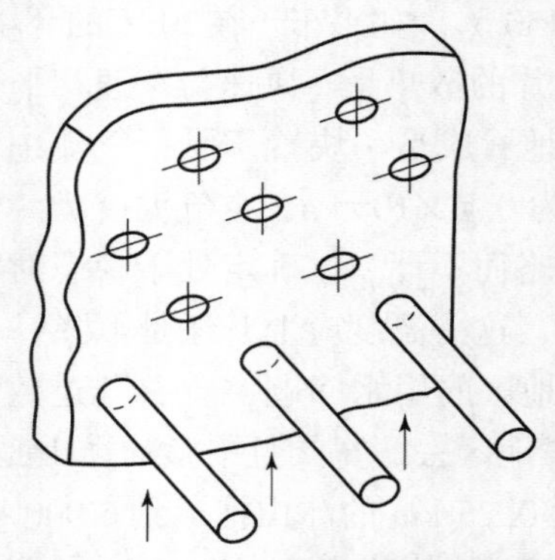

习题 5－25 附图（部分肋片未画出）

5－26　一直径为 25 mm、长为 1.2 m 的竖直圆管，表面温度为 60 ℃，试比较把它置于下列两种环境中的自然对流散热量：

（1）15 ℃、1.013×10^5 Pa 下的空气；

（2）15 ℃、2.026×10^5 Pa 下的空气。

在一般压力变化范围（$0.1\times10^5 \sim 10\times10^5$ Pa）内，空气的 η、c_p 及 λ 可认为与压力无关。

5－27　假设把人体简化成直径为 30 cm、高为 1.75 m 的等温竖圆柱，其表面温度比人体体内的正常温度低 2 ℃，试计算该模型位于静止空气中时的自然对流散热量，并与人体每天的平均摄入热量（5 440 kJ）相比较。圆柱两端面的散热可不予考虑，人体正常体温按 37 ℃计算，环境温度为 25 ℃。

5－28　一块有内部电加热的正方形薄平板，边长为 30 cm，被竖直地置于静止的空气中，空气温度为 35 ℃。为防止平板内部电热丝过热，其表面温度不允许超过 150 ℃。试确定所允许的电热器的最大功率。平板表面辐射换热系数取 8.52 W/(m^2·K)。

5－29　有人认为，一般房间的墙壁表面每平方米面积与室内空气间的自然对流传热量相当于一个家用白炽灯泡的功率。试对冬天与夏天的两种典型情况作估算，以判断这一说法是否有依据。设墙高为 2.5 m，夏天墙表面温度为 35 ℃，室内空气温度为 25 ℃；冬天墙表面温度为 10 ℃，室内空气温度为 20 ℃。

5－30　电子器件的散热器是由一组相互平行的竖直放置的肋片组成的，如附图所示，$l=20$ mm，$H=150$ mm，$t=1.5$ mm。平板上的自然对流边界层厚度 $\delta(x)$ 可按下式计算：

$$\delta(x)=5x(Gr_x/4)^{-1/4}$$

式中，x 为平板地面起算的当地高度，Gr_x 以 x 为特征长度。散热片的温度可认为是均匀的，并取为 $t_x=75$ ℃，环境温度 $t_\infty=75$ ℃。试确定：

（1）使相邻两平板上的自然对流边界层不互相干扰的最小间距 s；

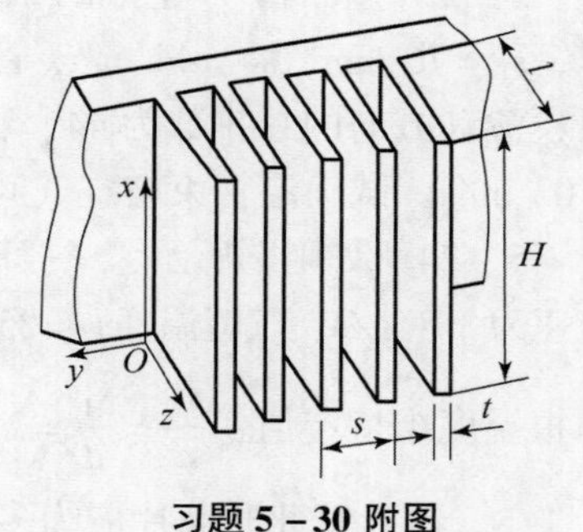

习题 5－30 附图

（2）在上述间距下一个肋片的自然对流散热量。

5－31　一池式换热设备由 30 个竖直放置的矩形平板组成，每块板宽 0.3 m、高 0.5 m，两板之间的距离很大，热边界层的发展不会受到影响。冷却剂为水，温度为 20 ℃。板面的温度均匀，且最高允许温度为 100 ℃。试计算这一换热设备的最大换热量。

5－32　一水平封闭夹层，其上下表面的间距 $\delta=14$ mm，夹层内为压力为 1.03×10^5 Pa 的空气。设一个表面的温度为 90 ℃，另一表面为 30 ℃，试计算当热表面在冷表面之上及在冷表面之下两种情形下，通过夹层单位面积的热传热量。

5－33　一太阳能集热器吸热表面的平均温度为 85 ℃，其上覆盖表面的温度为 35 ℃，两表面形成相距 5 cm 的夹层。试确定在每平方米夹层上空气自然对流的散热量。研究表明，当 $Gr_\delta Pr\leqslant1\,700$ 时不会产生自然对流而是纯导热工况。试对本题确定不产生自然对流的两表面间间隙的最大值，此时的散热量为多少（不包括辐射部分）？

5－34　一太阳能集热器置于水平的房顶上。在集热器的吸热表面上用玻璃作顶盖，形成一封闭的空气夹层，夹层厚 10 cm。设吸热表面的平均温度为 90 ℃，玻璃内表面温度为 30 ℃，试确定由于夹层中空气自然对流散热而引起的热损失。集热器呈正方形，尺寸为 1 m×1 m。如果吸热表面不设空气夹层，让吸热表面直接暴露于大气之中，试计算在表面温度为 90 ℃时，由于空气的自然对流而引起的散热量（环境温度为 20 ℃）。

5－35　与水平面成倾角 θ 的夹层中的自然对流传热，可以近似地以 $g\cos\theta$ 来代替 g 而计算 Gr。今又一个 $\theta=30°$ 的太阳能集热器，吸热表面的温度 $t_{w1}=140$ ℃，吸热表面上的封闭空间内抽成压力为 0.2×10^5 Pa 的真空。封闭空间的顶盖为一透明窗，其面向吸热表面侧的温度为 40 ℃。夹层厚为 8 cm。试计算夹层单位面积的自然对流散热损失，并从热阻的角度分析，在其他条件均相同的情况下夹层真空与不抽真空对玻璃窗温度的影响。

5－36　用附图所示的热电偶温度计测定气流温度。热电偶置于内径 $d_i=6$ mm，外径 $d_o=6$ mm 的钢管中，其 $\lambda=35$ W/(m·K)，钢管的高度 $H=10$ cm。用另一热电偶测得了管道表面温度 t_2。设 $t_1=180$ ℃，$t_2=100$ ℃，$u_\infty=5$ m/s，试估计来流温度 t_∞（不考虑辐射传热的影响）。

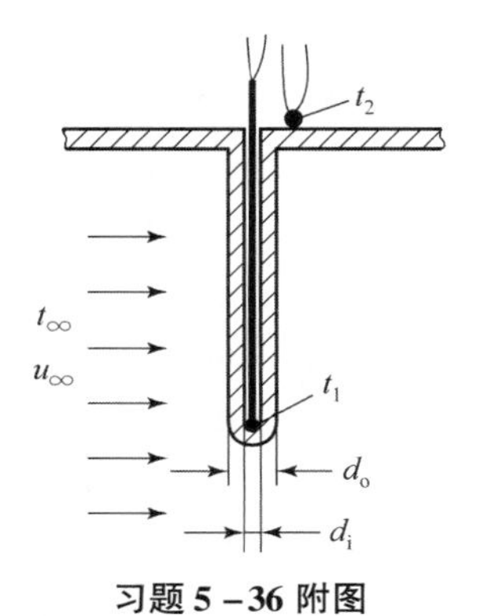

习题 5－36 附图

5－37　用内径为 0.25 m 的薄壁钢管运送 200 ℃的热水。管外设置有厚 $\delta=0.15$ m 的保护层，其 $\lambda=0.05$ W/(m·K)；管道长为 500 m，水的质量为 25 kg/s。设冬天该管道受到 $u_\infty=4$ m/s，$t_\infty=-10$ ℃空气的横向冲刷，试确定该管道出口处水的温度。辐射换热略而不计。

参 考 文 献

[1] ISAACSON E, ISAACSON M. Dimensional methods in engineering and physics [M]. London: Edward, 1975.

[2] 王丰．相似理论及其在传热学中的应用 [M]．北京：高等教育出版社，1990.

[3] 谈庆明．量纲分析 [M]．合肥：中国科学技术大学出版社，2005.

[4] 杨小琼．传热学计算机辅助教学丛书 [M]．西安：西安交通大学出版社，1992.

[5] CHURCHILL S W, ChuH H S. Correlating equations for laminar and turbulent free convection from a horizontal cylinder [J]. Int J Heat Mass Transfer, 1975, 18: 1049 - 1057.

[6] CENGEL Y A. Heat transfer, A practical approach [M]. Boston: WBC McGraw - Hill, Inc, 1998.

[7] HOLMAN J P. Heat transfer [M]. 9th ed. New York: McGraw - Hill, Inc, 2002.

[8] INCROPERA F P, DEWITT D P. Fundamentals of heat and mass transfer [M]. 5th ed. John Wiley & Sons, Inc, 2002: 430, 482, 492, 546, 551.

[9] 锅炉机组热力计算标准方法 [M]．北京锅炉厂设计科，译．北京：机械工业出版社，1976.

[10] GNIELINSKI V. New equations for heat mass transfer in turbulent pipe and channel flows [J]. Int Chem Eng, 1976, 16: 359 - 368.

[11] GHAJAR A J, TAM L M. Heat transfer measurements and correlations in the transition region for a circular tube with three different inlet configurations [J]. Experimental Thermal and Fluid Science, 1994, 8 (1): 79 - 90.

[12] BABUS'HAQ R F. Forced convection heat transfer from a pipe to air flowing turbulently inside it [J]. Experimental Heat Transfer, 1992, 59 (2): 161 - 173.

[13] SHAH R K, JOSHI S D. Handbook of single - phase convective heat transfer [M]. New York: Wiley - Interscience, 1987.

[14] SHAH R K, LONDON A L. Laminar flow forced convection in ducts [M] // Hartnett J P, Irvine T F. Advances in Heat Transfer, Supplement 1 . New York: Academic Press, 1978.

[15] KAKAC S, OSKAY R. Forced convection correlations for single - phase side of heat exchangers [M] // Kakac E. Boiler. Evaporators and condensers. New York: John Wiley & Sons, Inc, 1991.

[16] BEJAN A, KRAUS A D. Heat transfer handbook [M]. New York: John Wiley & Sons, Inc, 2003.

[17] 刘静．微米、纳米尺度传热学 [M]．北京：科学出版社，2001.

[18] 李德胜，王东红，孙金玮，等．MEMS 技术及其应用［M］．哈尔滨：哈尔滨工业大学出版社，2001．

[19] 何雅玲，陶文铨，唐桂华，等．微通道内流动与换热的数值模拟与实验研究［M］//陶文铨，何雅玲．对流换热及其强化的理论与实验研究最新进展．北京：高等教育出版社，2005.

[20] 陈熙．动力论及其在传热与流动研究中的应用［M］．北京：清华大学出版社，1996.

[21] GAD－ED－HAK M. The fluid mechanics of microdevices－The freeman scholar lecture［J］. ASME Journal of Fluids Engineering，1999，121（1）：5－33.

[22] GUO Z Y，LI Z X. Size effect on single－phase channel flow and heat transfer at microscale［J］. Int J Heat and Fluid Flow，2003，24（2）：284－298.

[23] XUAN Y M，LI Q. Heat transfer enhancement of nanofluids［J］. International Journal of Heat and Fluid Flow，2000，21（1）：58－64.

[24] CHURCHILL S W，BERNSTEIN M. A correlating equation for forced convection from gases and liquids to a circular cylinder in cross flow［J］. ASME J Heat Transfer，1997，99（1）：300－306.

[25] JAKOB M. Heat transfer（Vol. 1）［M］. New York：John Wiley & Sons，Inc，1949.

[26] WHITAKER S. Forced convection heat transfer correlations for flow in pipes，past flat lates，single cylinders，single spheres，and flow in packed bids and tube bundles［J］. AIChE J，1972，18：361－372.

[27] 茹卡乌卡斯 A A. 换热器内的对流换热［M］．马昌文，居滋泉，肖宏才，译．北京：科学出版社，1986.

[28] 顾维藻，神家锐，马重芳，等．强化传热［M］．北京：科学出版社，1990.

[29] WEBB R L. Principle of enhanced heat transfer［M］. 2nd ed. New York：John Wiley & Sons，Inc，2004.

[30] 杨世铭，陶文铨．传热学［M］．3 版．北京：高等教育出版社，1998.

[31] ECKERT E R G，DRAKE R M，Jr. Heat and mass transfer［M］. New York：McGraw－Hill，Inc，1959.

[32] YANG S M，ZHANG Z Z. An experimental study of natural convection heat transfer from a horizontal cylinder in high Rayleigh number laminar and turbulent region［C］//Hewitt G F. Proceedings of the 10th International Heat Transfer Conference. Brighton，Institute of chemical Engineer 1994，7：185－189.

[33] 杨世铭. 自然对流换热基本规律研究的新进展［M］//陶文铨，林汉涛，李长发，等. 传热学的研究与进展．北京：高等教育出版社，1995：17－26.

[34] YANG S M. Improvement of the basic correlating equations and transition criteria of natural convection heat transfer［J］. Heat Transfer－Asian Research，2001，30（4）：293－299.

[35] BEJAN A，LAGE J L. The Prandtl number effect in natural convection along a vertical surface［J］. ASME J Heat Transfer，1990，112：787－790.

[36] 杨世铭．Progress on researches for physical laws of natural convection heat transfer in past decade［M］//陶文铃，何雅玲．对流换热及其强化的理论与实验研究最新进展．北

京：高等教育出版社，2005：1－5.
[37] MCADAMS W H. Heat transmission [M]. 3th ed. New York：McGraw－Hill，Inc，1954.
[38] 杨世铭．细长圆柱体及竖圆管的自然对流传热 [J]. 西安交通大学学报，1980，14（3）：115－131.
[39] CHURCHILL S W. Free convection around immersed bodies [M] //Exchanger design hand book，Section 2. 5. 7. New York：Hemi sphere，1983.
[40] SPARROW E M，CARLSON L K. Local and average natural convection Nusselt numbers for a uniformly heated，shrouded or unshrouded horizontal plate [J]. Int J Heat Mass Transfer，1986，29：369－380.
[41] CHAMBER B，LEE T Y T. A numerical study of local and average natural convection Nusselt numbers for simultaneously convection above and below a uniformly heated horizontal thin plates [J]. ASME J Heat Transfer，1997，119：102－108.
[42] BEJAN A. Heat transfer [M]. New York：John Wiley & Sons，Inc，1995.
[43] OSBORNE D G，INCROPERA F P. Experimental study of mixed convection heat transfer for transitional and turbulent flow between horizontal parallel plates [J]. Int J Heat Mass Transfer，1985，28：1337－1346.
[44] MAUGHAM J R，INCROPERA F P. Mixed convection heat transfer for air flow in a horizontal and inclined channel [J]. Int J Heat Mass Transfer，1987，30：1307－1318.
[45] MATIN H. Heat and mass transfer between impinging gas jets and solid surfaces [M] //Hartnett J P. Advances in Heat Transfer，1977.
[46] VISKANTA R. Heat transfer to isothermal gas and flame jets [J]. Experimental Thermal and Fluid Science，1993，6：111－134.
[47] WEBB B W，MA C F. Single－phase liquid impingement heat transfer [M] //Hartnett J P. Advances in Heat Transfer，1995，26：105－217.
[48] 戴昌晖．流体流动测量 [M]. 北京：航空工业出版社，1991.
[49] 罗惕乾，程兆雪，谢永曜，等．流体力学 [M]. 北京：机械工业出版社，1999.
[50] QU Z G，TAO W Q，HE Y L. Three dimensional numerical simulation on laminar heat transfer and fluid flow characteristics of strip fin surface with X－arrangement of strips [J]. ASME J Heat Transfer，2004，126（3）：698－707.

第 6 章
热辐射的理论基础

6.1 热辐射的基本概念

本节主要介绍辐射换热的一些基本概念，首先热辐射是一种基本的传热方式，辐射换热就是物体通过热辐射交换热量的过程。由于辐射换热与前面讲到的导热和对流换热的区别比较大，因此会出现很多新的概念。简单来说，热辐射就是由于热的原因而产生的电磁波辐射，所以只要有温度的物体都会有热辐射，比如人在烤火，人和火之间就会通过热辐射交换热量，只是火的温度更高，产生的辐射能量也更多。在房间里也一样，所有的物体都在通过热辐射彼此交换热量。因此，可以说发射热辐射能量是各类物质的固有特性。

6.1.1 热辐射的本质和特点

热辐射指的是物质以电磁波形式向外发射能量的现象，其本质原因在于物体内部带电粒子（如电子、质子、离子等）的微观运动或运动状态的改变，进而向外发射光子的能量转化过程。

辐射换热主要有以下特点：

（1）辐射换热可以不依靠物质接触而进行热量传递，而且伴随能量形式的转变，如太阳不停向外辐射能量，就是将热力学能转变为电磁波能再转变为其他物体的热力学能（如地球），而且能量的传递是通过真空进行的。

（2）任何物体，只要温度高于 0 K，就会不停地向周围空间发出热辐射，总的结果是热量由高温传到低温。

（3）辐射具有方向性和选择性，物体在不同方向辐射强度不一定相等，而且辐射能还与波长有关。

（4）辐射的电磁波波长从纳米到数千米，覆盖范围非常广。

由光谱图（图 6－1）可以看出，人类能看见的可见光只是其中非常小的一部分。工业上有实际意义的热辐射区域一般为 0.1～100 μm 这个范围，即热辐射换热通常考虑的波长范围。

另外，物体发射和吸收的能量是不连续的，这也是由普朗克（Planck）于 1900 年提出的量子假设，并给出了能量子（$\varepsilon = h\nu$）的概念，因此热辐射能量只能是能量子的整数倍。

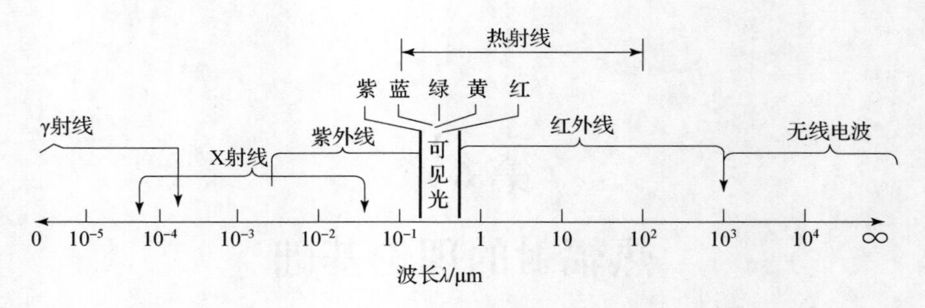

图 6-1　光谱图

由于热辐射也是以电磁波的形式传递的，因此与可见光波段的电磁波一样，辐射能量也存在吸收、反射和透射（图 6-2），因此也可以定义吸收率 α、反射率 ρ 和透射率 τ。

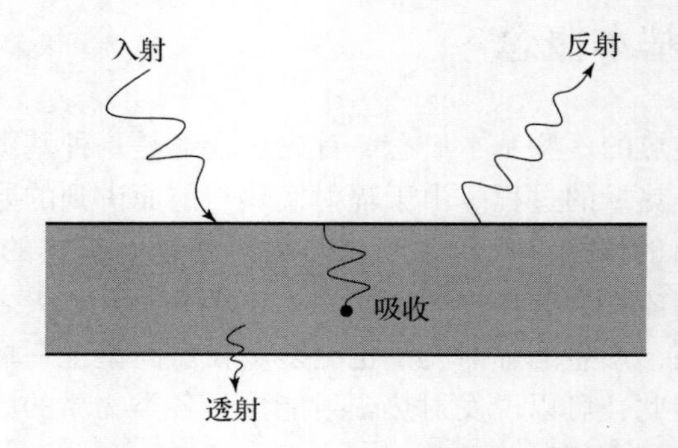

图 6-2　辐射的透射、反射和吸收示意图

根据能量守恒定律，总能量应该等于吸收能量、反射能量和透射能量的总和：

$$G = G_\alpha + G_\rho + G_\tau$$

$$\Rightarrow \frac{G_\alpha}{G} + \frac{G_\rho}{G} + \frac{G_\tau}{G} = 1$$

等式两边同时除以总能量 G，就可以得到吸收率 α、反射率 ρ 和透射率 τ 的和等于 1。

$$\alpha + \rho + \tau = 1$$

通常所说的吸收率、反射率和透射率是对全波长而言的，实际上辐射具有鲜明的光谱特性，若投射能量是某波长下的（单色）辐射，那么针对这个光谱波长的能量有对应的光谱吸收率 α_λ、光谱反射率 ρ_λ 和光谱透射率 τ_λ，它们的和也是 1：

$$\alpha_\lambda + \rho_\lambda + \tau_\lambda = 1$$

这些参数可以体现物体表面的辐射特性，与物质的性质、温度及表面状况有关，另外全波长特性的吸收率、反射率和透射率还与投射能量的波长分布有关，这一点后面还会讲到。一般情况下，实际物体的辐射特性是非常复杂的，因此，辐射换热的研究过程中往往会抽象出一些理想的物理模型，如黑体、白体、透明体等。

（1）黑体：一种理想物体，可以全部吸收投射过来的能量，所以它的吸收率 $\alpha = 1$。

（2）镜体或白体：可以将能量全部反射回去，所以反射率 $\rho = 1$。

（3）透明体：全部透射，所以透射率 $\tau = 1$。

（4）对于大多数固体和液体：透射率$\tau=0$，吸收率加上反射率$\alpha+\rho=1$。

这是因为固体和液体的分子排列都非常紧密，投射辐射能量在进入物体很小的距离内就会被全部吸收，因此透射率基本为零。例如，对于金属导体来说，外部辐射能量的透射距离只有约1 μm。当然，如果固体很薄，厚度可以小于1 μm，甚至只有几十纳米，这时它的透射率就不再为零。

（5）对于不含颗粒的气体：反射率$\rho=0$，$\alpha+\tau=1$。

因为气体分子间距太大，基本没有反射作用，所以气体吸收率加上透射率等于1。

这种黑体、白体和透明体都是理想物体，实际上并不存在，实际物体只能尽量接近，比如煤烟的吸收率=0.96，接近黑体，而高度磨光的纯金反射率可以达到0.98，接近于白体。

黑体对于辐射换热具有至关重要的作用，下面重点介绍一下黑体。

（1）黑体可以吸收投射到表面上的所有热辐射能（包括各个方向、各种波长），是一种理想的吸收体。

（2）黑体表面辐射属于漫辐射，即其各方向发射的辐射是均匀分布的。

（3）人工黑体（图6-3）就是通过研究创造的吸收率接近于1的实际物体，如在一个空腔上开一个小孔，那么从这个小孔入射进去的能量就很难再跑出来，可以近似认为其吸收率为1。

需要注意的是，黑体、白体是针对全波长而言的，与黑色物体、白色物体是不同的概念，因为颜色本身就只是对可见光而言。例如，雪对可见光是良好的反射体，但对红外线几乎全部吸收，雪的红外吸收率可以达到0.985，雪的黑度大概是0.8（黑度的概念很快会讲到，它是衡量物体吸收和发射能力的数值，黑体的黑度为1，其他物体的黑度越接近于1就越像黑体）。

此外，白布和黑布对可见光吸收率不同，但对红外线吸收率基本相同。玻璃可透过可见光，但可以阻挡波长大于3 μm的红外线。所以，需要注意全波长特性与某个波长特性的区分，针对某个波长而言的是光谱特性。

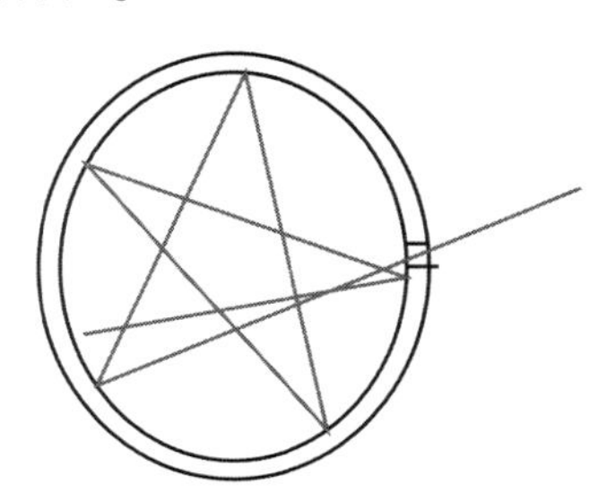

图6-3 人工黑体模型

6.1.2 辐射场的描述

物体的热辐射在空间上的传输分布形成了辐射场，辐射换热在具体计算时，首先要在数学上将辐射场描述出来，因此需要一些专门用于描述辐射场的基本概念，首先就是**立体角**的概念。

1. 立体角 Ω

如图6-4所示，对于一个小的微元辐射表面dA_1，它会向半球所有方向辐射能量。为了描述在某一个方向上的辐射能量，如在垂直微元面方向的某个角度 θ（一般称为纬度角，zenith angle）和微元面水平方向的某个角度 φ（一般称为经度角，azimuth angle），可以在这个方向上纬度角增加 $\mathrm{d}\theta$，经度角增加 $\mathrm{d}\varphi$，取一个微元束，像一个锥体一样，微元束的中心轴表示此微元束的发射方向，那么这个微元束必然在辐射半球面上切割一块面积，这个面积除以球体半径的平方，就称为立体角，单位是球面度（sr）。

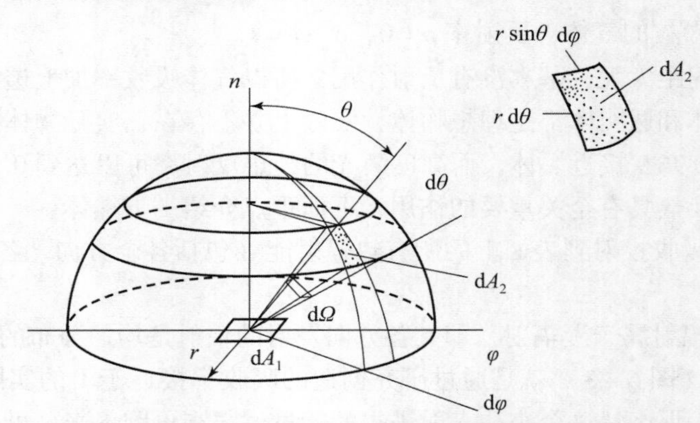

图 6-4　微元面 dA_1 的半球辐射空间

这块在半球上切割的小面积可以近似为矩形，一个边长就是半球上的圆弧长，可以用半径乘以圆心角表示，即 $r\mathrm{d}\theta$，另一个边长是小圆上的弧长，这个小圆的半径就等于大半球半径 r 乘以 $\sin\theta$，那么这段弧长就等于小圆半径（$r\sin\theta$）乘以其所对的圆心角 $\mathrm{d}\varphi$，所以这块小矩形的面积就等于 $r\sin\theta\mathrm{d}\varphi\cdot r\mathrm{d}\theta$，那么根据立体角的定义，微分立体角为

$$\mathrm{d}\Omega=\frac{\mathrm{d}A_2}{r^2}==\frac{r\sin\theta\mathrm{d}\varphi\cdot r\mathrm{d}\theta}{r^2}=\sin\theta\mathrm{d}\theta\mathrm{d}\varphi$$

对于整个半球空间来说，立体角就是微分立体角对水平方向经度角 φ 和垂直方向纬度角 θ 的积分，水平方向 φ 的取值范围是 $0\sim2\pi$，垂直方向 θ 的取值范围是 $0\sim\pi/2$，因此整个半球空间的立体角 Ω 为

$$\Omega=\int_0^{2\pi}\mathrm{d}\varphi\int_0^{\pi/2}\sin\theta\mathrm{d}\theta=2\pi$$

即，环绕发射表面 $\mathrm{d}A_1$ 的半球空间立体角为 2π。

2. 定向辐射强度 $I(\theta,\varphi)$

有了立体角的概念后，才能有效描述物体辐射能的空间分布，例如可以定义单位时间内微元表面 $\mathrm{d}A_1$ 向微元立体角 $\mathrm{d}\Omega$ 内发射的全波长能量为 $\mathrm{d}\Phi$，单位是 W。

在此基础上，还可以定义定向辐射强度 $I(\theta,\varphi)$，即单位时间内，物体在垂直发射方向的单位面积上，在单位立体角内发射的全波长的能量，称为定向辐射强度。由 $\mathrm{d}\Phi$ 可直接得到定向辐射强度 $I(\theta,\varphi)$ 的表达式：

$$I(\theta,\varphi)=\frac{\mathrm{d}\Phi(\theta,\varphi)}{\mathrm{d}A_1\cos\theta\mathrm{d}\Omega}$$

需要特别注意的是，对于 $\mathrm{d}A_1$ 表面，它垂直于发射方向的面积并不一定是 $\mathrm{d}A_1$ 本身，而是 $\mathrm{d}A_1\cos\theta$，所以定向辐射强度的定义式中除以的面积是 $\mathrm{d}A_1\cos\theta$，再除以 $\mathrm{d}\Omega$ 就是单位立体角。

对于各向同性的物体表面，辐射强度与角度 φ 无关，即在物体表面水平方向上没有区别，所以 $I(\theta,\varphi)$ 可以写成 $I(\theta)$。

在定向辐射强度定义中提到了全波长，那么必然还有针对某个波长的光谱定向辐射强度，或者叫单色定向辐射强度：

$$I_\lambda(\theta)=\frac{\mathrm{d}\Phi_\lambda(\theta)}{\mathrm{d}A_1\cos\theta\mathrm{d}\Omega\mathrm{d}\lambda}$$

定义式中多了一个 $\mathrm{d}\lambda$ 项，单位也多了一个 $\mu\mathrm{m}^{-1}$，也说明在计算时波长单位应该用 μm。

3. 辐射力 E

除了定向辐射强度 $I(\theta)$，还有一个辐射力的概念，也是描述物体热辐射能力的重要物理量。其定义为单位时间内，物体的单位表面积向半球空间发射的全波长的能量总和，单位是 $\mathrm{W/m^2}$。

首先，在微元立体角 $\mathrm{d}\Omega$ 内的微元辐射力为 $\mathrm{d}\boldsymbol{E}$，根据定义，微元辐射力应该等于单位时间内，物体的单位表面积向立体角 $\mathrm{d}\Omega$ 内发射的全波长的能量总和。而单位时间内，表面 $\mathrm{d}A_1$ 向立体角 $\mathrm{d}\Omega$ 内发射的全波长的能量总和就是 $\mathrm{d}\boldsymbol{\Phi}$，再除以面积 $\mathrm{d}A_1$，所以微元辐射力就等于 $\mathrm{d}\boldsymbol{\Phi}/\mathrm{d}A_1$，再根据定向辐射强度的定义式，可以得到微元辐射力与定向辐射强度的关系：

$$\mathrm{d}E=\frac{\mathrm{d}\Phi(\theta)}{\mathrm{d}A_1}=\frac{I(\theta)\,\mathrm{d}A_1\cos\theta\,\mathrm{d}\Omega}{\mathrm{d}A_1}=I(\theta)\cos\theta\mathrm{d}\Omega$$

辐射力 E 等于微元辐射力 $\mathrm{d}\boldsymbol{E}$ 对整个半球空间积分，因此可以得到辐射力的定义式：

$$E=\int_0^{2\pi}I(\theta)\cos\theta\mathrm{d}\Omega$$

类似地，还有光谱辐射力 E_λ，即单位波长范围内的辐射力，所以只要把辐射力定义式中的定向辐射强度换成定向光谱辐射强度就可以了：

$$E_\lambda=\int_0^{2\pi}I_\lambda(\theta)\cos\theta\mathrm{d}\Omega$$

光谱辐射力对整个波长范围积分就是辐射力：

$$E=\int_0^{\infty}E_\lambda\mathrm{d}\lambda$$

除了光谱辐射力，还有定向辐射力 E_θ，定义为，单位时间内，物体的单位表面积向半球空间某个方向单位立体角内发射的全波长辐射能，单位是 $\mathrm{W/(m^2\cdot sr)}$。定义中多了一个单位立体角，依然可以从 $\mathrm{d}\boldsymbol{\Phi}$ 出发，它表示单位时间内，表面 A_1 向立体角 $\mathrm{d}\Omega$ 内发射的全波长的能量总和，所以定向辐射力可以直接写成 $\mathrm{d}\boldsymbol{\Phi}/(\mathrm{d}A_1\mathrm{d}\Omega)$，也就等于微元辐射力再除以 $\mathrm{d}\boldsymbol{\Omega}$：

$$E_\theta=\frac{\mathrm{d}\Phi(\theta)}{\mathrm{d}A_1\mathrm{d}\Omega}=\frac{\mathrm{d}E}{\mathrm{d}\Omega}=\frac{I(\theta)\cos\theta\mathrm{d}\Omega}{\mathrm{d}\Omega}=I(\theta)\cos\theta$$

那么，前面讲到的辐射力就等于定向辐射力对半球空间的积分：

$$E=\int_0^{2\pi}E_\theta\mathrm{d}\Omega=\int_0^{2\pi}I(\theta)\cos\theta\mathrm{d}\Omega$$

还有一个光谱定向辐射力 $E_{\lambda\theta}$，从名称就可以看出，它是定向辐射力中又多了光谱项，所以多了一个 $\mathrm{d}\boldsymbol{\lambda}$ 项，单位是 $\mathrm{W/(m^2\cdot sr\cdot\mu m)}$，单位中多了个 $\mu\mathrm{m}^{-1}$。

$$E_{\lambda\theta}=\frac{\mathrm{d}\Phi(\theta)}{\mathrm{d}A_1\mathrm{d}\Omega\mathrm{d}\lambda}=\frac{\mathrm{d}E}{\mathrm{d}\Omega\mathrm{d}\lambda}$$

如果用光谱定向辐射力 $E_{\lambda\theta}$ 来表示辐射力 E，就需要对波长和立体角分别积分：

$$E=\int_0^{2\pi}\int_0^{\infty}E_{\lambda\theta}\mathrm{d}\lambda\mathrm{d}\Omega$$

6.2 黑体辐射基本定律

上一节已经提到黑体是理想的吸收体，可以吸收各个方向、各个波长的全部投射能量。同时，黑体的发射本领也最大。物体的辐射换热都是以黑体作为标准，因此黑体是辐射换热中最重要的概念，其辐射的基本定律可以归结为三个：普朗克定律、斯蒂芬－玻尔兹曼定律和兰贝特定律。它们分别描述了黑体辐射的总能量，及其按波长的分布、按空间的分布规律。

6.2.1 普朗克定律

1900 年，普朗克在量子理论的基础上改进了 1896 年由威廉·维恩提出的维恩近似，揭示了真空中黑体的光谱辐射力 $E_{\mathrm{b}\lambda}$ 与波长 λ、热力学温度 T 之间的函数关系，并提出了能量子 $\varepsilon=h\nu$ 的概念，获得了 1918 年诺贝尔物理学奖。

$$E_{\mathrm{b}\lambda}=\frac{c_1\lambda^{-5}}{\mathrm{e}^{\frac{c_2}{(\lambda T)}}-1}$$

注意这里的辐射力是光谱辐射力，所以单位是 W/(m² · μm)。公式中波长的单位是 μm，温度单位是热力学温度开尔文，除了波长和温度，还有两个常数 c_1 和 c_2，分别称为普朗克第一常数和普朗克第二常数。c_1 为普朗克第一常数，值为 3.742×10^8 W · μm⁴/m²；c_2 为普朗克第二常数，值为 1.4388×10^4 μm · K。

维恩近似在短波范围内与实验数据符合很好，但在长波范围内偏差较大。普朗克得到的改进公式在全波段范围内都可以准确描述实验结果。在理论推导过程中，普朗克认为电磁场的能量就是物质中带电振子的不同振动模式分布，而且要得到普朗克公式，这些振子的能量只能取某些基本能量单位的整数倍，这些基本能量单位即能量子（$\varepsilon=h\nu$），只与电磁波的频率有关，并且和频率成正比。根据普朗克定律，可以画出黑体的光谱辐射力 $E_{\mathrm{b}\lambda}$ 与波长 λ 和温度 T 的相关曲线，如图 6－5 所示。

图 6－5 中横坐标是波长 λ，纵坐标是黑体光谱辐射力 $E_{\mathrm{b}\lambda}$，那么对应某一个温度 T 就可以画出一条曲线，如温度 $T=100$ K 时，就是图 6－5 中最下面这条曲线。这些曲线就代表了黑体辐射的主要特征：首先，黑体辐射的波谱都是这样连续的曲线；其次，对于任一波长，温度越高，黑体光谱辐射力越强；在同一温度下的黑体光谱辐射力存在一个最大值，对应一个最大辐射波长 $\lambda_{\max}$，即存在一个光谱辐射力的极值点；而且，温度越高，这个极值点对应的最大辐射波长 $\lambda_{\max}$ 越向短波长方向移动（即通常所说的蓝移），即温度越高，$\lambda_{\max}$ 越小。

实际上最大辐射波长 $\lambda_{\max}$ 与对应温度 T 的乘积是一个常数，这也是维恩于 1891 年提出的维恩位移定律：

$$\lambda_{\max}T=2\,898\ \mu\mathrm{m}\cdot\mathrm{K}$$

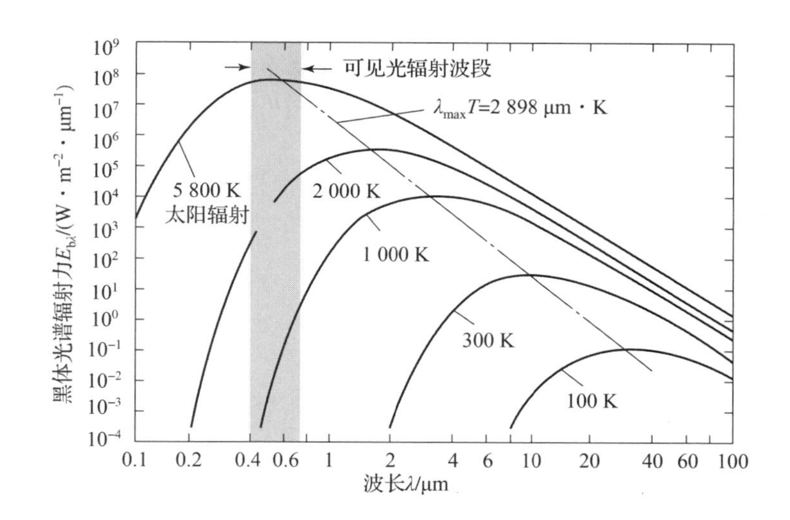

图 6 –5　普朗克定律图示

因此随着温度升高，辐射峰值波长必然减小，而且是可以计算的。因此，在温度很难测量的情况下，也可以根据物体辐射的峰值波长来计算温度，比如某黑体表面光谱辐射波长可以直接通过光谱仪测量，从而得到黑体表面的温度。如果假设太阳为黑体，可以测到太阳辐射的最大光谱辐射力对应的波长 λ_{max} 为 0.5 μm，那么根据维恩位移定律，很容易算出其表面温度约为 5 800 K。

实际上，太阳所发射的辐射能约 44% 在可见光范围，$\lambda = 0.38 \sim 0.76$ μm，所以有时还可以直接根据物体的颜色判断物体的温度。根据维恩位移定律，物体的温度越高，其辐射的峰值波长越短，温度足够高时，如 1 000 K 以上就会有可见光辐射。例如加热炉中铁块，在升温过程中，最开始温度低于 800 K 时，辐射主要是红外线，没有可见光，人眼看不到，所以是暗黑色。随着温度升高，可见光辐射增加，铁块颜色逐渐变为暗红、鲜红、橘黄、亮白色。实际上以前有经验的炼钢工人通常都是通过颜色判断钢水的温度的，先看到波长较长的红色，1 000 ℃时为鲜红色，1 500 ℃时为玫瑰色，3 000 ℃时为橙黄色，看起来为白色时的温度要到 12 000 ~ 15 000 ℃。

6.2.2　斯蒂芬 – 玻尔兹曼定律

斯蒂芬 – 玻尔兹曼（Stefan – Boltzman）定律：斯蒂芬在 1879 年通过实验总结确定了黑体辐射力 E_b 与温度 T 的四次方成正比的关系，1884 年，玻尔兹曼又用热力学理论对其进行了证明。实际上斯蒂芬 – 玻尔兹曼定律也可以通过对普朗克定律描述的光谱辐射力进行积分求出。普朗克定律表达的是黑体光谱辐射力，所以黑体辐射力就是光谱辐射力对整个光谱范围进行积分。

$$E_b = \int_0^{\infty} E_{b\lambda} d\lambda = \int_0^{\infty} \frac{c_1 \lambda^{-5}}{e^{\frac{c_2}{(\lambda T)}} - 1} d\lambda = \sigma T^4$$

式中，常数 $\sigma = 5.67 \times 10^{-8}$ W/(m² · K⁴)，称为斯蒂芬 – 玻尔兹曼常数，斯蒂芬 – 玻尔兹曼定律将是学习辐射换热计算时最常用的公式。

如果要计算某个黑体在给定温度下的辐射力，可以直接通过斯蒂芬－玻尔兹曼定律进行计算，但在辐射换热计算中，常常还需要计算黑体在某个给定波段中所发射的辐射能，或计算黑体在给定波段中所发射的辐射能占全波段辐射能的份额（图6－6），此时通常需要用到黑体辐射函数。

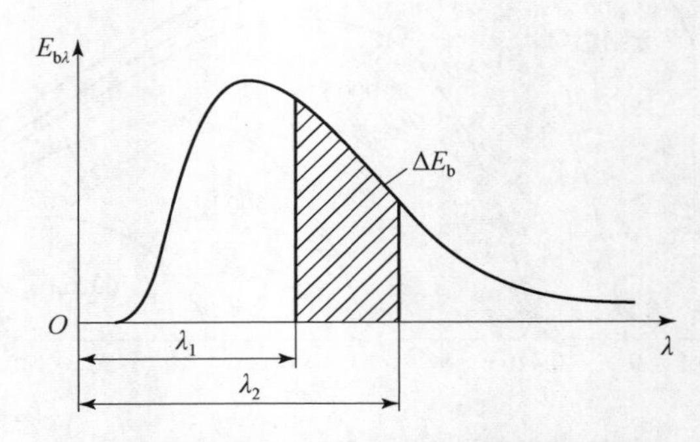

图6－6　特定波长区段内的黑体辐射力

黑体辐射力是黑体光谱辐射力在整个光谱范围内的积分，因此，在某个特定波长区段内的黑体辐射力依然可以通过普朗克定律中的光谱辐射力的积分来得到，如黑体在波长 λ_1 和 λ_2 区段内所辐射的能量，就是光谱辐射力在波长 $\lambda_1 \sim \lambda_2$ 区段范围内的积分：

$$E_{b(\lambda_1 \sim \lambda_2)} = \int_{\lambda_1}^{\lambda_2} E_{b\lambda} \mathrm{d}\lambda$$

但是计算时，直接积分比较麻烦，一般通过黑体辐射函数 F_b 来计算。黑体辐射函数表示，在某温度下，黑体波段辐射力占黑体总辐射力的比例，因此所谓黑体辐射函数实际上是一个比例系数。例如波长 $\lambda_1 \sim \lambda_2$ 区段内的黑体辐射函数就等于这一段内的波段辐射力和黑体辐射力的比值：

$$F_{b(\lambda_1 \sim \lambda_2)} = \frac{\int_{\lambda_1}^{\lambda_2} E_{b\lambda} \mathrm{d}\lambda}{\int_0^{\infty} E_{b\lambda} \mathrm{d}\lambda} = \frac{1}{\sigma T^4} \int_{\lambda_1}^{\lambda_2} E_{b\lambda} \mathrm{d}\lambda$$

式中的分母就是斯蒂芬－玻尔兹曼定律中的黑体辐射力，而 $E_{b\lambda}$ 是普朗克定律中的黑体光谱辐射力。将普朗克定律给出的 $E_{b\lambda}$ 表达式代入后，可得

$$F_{b(\lambda_1 \sim \lambda_2)} = \int_{\lambda_1}^{\lambda_2} \frac{c_1}{\sigma T^4 [\lambda^5 (\mathrm{e}^{\frac{c_2}{\lambda T}} - 1)]} \mathrm{d}\lambda = \int_{\lambda_1 T}^{\lambda_2 T} \frac{c_1/\sigma}{(\lambda T)^5 (\mathrm{e}^{\frac{c_2}{\lambda T}} - 1)} \mathrm{d}(\lambda T)$$

$$= \int_0^{\lambda_2 T} \frac{c_1/\sigma}{(\lambda T)^5 (\mathrm{e}^{\frac{c_2}{\lambda T}} - 1)} \mathrm{d}(\lambda T) - \int_0^{\lambda_1 T} \frac{c_1/\sigma}{(\lambda T)^5 (\mathrm{e}^{\frac{c_2}{\lambda T}} - 1)} \mathrm{d}(\lambda T) = F_{b(0 \sim \lambda_2 T)} - F_{b(0 \sim \lambda_1 T)}$$

最后可以得到波长 $\lambda_1 \sim \lambda_2$ 区段内的黑体辐射函数等于 $0 \sim \lambda_2 T$ 的黑体辐射函数减去 $0 \sim \lambda_1 T$ 的黑体辐射函数，而这两个辐射函数是可以通过查表直接得到的（表6－1），注意此时的自变量为波长 λ 与温度 T 的乘积。

表 6－1　黑体辐射函数部分取值

$\lambda T/(\mu m \cdot K)$	$F_{b(0\sim\lambda)}$	$\lambda T/(\mu m \cdot K)$	$F_{b(0\sim\lambda)}$	$\lambda T/(\mu m \cdot K)$	$F_{b(0\sim\lambda)}$	$\lambda T/(\mu m \cdot K)$	$F_{b(0\sim\lambda)}$
1 000	0.00 32	3 800	0.443 36	6 600	0.783 16	10 800	0.928 72
1 100	0.000 91	3 900	0.462 40	6 700	0.789 75	11 000	0.931 84
1 200	0.002 13	4 000	0.480 85	6 800	0.796 09	11 200	0.934 79
1 300	0.004 32	4 100	0.498 72	6 900	0.802 19	11 400	0.937 58
1 400	0.007 79	4 200	0.515 99	7 000	0.808 07	11 600	0.940 21
1 500	0.012 85	4 300	0.532 67	7 100	0.813 73	11 800	0.942 70
1 600	0.019 72	4 400	0.548 77	7 200	0.819 18	12 000	0.945 05
1 700	0.028 53	4 500	0.564 29	7 300	0.824 43	12 200	0.947 28
1 800	0.039 34	4 600	0.579 25	7 400	0.829 49	12 400	0.949 39
1 900	0.052 10	4 700	0.593 66	7 500	0.834 36	12 600	0.951 39
2 000	0.066 72	4 800	0.607 53	7 600	0.839 06	12 800	0.953 29
2 100	0.083 05	4 900	0.620 88	7 700	0.843 59	13 000	0.955 09
2 200	0.100 88	5 000	0.633 72	7 800	0.847 96	13 200	0.956 80
2 300	0.120 02	5 100	0.646 06	7 900	0.852 18	13 400	0.958 43
2 400	0.140 25	5 200	0.657 94	8 000	0.856 25	13 600	0.959 98
2 500	0.161 35	5 300	0.669 35	8 200	0.863 96	13 800	0.961 45
2 600	0.183 11	5 400	0.680 33	8 400	0.871 15	14 000	0.962 85
2 700	0.205 35	5 500	0.690 87	8 600	0.877 86	14 200	0.964 18
2 800	0.227 88	5 600	0.701 01	8 800	0.884 13	14 400	0.965 46
2 900	0.250 55	5 700	0.710 76	9 000	0.889 99	14 600	0.966 67
3 000	0.273 22	5 800	0.720 12	9 200	0.895 47	14 800	0.967 83
3 100	0.295 76	5 900	0.729 13	9 400	0.900 90	15 000	0.968 93
3 200	0.318 09	6 000	0.737 78	9 600	0.905 41	15 200	0.969 99
3 300	0.340 09	6 100	0.746 10	9 800	0.909 92	15 400	0.971 00
3 400	0.361 72	6 200	0.754 10	10 000	0.914 15	15 600	0.971 96
3 500	0.382 90	6 300	0.761 80	10 200	0.918 13	15 800	0.972 88
3 600	0.403 59	6 400	0.769 20	10 400	0.921 88	16 000	0.973 77
3 700	0.423 75	6 500	0.776 31	10 600	0.925 40	16 200	0.974 61

续表

$\lambda T/(\mu m \cdot K)$	$F_{b(0\sim\lambda)}$	$\lambda T/(\mu m \cdot K)$	$F_{b(0\sim\lambda)}$	$\lambda T/(\mu m \cdot K)$	$F_{b(0\sim\lambda)}$	$\lambda T/(\mu m \cdot K)$	$F_{b(0\sim\lambda)}$
16 400	0. 975 42	19 200	0. 983 87	30 000	0. 995 29	44 000	0. 998 42
16 600	0. 976 20	19 400	0. 984 31	31 000	0. 995 71	45 000	0. 998 51
16 800	0. 976 94	19 600	0. 984 74	32 000	0. 996 07	46 000	0. 998 61
17 000	0. 977 65	19 800	0. 985 15	33 000	0. 996 40	47 000	0. 998 69
17 200	0. 978 34	20 000	0. 985 55	34 000	0. 996 69	48 000	0. 998 77
17 400	0. 978 99	21 000	0. 987 35	35 000	0. 996 95	49 000	0. 998 84
17 600	0. 979 62	22 000	0. 988 86	36 000	0. 991 19	50 000	0. 998 90
17 800	0. 980 23	23 000	0. 990 14	37 000	0. 997 40	60 000	0. 999 40
18 000	0. 980 81	24 000	0. 991 23	38 000	0. 997 59	70 000	0. 999 60
18 200	0. 981 37	25 000	0. 992 17	39 000	0. 997 76	80 000	0. 999 70
18 400	0. 981 91	26 000	0. 992 97	40 000	0. 997 92	90 000	0. 999 80
18 600	0. 982 43	27 000	0. 993 67	41 000	0. 998 06	100 000	0. 999 90
18 800	0. 982 93	28 000	0. 994 29	42 000	0. 998 19		
19 000	0. 983 40	29 000	0. 994 82	43 000	0. 998 31		

该表给出了部分不同的波段黑体辐射函数的取值，针对具体的 λT 值可以直接查到与其对应的波段辐射函数，从而计算黑体在某个波长 $\lambda_1 \sim \lambda_2$ 区段内所辐射的能量。所以，波段辐射力就可以直接通过黑体辐射函数以及黑体辐射力计算得出。

$$E_{b(\lambda_1\sim\lambda_2)} = F_{b(\lambda_1\sim\lambda_2)} E_b = (F_{b(0\sim\lambda_2 T)} - F_{b(0\sim\lambda_1 T)})\sigma T^4$$

例如，要计算某个温度为 1 000 K 的物体，1 ~ 2 μm 范围的波段辐射力，那么此时 $\lambda_1 T =$ 1 000 μm · K，$\lambda_2 T =$ 2 000 μm · K，可以分别查出黑体辐射函数 $F_1 = 0.000\ 32$，$F_2 = 0.066\ 72$，因此该波段的黑体辐射力为

$$E_{b(\lambda_1\sim\lambda_2)} = (0.066\ 72 - 0.000\ 32)\sigma T^4$$

6.2.3 兰贝特定律

黑体辐射的第三个基本定律是兰贝特（Lambert）定律，主要内容为：对于黑体或漫辐射表面，其辐射强度 I 在空间各个方向上都相等。写成表达式形式就是不同角度的辐射强度都相等，都等于法向辐射强度 I_n，也等于一个确定的常数（图 6 - 7）：

$$I(\theta_1) = I(\theta_2) = \cdots = I_n = I = \text{const}$$

由上一节辐射力部分已知，定向辐射力与定向辐射强度之间的关系：

$$E_\theta = I(\theta)\cos\theta$$

因此，兰贝特定律还可以用定向辐射力 E_θ 等于法向辐射力的余弦值表示：

$$E_\theta = I(\theta) \cdot \cos\theta = I_n \cos\theta = E_n \cos\theta$$

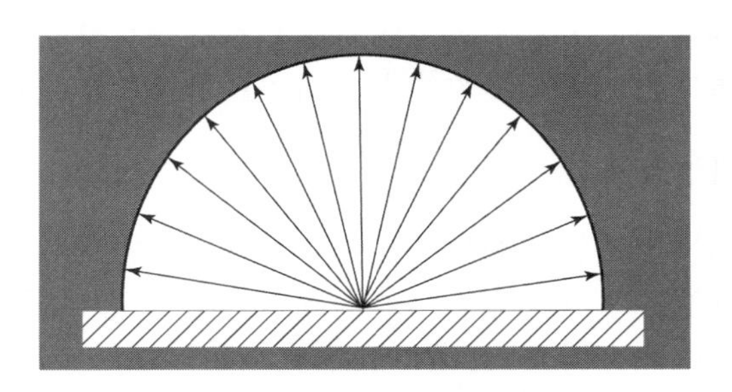

图 6－7　黑体辐射各方向的辐射强度相等

这是因为，首先定向辐射力 E_θ 等于定向辐射强度 $I(\theta)$ 乘以 $\cos\theta$，而定向辐射强度 $I(\theta)$ 与法向辐射强度 I_n 相等，因此，定向辐射力也就等于法向辐射强度 I_n 乘以 $\cos\theta$，又因为在法线方向上 $\cos\theta=1$，所以法线方向上辐射力 E_n 与辐射强度 I_n 相等（$E_n=I_n\times1$），从而可以得到定向辐射力 E_θ 等于法向辐射力 E_n 乘以 $\cos\theta$，这也是兰贝特定律的另一种表达方式，所以兰贝特定律也称为余弦定律。

基于兰贝特定律，可导出黑体表面或漫辐射表面的辐射力 E 与辐射强度 I 的关系。首先辐射力 E 等于定向辐射力 E_θ 对半球空间的积分，而定向辐射力也可以表示成定向辐射强度乘以 $\cos\theta$，因此：

$$E=\int_0^{2\pi}E_\theta\mathrm{d}\Omega=\int_0^{2\pi}I(\theta)\cos\theta\mathrm{d}\Omega$$

式中，立体角 $\mathrm{d}\Omega$ 按照定义是面积与半径平方的比值，即 $\mathrm{d}\Omega=\frac{\mathrm{d}A_c}{r^2}=\sin\theta\mathrm{d}\theta\mathrm{d}\varphi$，而整个积分就是对两个角度的积分，定向辐射强度 $I(\theta)$ 是常数，可以写成两个角度的表达式：

$$\begin{aligned}E&=\int_{\theta=0}^{\pi/2}\int_{\varphi=0}^{2\pi}I(\theta)\cos\theta\sin\theta\mathrm{d}\theta\mathrm{d}\varphi\\&=I\int_{\theta=0}^{\pi2}\int_{\varphi=0}^{2\pi}\cos\theta\sin\theta\mathrm{d}\theta\mathrm{d}\varphi\\&=I\int_{\theta=0}^{\pi/2}\cos\theta\sin\theta\mathrm{d}\theta\int_{\varphi=0}^{2\pi}\mathrm{d}\varphi\\&=\pi I\end{aligned}$$

根据兰贝特定律，黑体表面或漫辐射表面的定向辐射强度 $I(\theta)$ 各个方向相等且为常数，因此可以提到积分外面，然后直接计算角度积分，最后积分计算结果就等于 πI。

所以可以得到一个比较重要的结论：对于黑体表面或漫辐射表面，辐射力 E 是任意方向辐射强度 I 的 π 倍。也可以说黑体辐射强度 I 就等于黑体辐射力再除以 π。该关系在辐射换热计算中也会经常用到。

6.3　实际物体的辐射特性

与黑体相比，实际物体的辐射特性相对复杂，其光谱辐射力 E_λ 随波长变化过程往往是不规则的，不符合普朗特定律，而且实际物体辐射按空间方向的分布也不符合兰贝特定律。为了表述实际物体与黑体辐射性能的差异，会引入适当的参数，例如用发射率来表示实际物体表面相对于黑体表面的辐射能力。本节主要对这些参数进行介绍，并引入灰体和漫辐射表面的概念，以及揭示物体发射能力与吸收能力之间关系的基尔霍夫定律。

6.3.1 实际物体的发射率

在相同温度下，黑体发射热辐射的能力最强，包括所有方向和所有波长，而实际物体表面的辐射能力都要低于同温度下的黑体。物体的辐射能力 E 与同温度下黑体辐射力 E_b 的比值，就定义为发射率 ε（也称为黑度），用以表示实际物体辐射接近黑体的程度。

$$\varepsilon = \frac{E}{E_b} = \frac{E}{\sigma T^4}$$

根据斯蒂芬－玻尔兹曼定律，黑体辐射力 E_b 等于 σT^4，只要知道了黑体温度是可以直接计算的，所以实际物体的辐射力 E 往往是通过已知的发射率 ε，以及黑体辐射力 E_b 计算得出的。

通过普朗克定律可知，黑体光谱辐射力曲线都是平滑的曲线，而实际物体的光谱辐射力随波长和温度的变化通常是不规则的，与黑体有明显区别，而且辐射力数值比黑体小，所以都在黑体辐射曲线的下方（图6－8）。因此有对应的光谱发射率（光谱黑度）ε_λ，定义为实际物体光谱辐射能力与同温度下黑体的光谱辐射力的比值，即

$$\varepsilon_\lambda = \frac{E_\lambda(\lambda, T)}{E_{b\lambda}(\lambda, T)}$$

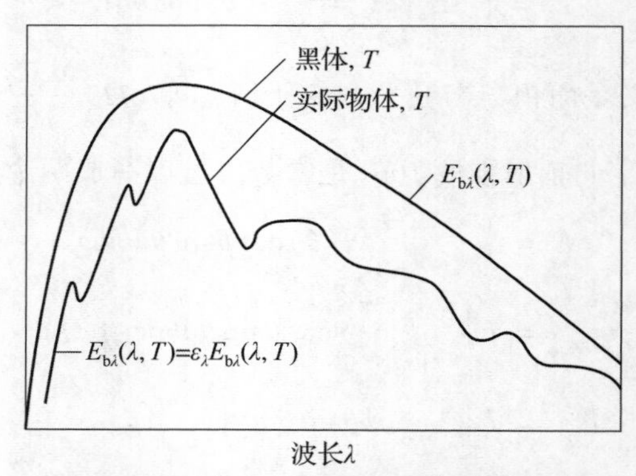

图6－8 黑体与实际物体光谱辐射曲线

黑体在各个波长的光谱发射率都是常数1，而实际物体在不同波长的发射率 ε_λ 是不规则变化的（图6－9），为了简化计算，经常把实际物体近似为灰体。灰体的光谱发射率是小于1的某一常数，类似于实际物体的平均值。

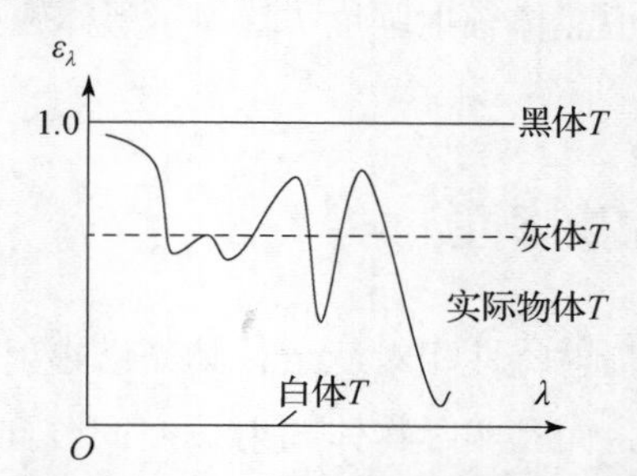

图6－9 实际物体、黑体和灰体的光谱发射率

由于辐射力 E 可以用光谱辐射力 E_λ 表示，所以发射率也可以用光谱辐射力 E_λ 来表示：

$$\varepsilon = \frac{E(T)}{E_b(T)} = \frac{\int_0^\infty E_\lambda \mathrm{d}\lambda}{\sigma T^4} = \frac{\int_0^\infty \varepsilon_\lambda E_{b\lambda} \mathrm{d}\lambda}{\sigma T^4}$$

式中，实际物体辐射力 E 等于其光谱辐射力 E_λ 对波长的积分，而光谱辐射力 E_λ 又等于光谱发射率 ε_λ 乘以黑体光谱辐射力 $E_{b\lambda}$。

黑度 ε 的大小用来表征实际物体的辐射能力与同温度黑体辐射能力的接近程度，ε 越接近于1，就越类似于黑体。从光谱辐射力曲线（图6－8）中也可以看到，黑体光谱辐射力曲线肯定要高于同温度下的实际物体，光谱辐射力的积分实际上就是光谱辐射力曲线所包围的面积，所以黑度实际上就是实际物体光谱辐射力曲线下的面积与黑体光谱辐射力曲线下的面积之比。

黑度是物体的固有属性，取决于物体本身的条件，如物体的种类、表面状况和温度等。实际物体的辐射力，往往是通过黑度与黑体辐射力的乘积来获得的，单位仍然是 W/m^2。

由兰贝特定律可知，对于黑体或漫辐射表面，其定向辐射强度各方向相等，而且等于黑体辐射力 E_b 除以 π。但是，实际物体不是漫辐射表面，各方向上辐射强度并不相等，因此还需引入定向发射率或者定向黑度的概念。

实际物体的定向发射率或者定向黑度 ε_θ 等于实际物体的定向辐射力 E_θ 除以同温度下黑体的定向辐射力 $E_{b\theta}$。定向辐射力又等于定向辐射强度乘以 $\cos\theta$，所以定向发射率 ε_θ 还可以用定向辐射强度 I_θ 的比值来表示。

$$\varepsilon_\theta = \frac{E_\theta(T)}{E_{b\theta}(T)} = \frac{I_\theta \cos\theta}{I_{b\theta}\cos\theta} = \frac{I_\theta}{I_b} = f(\theta)$$

$$= \frac{\text{实际物体的定向辐射力}}{\text{同温度下黑体的定向辐射力}}$$

对于金属来说，其定向发射率 ε_θ 随发射角度增大而增大，从图6－10中可以看到，发射角度在0°～50°时，定向发射率基本为定值，如金属铬（Cr）在0°～50°这段角度范围内，定向发射率 ε_θ 都为0.06，但大于50°后，定向发射率迅速增大，Cr在80°时定向发射率已经增加一倍以上，达到0.14。另外，对于同一种金属，其表面状况不同，定向发射率也不同，如磨光的镍比无光泽的镍发射率高。

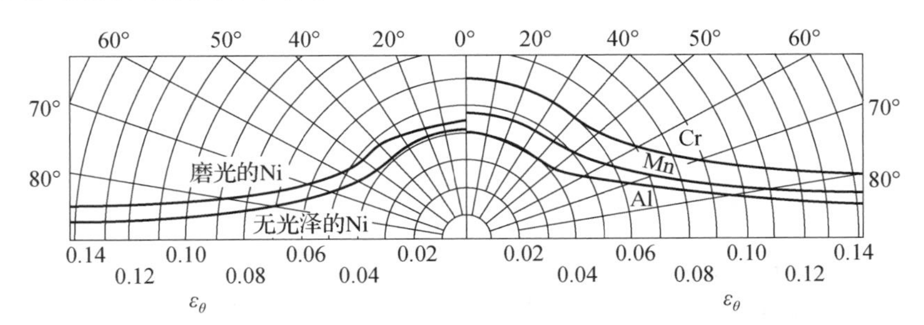

图6－10　几种金属材料在不同方向上的定向发射率 ε_θ（温度为150 ℃）

对于非金属来说（图6－11），在0°～60°范围内，定向发射率 ε_θ 也基本为常数，这点与金属类似，因此，在这段范围内可看作漫辐射体，但在60°以后，与金属相反，定向发射率迅速减小，在90°附近趋于零。

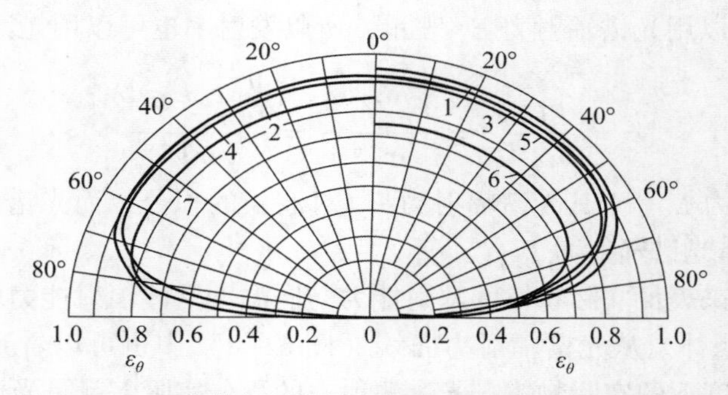

图 6－11　几种非金属材料在不同方向上的定向发射率 ε_θ

1—潮湿的冰；2—木材；3—玻璃；4—纸；5—黏土；6—氧化铜；7—氧化铝

可见，实际物体的发射率在不同方向是不同的，因此，实际物体的发射率通常按平均值计算，如果已知物体的法向发射率 ε_n，那么实际物体半球平均发射率 ε 与法向发射率 ε_n 的关系可以做近似考虑。如果是金属表面，由于角度越大发射率越高，所以平均发射率 ε 会偏高，$\varepsilon=(1.0\sim1.3)\varepsilon_n$（高度磨光的表面发射率更高，所以取上限）。如果是非金属表面，平均发射率会偏小，$\varepsilon=(0.95\sim1.00)\varepsilon_n$（粗糙表面取上限）。

由此可知，不同材料的平均发射率虽然略有差别，但与法向发射率相比，总体上差别不大。所以，对于大多数工程材料，在实际计算中往往不考虑定向发射率 ε_θ 的变化细节，而近似认为其服从兰贝特定律（即漫辐射表面），即近似认为各个方向发射率相等。

本节主要讲了什么是实际物体的发射率，也叫黑度，以及相应的光谱发射率、定向发射率等，如果要计算实际物体的辐射力，一般使用物体的发射率或黑度乘以黑体辐射力，而且这个发射率通常取平均发射率（即近似认为实际物体辐射表面就是漫辐射表面）。

6.3.2　实际物体的吸收特性

在吸收方面，实际物体也与黑体有很大差别，首先，实际物体对投入辐射不能完全吸收，即吸收率不等于1。而且，投入辐射本身具有光谱特性，因此，实际物体对投入辐射的吸收能力也根据投入辐射波长的不同而变化，称为选择性吸收。为了表达物体的吸收特性，定义了物体的吸收率，即物体吸收的能量与投入辐射的总能量的比值，通常用 α 表示。

$$\alpha=\frac{\text{吸收的能量}}{\text{投入的能量(投入辐射)}}$$

物体对某一特定波长的辐射能所吸收的比例，称为光谱吸收率，也叫单色吸收率，可以用 $\alpha(\lambda)$ 表示：

$$\alpha(\lambda)=\frac{\text{吸收的某一特定波长的能量}}{\text{投入的某一特定波长的能量}}$$

光谱吸收率 $\alpha(\lambda)$ 随波长的变化就体现了实际物体的选择性吸收特性。不同材料具有不同的光谱吸收率，如金属的吸收率较低，通常在0.2以下，偶尔会有特殊的吸收峰值（图6－12（a）），非金属在波长3 μm以上具有较高的吸收率（图6－12（b））。因此，实际物体的吸收率 α 不仅取决于物体本身材料的种类、温度及表面特性，还与投入辐射的波长分布有关。

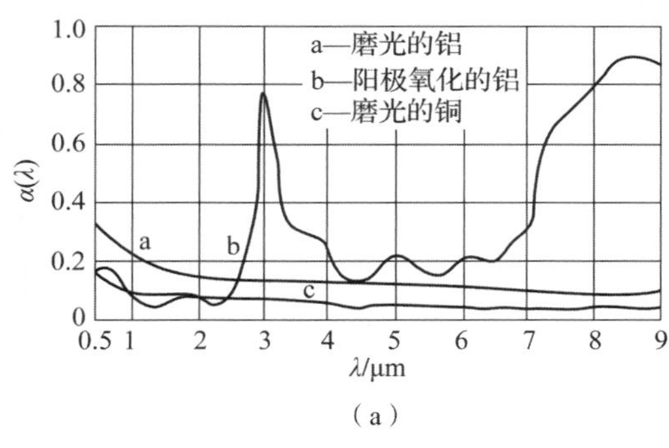

（a）

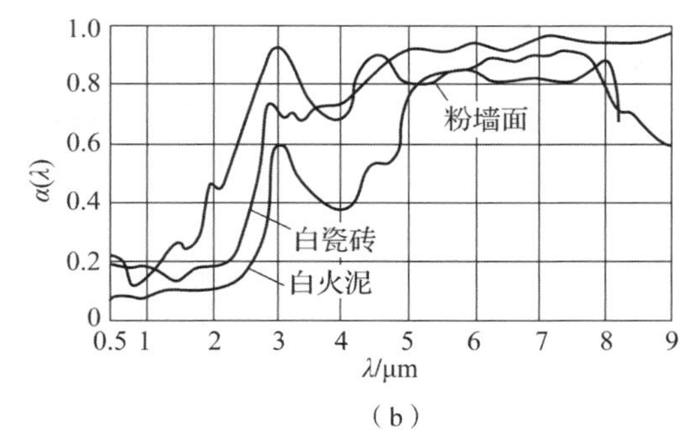

（b）

图 6-12　光谱吸收率与波长的关系

（a）金属材料；（b）非金属材料

可见，物体表面吸收率 α 比发射率 ε 更复杂，根据吸收率的定义，吸收率等于吸收的总能量比上投入的总能量，其中吸收的总能量可以用光谱吸收率乘以光谱辐射的积分来表示，而投入的总能量就是光谱辐射直接对波长积分。

$$\alpha = \frac{\text{吸收的总能量}}{\text{投入的总能量}} = \frac{\int_0^{\infty} \alpha_\lambda G_\lambda \mathrm{d}\lambda}{\int_0^{\infty} G_\lambda \mathrm{d}\lambda}$$

式中，G_λ 表示波长为 λ 的投入辐射，单位是 $\mathrm{W/(m^2 \cdot \mu m)}$。如果光谱吸收率 α_λ 为常数，则可以提到积分号外面，此时总体吸收率 α 等于光谱吸收率 α_λ。这种条件下，吸收率 α 只与吸收表面本身的性质有关，而与投射表面无关。

实际上，光谱吸收率 α_λ 与波长无关的物体（同样，它的光谱发射率 ε_λ 也与波长无关），就是所谓的"灰体"。所以灰体的吸收率在各个波长都是小于 1 的常数（图 6-13）。下一节，通过基尔霍夫定律可知，灰体的光谱吸收率与光谱发射率是相等的。

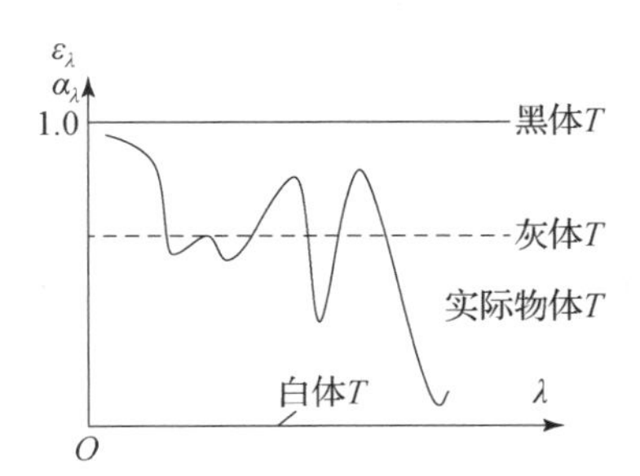

图 6-13　实际物体、黑体和灰体的光谱发射率和光谱吸收率

与黑体一样，自然界中也并不存在灰体，是实际物体的理想化。灰体与黑体的区别就是，黑体的吸收率和发射率都等于 1，而灰体是吸收率和发射率都小于 1 的常数。通常，实际物体在红外波长范围内可近似看作灰体，因为在这个波段物体的光谱吸收率基本一致。对于大部分工程问题，材料热辐射都处于红外线范围，所以都可以采用灰体假设进行换热计算。

6.3.3　基尔霍夫定律

1859 年基尔霍夫揭示了物体发射辐射的能力与吸收辐射的能力之间的关系，即物体同样温度下的光谱定向发射率与光谱定向吸收率是相等的。

$$\varepsilon_{\lambda,\theta,T}=\alpha_{\lambda,\theta,T}$$

为了证明这个关系，可以假设某个表面 dA_1 放置在黑体空腔中，二者处于热平衡状态(彼此交换的热量相同)。

那么单位时间内，从某个给定方向 θ 在 $d\lambda$ 波长范围内，由黑体腔上微元表面 dA_2 投射到 dA_1 表面上的能量 $dG_{i,\lambda,\theta}$ 为（图 6 - 14）：黑体定向光谱辐射强度 $I_{b\lambda,T}$ 乘以微元表面的面积 dA_2，再乘以立体角 $d\Omega$，再乘以波长范围 $d\lambda$。

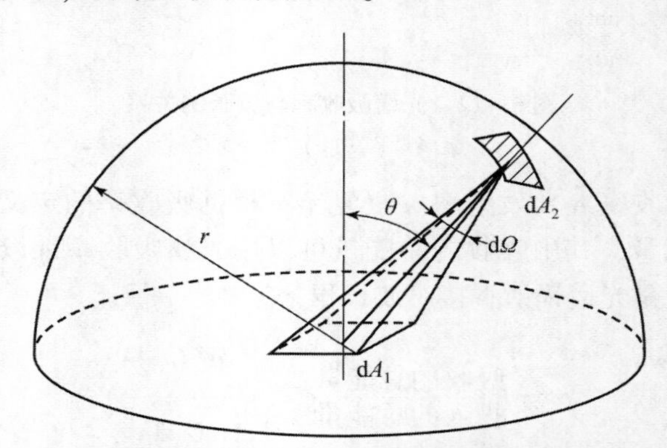

图 6 - 14　微元面 dA_2 向 dA_1 表面投射辐射示意图

$$dG_{i,\lambda,\theta}=I_{b\lambda,T}\cdot dA_2\cdot d\Omega\cdot d\lambda$$

式中，立体角 $d\Omega$ 等于面积除以半径平方，这里需要注意面积必须是垂直于发射方向，即球体空腔半径方向的面积，所以要用 dA_1 乘以 $\cos\theta$，那么立体角 $d\Omega$ 就可以表示为

$$d\Omega=\frac{dA_1\cos\theta}{r^2}$$

再将其代入能量 $dG_{i,\lambda,\theta}$ 的表达式，即由黑体微元表面 dA_2 投射过来的能量可以改写成

$$dG_{i,\lambda,\theta}=I_{b\lambda,T}\cdot dA_2\cdot\frac{dA_1\cos\theta}{r^2}\cdot d\lambda$$

由于 dA_1 表面不是黑体表面，黑体微元面 dA_2 投射过来的能量并没有被 dA_1 表面完全吸收，假设 dA_1 表面的光谱定向吸收率为 $\alpha_{\lambda,\theta,T}$，那么被 dA_1 表面吸收的能量为

$$dG_{a,\lambda,\theta}=\alpha_{\lambda,\theta,T}\cdot dG_{i,\lambda,\theta}=\alpha_{\lambda,\theta,T}\cdot I_{b\lambda,T}\cdot dA_2\cdot\frac{dA_1\cos\theta}{r^2}\cdot d\lambda$$

另一方面，dA_1 表面在单位时间内，朝着 θ 方向，在波长 $d\lambda$ 范围内发射的能量(图 6 - 15)为

$$d\Phi_{e,\lambda,\theta}=I_{\lambda,\theta,T}\cdot dA_1\cos\theta\cdot d\omega\cdot d\lambda$$

即定向光谱辐射强度 $I_{\lambda,\theta,T}$ 乘以微元辐射面积 $dA_1\cos\theta$，再乘以立体角 $d\omega$，再乘以波长范围 $d\lambda$。这时需要注意的是：定向光谱辐射强度 $I_{\lambda,\theta,T}$ 需要乘以垂直于发射方向的微元面积，所以等于 dA_1 乘以 $\cos\theta$。此时立体角 $d\omega$ 等于垂直半径的面积 dA_2 除以半径 r 的平方。同样，将其代入发射能量 $d\Phi_{e,\lambda,\theta}$ 的表达式，可以得到表面 dA_1 发射的能量为

$$d\Phi_{e,\lambda,\theta}=I_{\lambda,\theta,T}\cdot dA_1\cos\theta\cdot\frac{dA_2}{r^2}\cdot d\lambda$$

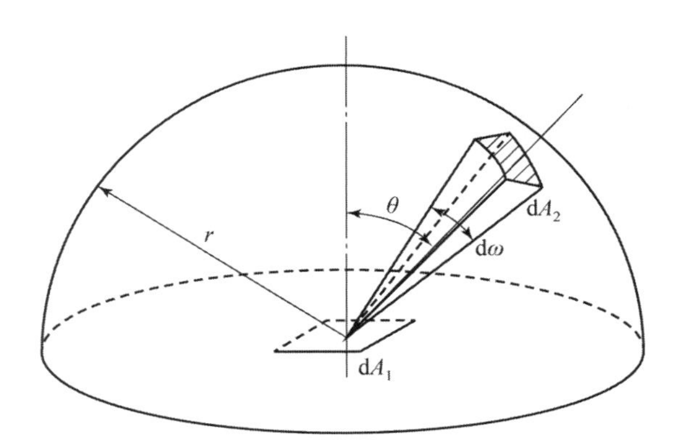

图 6－15　微元面 dA_1 向 dA_2 表面投射辐射示意图

由于表面 dA_1 并不是黑体，假设其表面定向光谱发射率为 $\varepsilon_{\lambda,\theta,T}$，那么其单色辐射强度可以表示为发射率乘以同温度下的黑体光谱辐射强度，即 $I_{\lambda,\theta,T}=\varepsilon_{\lambda,\theta,T}\cdot I_{b\lambda,T}$。再将其代入发射能量公式有

$$d\Phi_{e,\lambda,\theta}=\varepsilon_{\lambda,\theta,T}\cdot I_{b\lambda,T}\cdot dA_1\cos\theta\cdot\frac{dA_2}{r^2}\cdot d\lambda$$

表面 dA_1 发射的能量全部被黑体微元面 dA_2 吸收。那么至此已经求出 dA_2 表面发射而被 dA_1 表面吸收的能量 $dG_{a,\lambda,\theta}$，以及 dA_1 表面发射而被 dA_2 表面吸收的能量 $d\Phi_{e,\lambda,\theta}$，在热平衡状态下，二者应该是相等的，即

$$\alpha_{\lambda,\theta,T}\cdot I_{b\lambda,T}\cdot dA_2\cdot\frac{dA_1\cos\theta}{r^2}\cdot d\lambda=\varepsilon_{\lambda,\theta,T}\cdot I_{b\lambda,T}\cdot dA_1\cos\theta\cdot\frac{dA_2}{r^2}\cdot d\lambda$$

式中相同的项都可以消掉，因此，可以得到定向光谱发射率等于定向光谱吸收率：

$$\varepsilon_{\lambda,\theta,T}=\alpha_{\lambda,\theta,T}$$

这也是基尔霍夫定律的基本表达式，而且这个结论已经得到实验证明，表面的定向光谱发射率和定向光谱吸收率均为物体表面的辐射特性，它们仅取决于表面自身的温度，而且对于非热平衡关系上式仍然成立。

对于漫辐射表面，由于吸收率和发射率都与方向无关，所以基尔霍夫定律中的方向可以去掉，变为光谱吸收率等于同温度下的光谱发射率：$\alpha_{\lambda,T}=\varepsilon_{\lambda,T}$。

对于灰体表面（吸收率、发射率都与波长无关），基尔霍夫定律中的波长就可以去掉，变为定向吸收率等于同温度下的定向发射率：$\alpha_{\theta,T}=\varepsilon_{\theta,T}$。

那么如果某个表面既是漫辐射表面又是灰体表面，即漫－灰表面，则吸收率或发射率与方向和波长都无关，此时可以直接写成吸收率等于发射率：$\alpha_T=\varepsilon_T$。

由基尔霍夫定律可知，发射辐射能力越强的物体，其吸收辐射的能力也越强，黑体的吸收率和发射率都等于 1，所以具有最大的吸收能力和辐射能力。对于工业高温（2 000 K 以下）的一般工程材料，其热辐射主要在光谱吸收率 α_λ 变化不大的红外线范围内，可见光份额很小，一般可以认为是漫－灰表面，所以可直接近似为吸收率等于发射率，即 $\alpha_T=\varepsilon_T$。

但是，物体对可见光范围的光谱选择性非常强，即 α_λ 随波长变化很大，因此在可见光范围不能认为吸收率等于发射率，即 $\alpha\neq\varepsilon$。例如，各种颜色（包括白色）的油漆，常温下的发射率 ε 均高达 0.9，但在可见光范围内，白漆的吸收率 α 仅为 0.1~0.2，而黑漆的吸收

率 α 仍在0.9以上。

6.4 气体辐射与吸收特性

气体比较特殊的地方在于，它对于投射辐射几乎没有反射能力，即反射率基本为零($\rho=0$)。因此，气体吸收率 α 与透射率τ的和等于1，吸收率 α 越小，透射率τ越大。在讨论固体表面间的辐射换热时，通常忽略气体本身的辐射能力，假设气体是没有吸收能力($\alpha=0$)的理想透射体($\tau=1$)，即吸收率为0，透射率为1，如同真空一样。实际上，气体是否具有辐射和吸收能力取决于气体的种类及其所处的温度。当气体层厚度不大且温度不高时，它的辐射和吸收能力确实可以忽略不计，即可以近似为透射率为1的理想透射体。例如，在工程中常见的温度范围内，单原子气体和某些对称型双原子气体（如 O_2、N_2、H_2 等)，它们的辐射和吸收能力都可以忽略，认为是理想透射体。另外，纯净的空气也可以近似当作理想透射体考虑。但是，对于多原子气体，尤其是高温烟气中的 CO_2、H_2O（蒸汽)、SO_2 等，都具有显著的吸收和辐射能力，不能将它们作为理想透射体考虑，因此必须研究这些气体的吸收辐射特性。

与前面讲到的黑体或灰体不同，气体辐射不再是由普朗克定律所描述的连续曲线，而是对波长具有明显的选择性（图6-16)。气体通常只在某些谱带内具有发射和吸收辐射的本领，而对于其他谱带则呈现透明状态，气体辐射和吸收所在的某个波长范围称为光带。

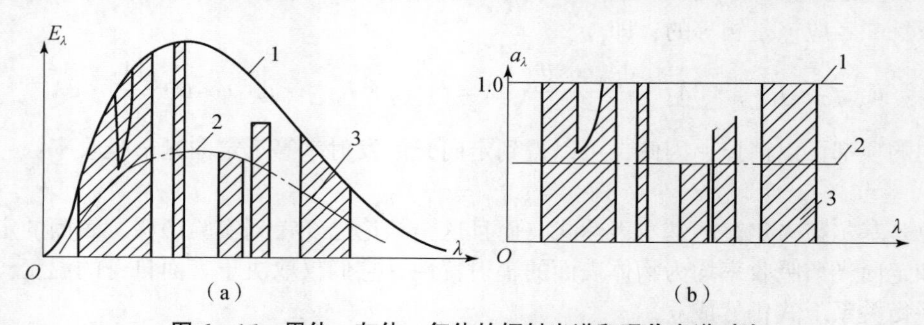

图6-16 黑体、灰体、气体的辐射光谱和吸收光谱对比

(a) 辐射光谱；(b) 吸收光谱

1—黑体；2—灰体；3—气体

图6-17给出了 CO_2 和 H_2O（蒸汽）的主要吸收谱带，可以看到很多分立的吸收光带，而且两种气体有光带重合的部分，即这两种气体还存在某些相同的吸收光谱带。

另外，气体的辐射和吸收是在整个容积中进行的，当光带范围内的热射线或者热辐射穿过气体层时，沿途会被气体吸收，强度逐渐减弱，这个减弱程度取决于沿途遇到的气体分子数目。射线穿过气体的路程就称为射线行程或辐射层厚度，用 s 表示，气体的单色吸收率 α_λ 是气体温度、气体分压、辐射层厚度的函数：$\alpha_\lambda=f(T,P,s)$。

当热辐射进入吸收性气体层时，因沿途被气体吸收而衰减。如图6-18所示，可以假设，投射到气体界面 $x=0$ 处的光谱辐射强度为 $I_{\lambda,0}$，通过一段距离 x 后，该辐射被吸收一部分，变为 $I_{\lambda,x}$，假设通过微元气体层 $\mathrm{d}x$ 的辐射衰减量为 $\mathrm{d}I_{\lambda,x}$，可以表示为

$$\mathrm{d}I_{\lambda,x}=-K_\lambda I_{\lambda,x}\mathrm{d}x$$

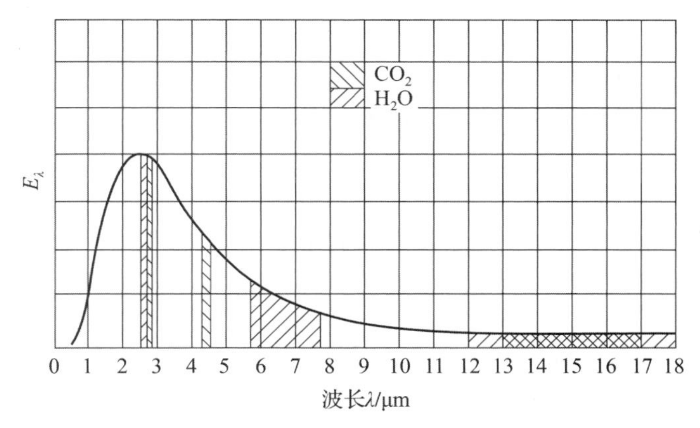

图 6－17　CO_2 和 H_2O（蒸气）的主要吸收谱带

即进入微元层前的辐射强度 $I_{\lambda,x}$ 乘以微元层厚度再乘以一个衰减系数 K_λ。这个衰减系数 K_λ 就是单位厚度内光谱辐射强度减弱的百分数，称为光谱辐射减弱系数，单位是每米（1/m）。K_λ 与气体的性质、压强、温度及射线波长都有关系，前面的负号表示辐射强度是减弱的。

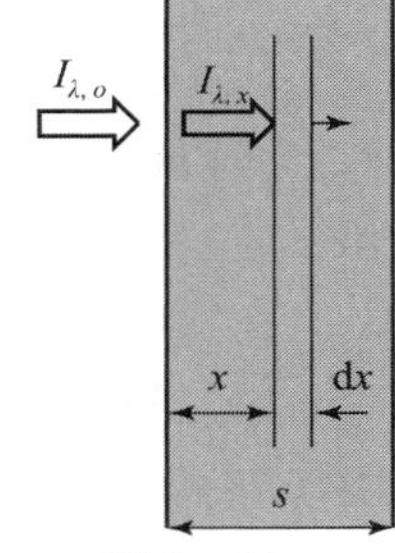

图 6－18

将辐射强度 $I_{\lambda,x}$ 移到等式左边，衰减系数 K_λ 放在等式右边，再分别对等式两边进行积分，可以得到

$$\int_{I_{\lambda,0}}^{I_{\lambda,s}} \frac{\mathrm{d}I_{\lambda,x}}{I_{\lambda,x}} = \int_0^s - K_\lambda \mathrm{d}x$$

当气体的温度和压力为常数时，可近似认为 K_λ 与位置 x 无关，等式右边 K_λ 可以提到积分号外面，就直接等于 $-K_\lambda s$，等式左边积分为 ln 函数，等于 $\ln(I_{\lambda,s}/I_{\lambda,0})$，所以有

$$I_{\lambda,s} = I_{\lambda,0}\mathrm{e}^{-K_\lambda s}$$

这就是贝尔定律，$I_{\lambda,s}$ 还可以写成

$$I_{\lambda,s} = I_{\lambda,o}\mathrm{e}^{-K_\lambda P s}$$

式中，K_λ 为一个标准大气压下的光谱辐射减弱系数，P 为压强。因此可知，单色辐射强度穿过气体层时，是按指数规律衰减的。

由贝尔定律可以得到透射光谱辐射强度 $I_{\lambda,s}$ 与入射光谱辐射强度 $I_{\lambda,0}$ 的比值，也就可以得到气体的光谱透射率 τ_λ：

$$\frac{I_{\lambda,s}}{I_{\lambda,0}} = \mathrm{e}^{-K_\lambda s} = \tau_\lambda$$

对于气体，反射率 ρ 为零，于是有气体光谱吸收率 $\alpha(\lambda,s)$ 与透射率 τ_λ 的和为 1，所以气体光谱吸收率为

$$\alpha(\lambda,s) = 1 - \tau(\lambda,s) = 1 - \mathrm{e}^{-K_\lambda s}$$

由此可知，当气体层的厚度 s 足够大时，e 指数项趋于零，这时气体的光谱吸收率 $\alpha(\lambda,s)$ 趋于 1，也就是说如果气体层的厚度足够大，可以把投入辐射全部吸收掉。

另外，根据基尔霍夫定律，物体的光谱定向发射率等于光谱定向吸收率，对于气体来说，我们目前讨论的是沿着气体厚度方向，所以在此方向上，气体的光谱发射率等于光谱吸收率，即

$$\varepsilon(\lambda,s)=\alpha(\lambda,s)=1-e^{-K_\lambda s}$$

这是气体的光谱发射率和光谱吸收率，在实际工程计算中，多数情况下所需要的是气体的总发射率或总黑度 ε_g 和总吸收率 α_g。但气体辐射具有光谱选择性，不能近似为灰体，气体的总发射率和吸收率不相等。按照发射率的定义，总发射率等于气体的辐射力比上同温度下黑体的辐射力，即气体光谱辐射力对波长的积分比上黑体光谱辐射力对波长的积分。黑体辐射力也可以根据斯蒂芬－玻尔兹曼定律直接得到，等于 σT^4，而气体光谱辐射力 $E_{g\lambda}$ 又等于气体光谱发射率 $\varepsilon_{g\lambda}$ 乘以黑体的光谱辐射力 $E_{b\lambda}$，因此有

$$\varepsilon_g=\frac{E_g}{E_b}=\frac{\text{气体的辐射力}}{\text{同温度黑体的辐射力}}=\frac{\int_0^\infty E_{g\lambda}\,d\lambda}{\int_0^\infty E_{b\lambda}\,d\lambda}$$

$$=\frac{\int_0^\infty \varepsilon_{g\lambda}E_{b\lambda}\,d\lambda}{\sigma T^4}=\frac{\int_0^\infty (1-e^{-k_\lambda Ps})E_{b\lambda}\,d\lambda}{\sigma T^4}$$

所以影响气体发射率的主要因素包括气体温度 T、射线平均行程 s，以及气体的分压强和气体所处的总压强（如果是混合气体的话）。

在实际问题中，气体总发射率 ε_g 的计算通常采用霍特尔（Hottel）线图法。

以二氧化碳气体为例（图 6－19），其基准发射率$\varepsilon^*_{CO_2}$是温度 T_g、气体压强 P 与射线平均行程 s 乘积的函数。

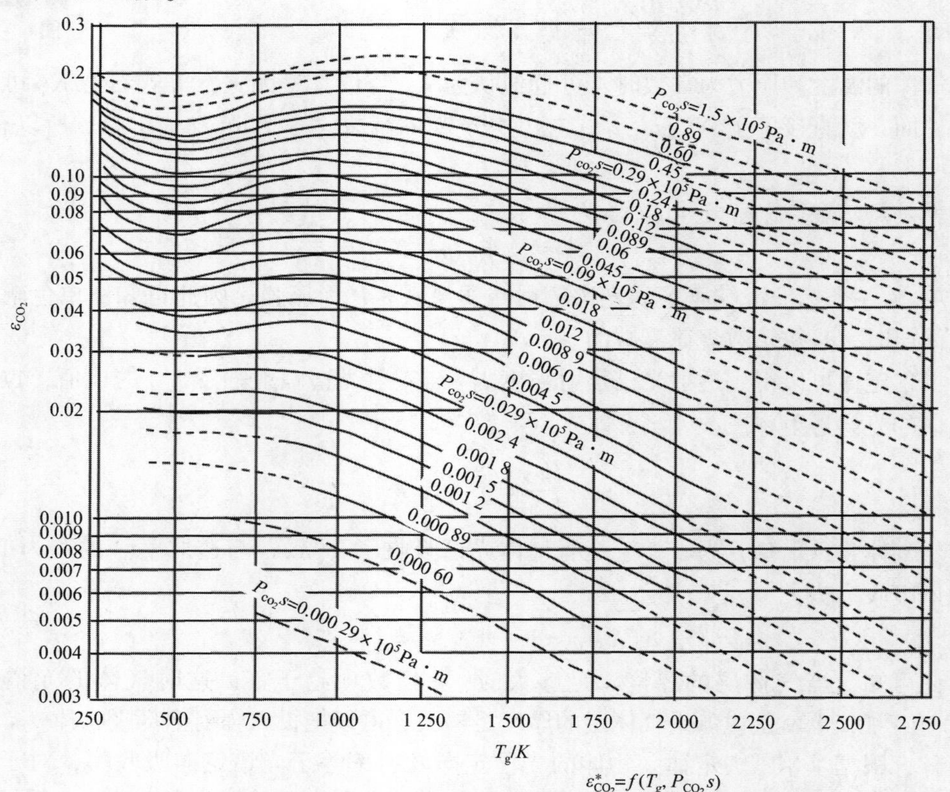

图 6－19　二氧化碳气体基准发射率$\varepsilon^*_{CO_2}$的霍特尔线图

$$\varepsilon_{CO_2}^* = f_1(T_g, P_{CO_2}s)$$

图6－19的横坐标是气体温度T_g，不同的气体压强与射线平均行程乘积$P_{CO_2}s$对应不同的曲线，纵坐标为基准发射率$\varepsilon_{CO_2}^*$。所以可以在线图中直接查出气体发射率在不同情况下的数值。

该图中的发射率是透明性气体（该气体不具有吸收和发射能力）与CO_2组成的混合气体的基准发射率，这时的总压强为1个标准大气压。如果混合气体总压强不为1个标准大气压，还需要引入一个修正系数C_{CO2}，此时，二氧化碳气体的发射率就等于它的基准发射率再乘以这个修正系数：

$$\varepsilon_{CO_2} = C_{CO_2} \cdot \varepsilon_{CO_2}^*$$

修正系数C_{CO_2}的具体数值也是通过线图查出来的，在不同的压强情况下有不同的取值（图6－20）。

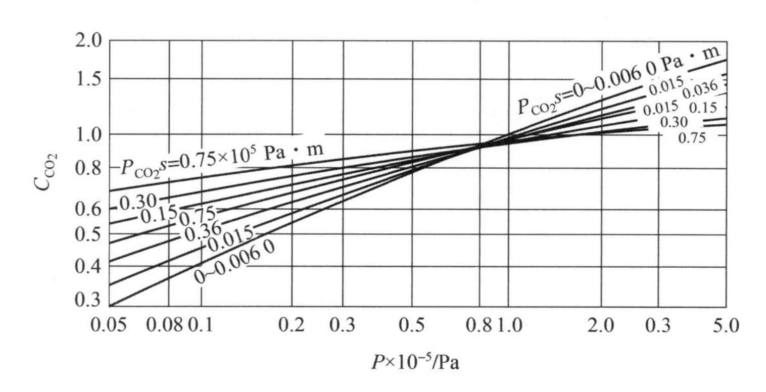

图6－20　二氧化碳气体压强修正系数C_{CO_2}的线图

水蒸气与二氧化碳气体略有不同，透明性气体与水蒸气组成的混合气体，其基准发射率除了是温度T_g、气体压强P与射线平均行程s乘积的函数，同时还受到气体压强的单独影响。

$$\varepsilon_{H_2O}^* = f_2(T_g, P_{H_2O}s, P_{H_2O})$$

图6－21所示为透明性气体与水蒸气组成的混合气体在1个标准大气压下，水蒸气基准发射率$\varepsilon_{H_2O}^*$的霍特尔线图。同样，若混合气体总压强不为1个标准大气压，需要引入修正系数C_{H_2O}（图6－22）：

$$\varepsilon_{H_2O} = C_{H_2O} \cdot \varepsilon_{H_2O}^*$$

另外，混合气体还有可能是由多种具有辐射能力的气体组成的，如二氧化碳和水蒸气组成的混合气体，那么该混合气体的发射率就等于二氧化碳的发射率加上水蒸气的发射率，再减去一个修正值$\Delta\varepsilon$。

$$\varepsilon_g = \varepsilon_{CO_2} + \varepsilon_{H_2O} - \Delta\varepsilon$$

这个修正值$\Delta\varepsilon$同样可以根据线图（图6－23）查出具体数值。混合气体发射率需要修正的原因，主要是CO_2、H_2O（蒸汽）的吸收光带有重叠，所以两种气体共存时，每种气体辐射的能量都有一部分被另一种气体吸收，因此混合气体的辐射能量比两者的总和要少。

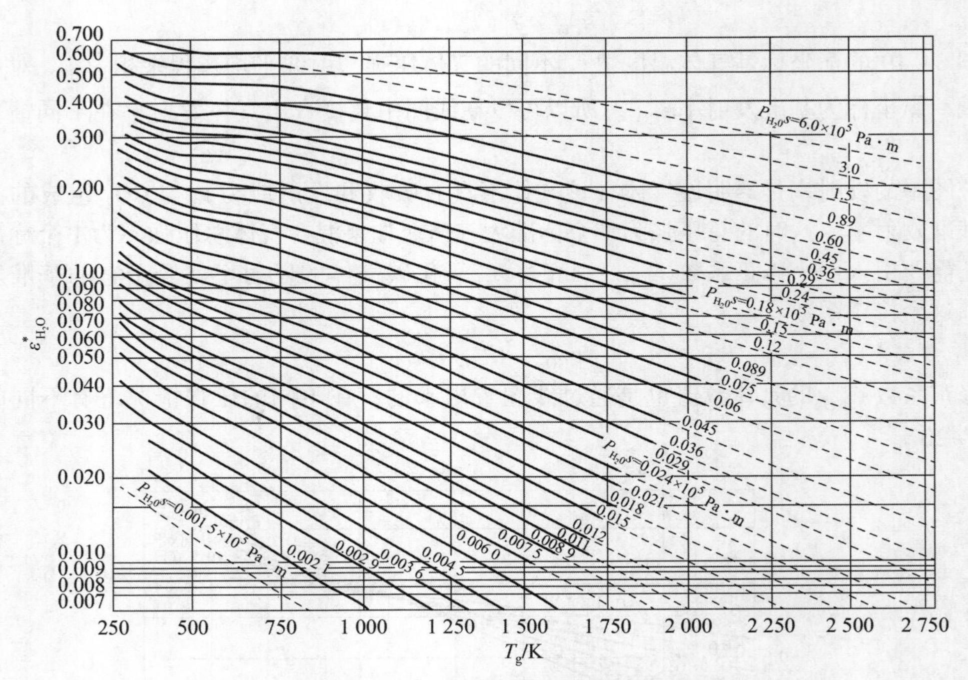

图 6-21　水蒸气基准发射率$\varepsilon^*_{H_2O}$的霍特尔线图

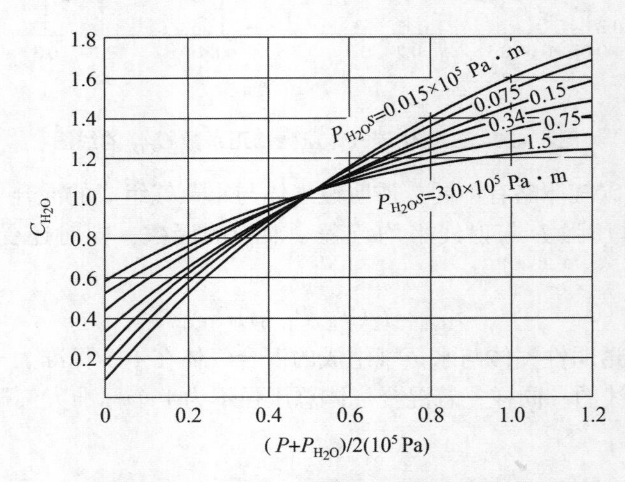

图 6-22　水蒸气压强修正系数C_{H_2O}线图

气体辐射具有选择性，不能作为灰体对待，所以气体的吸收率 α_g 不等于发射率 ε_g。气体吸收率类似于固体吸收率，不仅取决于气体本身的分压力、射线平均行程和温度，还取决于外界投射来的辐射性质。但气体的吸收率 α_g 可以通过发射率 ε_g 进行计算。

例如，含有 CO_2 和 H_2O 的烟气，放在温度为 T_w 的黑体外壳中（图 6-24）。

此时，混合气体吸收率等于二氧化碳吸收率与水蒸气的吸收率之和，减去一个吸收率修正值 $\Delta\alpha$：

$$\alpha_g=\alpha_{CO_2}+\alpha_{H_2O}-\Delta\alpha$$

这与混合气体发射率类似。气体吸收率虽然不等于发射率，但可以根据发射率做进一步

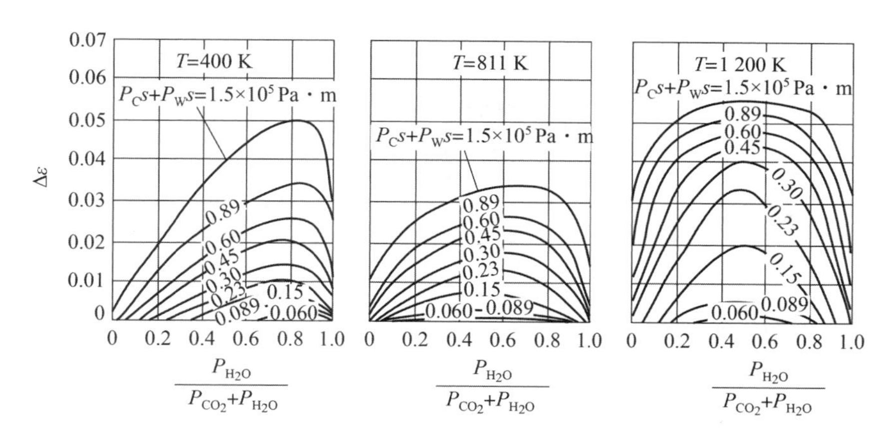

图 6 – 23　二氧化碳和水蒸气混合气体吸收光谱重叠的修正

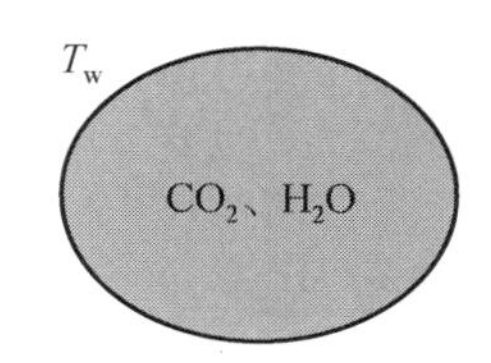

图 6 – 24　含 CO_2 和 H_2O 烟气置于温度为 T_w 的黑体外壳中

的计算，二氧化碳的吸收率就等于修正系数 C_{CO_2} 乘以其基准发射率 $\varepsilon_{CO_2}^*$ 再乘以气体温度与壁面温度比值的 0.65 次方：

$$\alpha_{CO_2} = C_{CO_2}\varepsilon_{CO_2}^*\left(\frac{T_g}{T_w}\right)^{0.65}$$

而水蒸气的吸收率等于修正系数 C_{H_2O} 乘以水蒸气的基准发射率 $\varepsilon_{H_2O}^*$ 再乘以气体温度与壁面温度比值的 0.45 次方：

$$\alpha_{H_2O} = C_{H_2O}\varepsilon_{H_2O}^*\left(\frac{T_g}{T_w}\right)^{0.45}$$

吸收率修正值 $\Delta\alpha$ 等于壁面温度下的发射率修正值：

$$\Delta\alpha = (\Delta\varepsilon)_{T_w}$$

$\varepsilon_{CO_2}^*$ 和 $\varepsilon_{H_2O}^*$ 需按照外壳温度 T_w 为横坐标，以 $P_{CO_2}s\left(\frac{T_w}{T_g}\right)$ 和 $P_{H_2O}s\left(\frac{T_w}{T_g}\right)$ 作为新参数，分别查霍特尔线图。

修正值 C_{CO_2} 和 C_{H_2O} 需要以 $P_{CO_2}s\left(\frac{T_w}{T_g}\right)$ 和 $P_{H_2O}s\left(\frac{T_w}{T_g}\right)$ 作为新参数，查修正系数图。

可见，气体的吸收率可以通过霍特尔线图法查出的气体发射率计算得出。

另外，还需要注意的是，在确定气体发射率和吸收率时，必然要涉及气体容积的平均行程，即辐射层厚度 s。射线平均行程 s 的取值与气体容积的空间形状相关，不同的形状或者针对不同的辐射面都有不同的 s 值（表 6 – 2），需要根据具体问题具体分析。

表 6－2　射线平均行程 s

空间形状	s	空间形状	s
1. 直径为 D 的球体对表面的辐射	$0.65D$	5. 高度与直径均为 D 的圆柱对底面中心的辐射	$0.71D$
2. 直径为 D 的长圆柱对侧表面的辐射	$0.95D$	6. 厚度为 D 的气体层对表面或表面上微元面的辐射	$1.8D$
3. 直径为 D 的长圆柱对底面中心的辐射	$0.90D$	7. 边长为 a 的立方体对表面的辐射	$0.60a$
4. 高度与直径均为 D 的圆柱对全表面的辐射	$0.60D$		

对非正规形状，气体辐射的射线平均行程可按当量半球空间近似：

$$s = m\frac{4V}{A}$$

式中，V 为气体容积（m^3）；A 为包壁面积（m^2）；m 为修正系数（0.85～1.00），一般取 $m=0.9$。

6.5　气体与包壳间的辐射换热

得到气体的发射率和吸收率后，就可以计算气体与容器外壳之间的辐射换热量，如工程上比较常见的锅炉中高温烟气与炉膛周围受热面之间的辐射换热。这是一种比较特殊的辐射换热，下一章将详细讨论一般情况下的辐射换热过程。

6.5.1　黑体包壳

为了简化计算，可以假设气体包壳为黑体，如图 6－25 所示。此时气体辐射的能量与本身的发射率相关，然后被黑体外壳全部吸收，外壳辐射的能量一部分被气体吸收，吸收量取决于气体本身的吸收率，另一部分透过气体后再次被黑体外壳全部吸收，因此可以根据气体发射率、吸收率、黑体辐射力等分别计算单位时间内气体给外壳的能量，以及外壳给气体的能量。

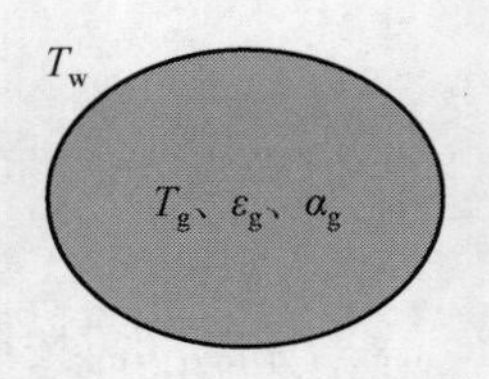

图 6－25　灰体包壳

（1）气体单位面积辐射能量：$\varepsilon_g \sigma_b T_g^4$。

（2）黑体外壳单位面积吸收能量：$\varepsilon_g \sigma_b T_g^4$。

（3）黑体外壳单位面积辐射能量：$\sigma_b T_w^4$。

（4）气体单位面积吸收能量：$\alpha_g \sigma_b T_w^4$。

那么，气体与黑体外壳之间单位时间、单位面积的辐射换热量为

$$\begin{aligned} q &= \text{气体辐射给黑体外壳吸收的热量} - \text{黑体外壳辐射给气体吸收的热量} \\ &= \varepsilon_g \sigma_b T_g^4 - \alpha_g \sigma_b T_w^4 = \sigma_b(\varepsilon_g T_g^4 - \alpha_g T_w^4) \end{aligned}$$

6.5.2　灰体包壳

为了更接近真实工况，可以将气体包壳近似为灰体，如图 6－26 所示。此时，由于灰体包壳吸收率不等于 1，投射到包壳的能量不再被全部吸收，而是除了吸收辐射的部分还会有反射辐射部分，而且反射辐射会再次被气体吸收，也会再次被包壳吸收和反射，因此将会存在多次反射和多次吸收，辐射换热过程会更为复杂。

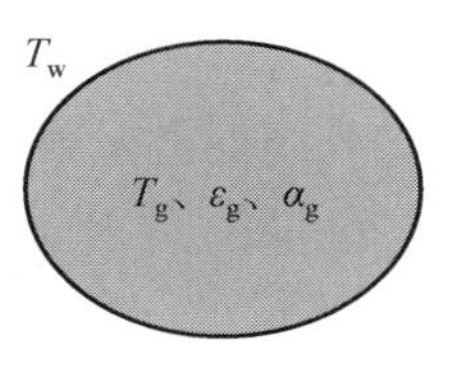

图 6－26　灰体包壳

首先，单位面积单位时间的气体辐射能量仍然为：$\varepsilon_g\sigma_b T_g^4$。

第一次被灰体外壳吸收的能量为（灰体吸收率等于发射率）

$$\alpha_w\varepsilon_g\sigma_b T_g^4 = \varepsilon_w\varepsilon_g\sigma_b T_g^4$$

灰体外壳吸收了部分能量，也会将多余能量反射回去，因此，灰体外壳反射的能量为

$$(1-\varepsilon_w)\varepsilon_g\sigma_b T_g^4$$

这部分灰体外壳反射的能量会再次被气体吸收一部分，假设气体吸收率为 α_g'，则吸收能量为

$$\alpha_g'(1-\varepsilon_w)\varepsilon_g\sigma_b T_g^4$$

另外，还有一部分辐射能量透过气体，然后第二次被灰体外壳吸收，该部分能量为

$$\varepsilon_w(1-\alpha_g')(1-\varepsilon_w)\varepsilon_g\sigma_b T_g^4$$

如此反复吸收和反射，灰体外壳从气体辐射中吸收的总能量为

$$\varepsilon_w\varepsilon_g\sigma_b T_g^4 A[1+(1-\alpha_g')(1-\varepsilon_w)+(1-\alpha_g')^2(1-\varepsilon_w)^2+\cdots]$$

同理，可以得到，气体从灰体外壳辐射中吸收的总能量为

$$\varepsilon_w\alpha_g\sigma_b T_w^4 A[1+(1-\alpha_g)(1-\varepsilon_w)+(1-\alpha_g)^2(1-\varepsilon_w)^2+\cdots]$$

这里需要注意有两个气体吸收率 α_g' 和 α_g，其中 α_g' 是气体对来自其自身的辐射（温度为 T_g）的吸收率，而 α_g 是气体对来自灰体壁面的辐射（温度为 T_w）的吸收率，二者是明显不同的。

气体与灰体外壳间的辐射换热量就是两个无穷级数的差，即

$$Q=\varepsilon_w\varepsilon_g\sigma_b T_g^4 A[1+(1-\alpha_g')(1-\varepsilon_w)+(1-\alpha_g')^2(1-\varepsilon_w)^2+\cdots]-$$
$$\varepsilon_w\alpha_g\sigma_b T_w^4 A[1+(1-\alpha_g)(1-\varepsilon_w)+(1-\alpha_g)^2(1-\varepsilon_w)^2+\cdots]$$

简化计算时可以各取第一项：

$$Q=\varepsilon_w\varepsilon_g\sigma_b T_g^4 A-\varepsilon_w\alpha_g\sigma_b T_w^4 A=\varepsilon_w\sigma_b A(\varepsilon_g T_g^4-\alpha_g T_w^4)$$

外壳发射率 ε_w 越大，上式越可靠，当 $\varepsilon_w=1$ 时，外壳为黑体，上式即气体与黑体外壳的换热。

习　　题

6－1　一电炉的电功率为 1 kW，炉丝温度为 847 ℃，直径为 1 mm。电炉的效率（辐射功率与电功率之比）为 0.96。试确定所需炉丝的最短长度。

6－2　直径为 1 m 的铝制球壳内表面维持在均匀的温度 500 K，试计算置于该球壳内的一个试验表面所得到的投入辐射。内表面发射率的大小对这一数值有无影响？

6－3　把太阳表面近似地看成是 $T=5\ 800$ K 的黑体，试确定太阳发出的辐射能中可见

光所占的百分数。

6 - 4　一炉膛内火焰的平均温度为 1 500 K，炉墙上有一看火孔。试计算当看火孔打开时从孔（单位面积）向外辐射的功率。该辐射能中波长为 2 μm 的光谱辐射力是多少？哪一种波长下的能量最多？

6 - 5　一人工黑体腔上的辐射小孔是一个直径为 20 mm 的圆。辐射力 $E_b = 3.72 \times 10^5$ W/m²。一个辐射热流计置于该黑体小孔的正前方 $l = 0.5$ m 处，该热流计吸收热量的面积为 1.6×10^{-5} m²。问该热流计所得到的黑体投入辐射是多少？

6 - 6　用特定的仪器测得，一黑体炉发出的波长为 0.7 μm 的辐射能（在半球范围内）为 10^8 W/m³，试问该黑体炉工作在多高的温度下？在该工况下辐射黑体炉的加热功率为多大？辐射小孔的面积为 4×10^{-4} m²。

6 - 7　试确定一个电功率为 100 W 的灯泡的发光效率。假设该灯泡的钨丝可看成是 2 900 K的黑体，其几何形状为 2 mm × 5 mm 的矩形薄片。

6 - 8　把地球作为黑体表面，把太阳看成 $T = 5\ 800$ K 的黑体，试估算地球表面的温度。已知地球直径为 1.29×10^7 m，太阳直径为 1.39×10^9 m，两者相距 1.5×10^{11} m。地球对太空的辐射可视为对 0 K 黑体空间的辐射。

6 - 9　一选择性吸收表面的光谱吸收比随 λ 变化的特性如附图所示，试计算当太阳投入辐射为 $G = 800$ W/m² 时，该表面单位面积上所吸收的太阳能量及对太阳辐射的总吸收比。

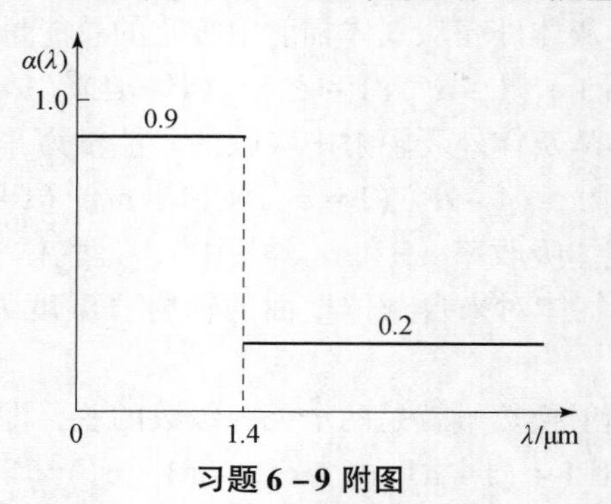

习题 6 - 9 附图

6 - 10　一漫射表面在某一温度下的光谱辐射强度与波长的关系可以近似地用附图表示，试：

（1）计算此时的辐射力；

（2）计算此时法线方向的定向辐射强度，以及与法向成60°角处的定向辐射强度。

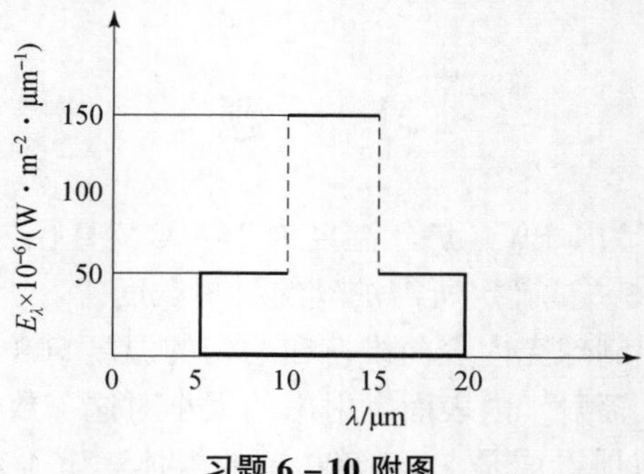

习题 6 - 10 附图

6－11　已知一表面的光谱吸收比与波长的关系如附图所示。在某一瞬间，测得表面温度为 1 100 K。投入辐射 G_λ 按波长分布的情形示于附图（b）。试：

（1）计算单位表面积所吸收的辐射能；

（2）计算该表面的发射率及辐射力；

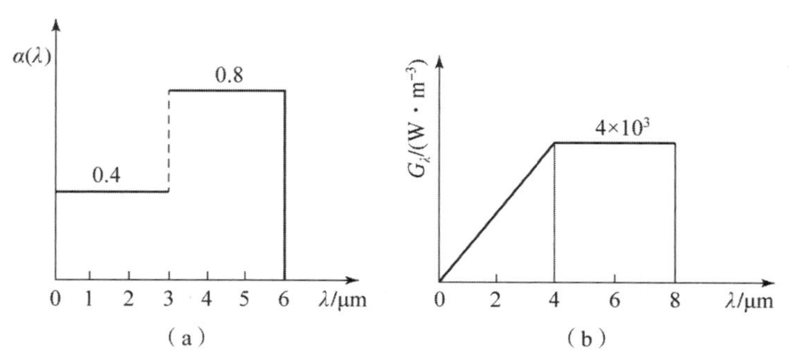

习题 6－11 附图

（3）确定在此条件下物体表面的温度随时间如何变化（即温度随时间增加还是减少），设物体无内热源，没有其他形式的热量传递。

6－12　用一探头测定从黑体模型中发出的辐射能，探头设置位置如附图所示。试对下列两种情况计算从黑体模型到达探头的辐射能：

（1）黑体模型的小孔处未放置任何东西；

（2）在小孔处放置了一半透明材料，其穿透比为 $\lambda \leqslant 2\ \mu m$ 时，$\tau(\lambda)=0.8$，$\lambda>2\ \mu m$ 时，$\tau(\lambda)=0$。

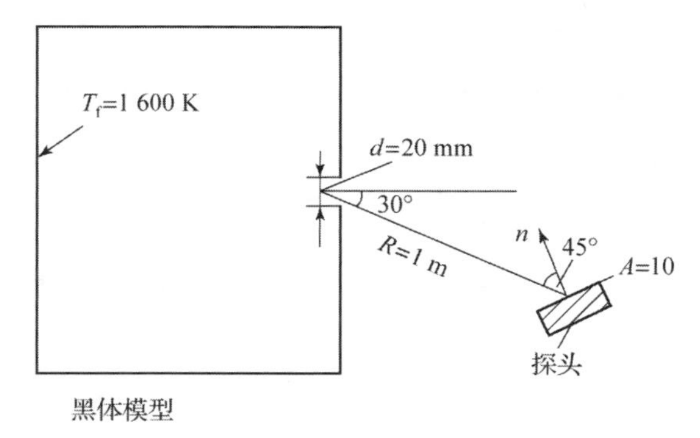

习题 6－12 附图

参 考 文 献

[1] HAMID M. Basic principles of microwave power heating [J]. Heat Transfer Engineering, 1992, 13 (4): 73 – 84.

[2] 陈钟颀．传热学专题讲座 [M]．北京：高等教育出版社，1989.

[3] HAGEN K D . Heat transfer with applications [J]. Hew Jersey: Prentice Hall, 1999: 450.

[4] 路甬祥．百年物理学的启示 [J]．物理，2005 (07)：4 – 9.

[5] 赵凯华，罗蔚茵．量子物理 [M]．北京：高等教育出版社，2000.

[6] 向义和．物理学基本概念和基本定律溯源 [M]．北京：高等教育出版社，1994.

[7] MODEST M F. Radiative Heat Transfer [M]. // The Monte Carlo Method for Thermal Radlation [J]. Academic Pr 2003: 644 – 679.

[8] BAEHR H D, STEPHAN K. Heat and mass transfer [M]. London: Springer, 2011.

[9] ROHSENOW W M, HARTNETT J P, GANIC E N. Handbook of heat transfer fundamentals [M]. 5th ed. New York: McGraw – Hill, Inc, 1986.

[10] 葛绍岩，那鸿悦．热辐射性质及其测量 [M]．北京：科学出版社，1989.

[11] 中国科学院．2006 科学发展报告 [M]．北京：科学出版社，2006.

[12] INCROPERA F P, DEWITT D P. Fundamentals of heat and mass transfer [J]. New York: John Wiley & Sons, Inc, 2002: 723, 749.

[13] SIEGEL R, HOWELL J R. Thermal radiation heat transfer [M]. Hemisphere Pub. Corp, 1981.

[14] 斯帕罗．辐射传热 [M]．顾传宝，张学学，译．北京：高等教育出版社，1982.

[15] 罗运俊．太阳能利用技术 [M]．北京：化学工业出版社，2005.

[16] 朱荣华．基础物理学．第二卷，物质科学 [M]．北京：高等教育出版社，2000.

第 7 章

辐射换热的计算

在辐射换热的计算中，主要以最简单的黑体辐射换热为基础，通过黑体辐射基本定律进行计算，但物体间的辐射换热与物体辐射表面的相对位置有密切关系，还需要一个物理量来体现相对位置的作用，因此本章将由体现辐射表面相对位置不同而造成辐射换热量不同的角系数开始。

7.1 角系数及其计算方法

7.1.1 角系数的定义

本节介绍辐射换热计算所必需的角系数以及角系数的三个基本性质。如果要计算两个表面之间的辐射换热量，就必须考虑这两个表面之间的相对位置，如下面两种情况。

图 7－1（a）中两表面无限接近，表面 1 的辐射基本全部落在表面 2 上，而表面 2 的辐射也都落在表面 1 上，此时两表面间的辐射换热量最大；图 7－1（b）中两表面位于同一平面上，两表面的辐射都没有落在彼此表面上，所以相互间的辐射换热量为零。由此可见，两个表面间的相对位置不同时，一个表面发出而落到另一个表面上的辐射能的百分数会有很大差别，从而也就决定了相互间的换热量，所以需要一个参数来体现两表面间的相对位置不同所造成的辐射差别。

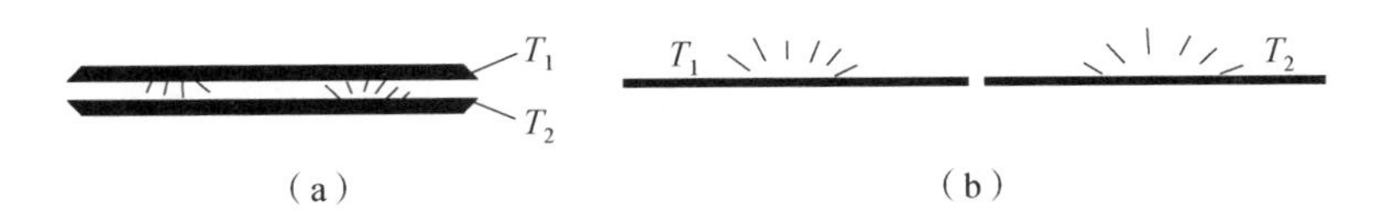

图 7－1　辐射表面相对位置的影响

因此就有了角系数的定义：把表面 1 发出的辐射能中落到表面 2 上的百分数称为表面 1 对表面 2 的角系数，记为 $X_{1,2}$，如果表面 1 发出的辐射能全部落到表面 2 上，则 $X_{1,2}=1$。同理，表面 2 发出的辐射能中落到表面 1 上的百分数称为表面 2 对表面 1 的角系数，记为 $X_{2,1}$。

7.1.2 角系数的互换性

考虑图 7－2 中两个黑体表面 A_1、A_2 之间的辐射换热，可以先在两个面上分别取两个微元小面积 dA_1 和 dA_2，根据立体角的定义，dA_2 对 dA_1 所张的立体角为

$$d\Omega_1 = \frac{dA_2 \cos\theta_2}{r^2}$$

同理，dA_1 对 dA_2 所张的立体角为

$$d\Omega_2 = \frac{dA_1 \cos\theta_1}{r^2}$$

再根据辐射强度的定义式

$$I(\theta) = \frac{d\Phi}{(dA\cos\theta)\,d\Omega}$$

以及黑体辐射力与黑体辐射强度的关系，$E_{b1} = I_{b1} \cdot \pi$，可以写出单位时间内，从黑体微元表面 dA_1 投射到 dA_2 的辐射能：

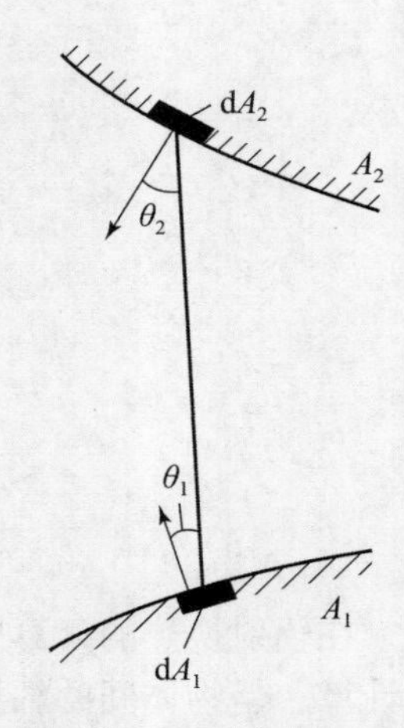

图 7－2　黑体表面 A_1、A_2 之间的辐射换热

$$d\Phi_{b(1\to2)} = I_{b1} dA_1 \cos\theta_1 d\Omega_1 = \frac{E_{b1}}{\pi} dA_1 \cos\theta_1 \frac{dA_2 \cos\theta_2}{r^2}$$

$$= E_{b1} \frac{\cos\theta_1 \cos\theta_2}{\pi r^2} dA_1 dA_2$$

即辐射强度乘以面积再乘以立体角，其中黑体辐射强度还可以用黑体辐射力来表示。

那么单位时间内，黑体表面 A_1 投射到 A_2 的辐射能就是对微元表面 dA_1 和 dA_2 的积分：

$$\Phi_{b(1\to2)} = E_{b1} \iint\limits_{A_1A_2} \frac{\cos\theta_1 \cos\theta_2}{\pi r^2} dA_1 dA_2$$

而单位时间内，黑体表面 A_1 所发射的总能量等于它的黑体辐射力乘以面积：$\Phi_{b1} = A_1 E_{b1}$。

根据角系数定义，表面 A_1 对表面 A_2 的角系数为表面 A_1 投射到表面 A_2 的能量 $\Phi_{b(1\to2)}$ 除以表面 A_1 辐射的总能量 Φ_{b1}，可以得到

$$X_{1,2} = \frac{\Phi_{b(1\to2)}}{\Phi_{b1}} = \frac{1}{A_1} \int_{A_1} \int_{A_2} \frac{\cos\theta_1 \cos\theta_2}{\pi r^2} dA_1 dA_2$$

同样，可以写出表面 A_2 投射到表面 A_1 的辐射能：

$$\Phi_{b(2\to1)} = E_{b2} \iint\limits_{A_1A_2} \frac{\cos\theta_1 \cos\theta_2}{\pi r^2} dA_1 dA_2$$

以及表面 A_2 对表面 A_1 的角系数：

$$X_{2,1} = \frac{\Phi_{b(2\to1)}}{\Phi_{b2}} = \frac{1}{A_2} \iint\limits_{A_1A_2} \frac{\cos\theta_1 \cos\theta_2}{\pi r^2} dA_1 dA_2$$

对比 $X_{1,2}$ 和 $X_{2,1}$ 的表达式，有

$$X_{1,2} A_1 = \int_{A_1} \int_{A_2} \frac{\cos\theta_1 \cos\theta_2}{\pi r^2} dA_1 dA_2$$

$$X_{2,1}A_2 = \iint_{A_1A_2} \frac{\cos\theta_1\cos\theta_2}{\pi r^2}\mathrm{d}A_1\mathrm{d}A_2$$

因此，可以得到

$$X_{1,2}A_1 = X_{2,1}A_2$$

这就是角系数的互换性。

容易发现，表面 A_1 投射到 A_2 的辐射能 $\Phi_{b(1\to2)}$ 也可以反过来用角系数表示，即等于表面 A_1 到 A_2 的角系数 $X_{1,2}$ 乘以表面 A_1 的黑体辐射能：

$$\Phi_{b(1\to2)} = X_{1,2}\Phi_{b1} = X_{1,2}A_1E_{b1}$$

同理，表面 A_2 投射到表面 A_1 的辐射能也等于 $X_{2,1}$ 乘以表面 A_2 的黑体辐射能：

$$\Phi_{b(2\to1)} = X_{2,1}\Phi_{b2} = X_{2,1}A_2E_{b2}$$

因此，黑体表面 A_1 和 A_2 之间的辐射换热量就可以表示为

$$\Phi_{1,2} = X_{1,2}A_1E_{b1} - X_{2,1}A_2E_{b2} = A_1X_{1,2}(E_{b1}-E_{b2}) = A_2X_{2,1}(E_{b1}-E_{b2})$$

这在后面计算两个表面之间的辐射换热量时会经常用到。

两个表面之间的换热量 $\Phi_{1,2}$ 还可以写成黑体辐射力的差除以热阻的形式：

$$\Phi_{1,2} = \frac{E_{b1}-E_{b2}}{\dfrac{1}{A_1X_{1,2}}} = \frac{E_{b1}-E_{b2}}{\dfrac{1}{A_2X_{2,1}}}$$

这也类似于欧姆定律，换热量相当于电流，辐射力差相当于电位差，这里的热阻 $\dfrac{1}{A_1X_{1,2}}$ 或 $\dfrac{1}{A_2X_{2,1}}$ 称为空间辐射热阻。因此，对于任意放置的两个黑体表面，如果面积和温度为已知，那么角系数一旦确定，辐射换热量就可以直接计算出来。

下面来看两个计算表面辐射换热的例子：

第一种情况是一个小圆球放在大球壳中（图 7－3（a）），计算小球表面 A_1 与球壳内表面 A_2 之间的辐射换热量，假设两个表面都是黑体表面。

此时，由于黑体表面 A_1 完全被黑体表面 A_2 包围，A_1 表面发出的所有辐射能都被 A_2 表面吸收，所以 A_1 到 A_2 的角系数 $X_{1,2}=1$。

根据辐射换热公式，黑体表面 A_1 和 A_2 之间的辐射换热量可以直接写出来，等于

$$\begin{aligned}\Phi_{1,2} &= A_1X_{1,2}(E_{b1}-E_{b2})\\ &= A_1(E_{b1}-E_{b2}) = A_1\sigma_b(T_1^4-T_2^4)\end{aligned}$$

第二种情况是相距较近且平行放置的大平板（图 7－3（b）），黑体表面 A_1 的辐射能同样全部被黑体表面 A_2 吸收，黑体表面 A_2 的辐射能也全部被 A_1 吸收，所以黑体表面 A_1 到 A_2 的角系数以及黑体表面 A_2 到 A_1 的角系数都等于 1，那么辐射换热量可以直接写成

$$\begin{aligned}\Phi_{1,2} &= A_1(E_{b1}-E_{b2})\\ &= A_2(E_{b1}-E_{b2}) = A\sigma_b(T_1^4-T_2^4)\end{aligned}$$

可见，角系数的互换性可以大大简化表面间辐射换热的计算过程。

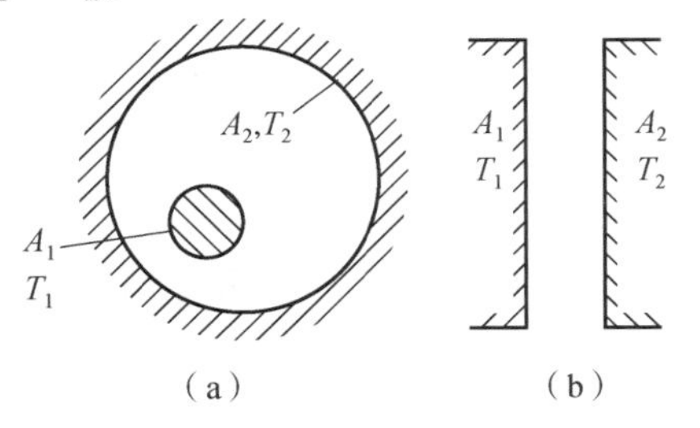

图 7－3　黑体表面辐射换热

（a）小圆球放在大球壳中；

（b）两个无限靠近的大平板

7.1.3 角系数的完整性

对于由多个表面组成的封闭系统（图7-4），根据能量守恒原理，从任何一个表面发射出的辐射能必然全部落到封闭系统的各表面上。

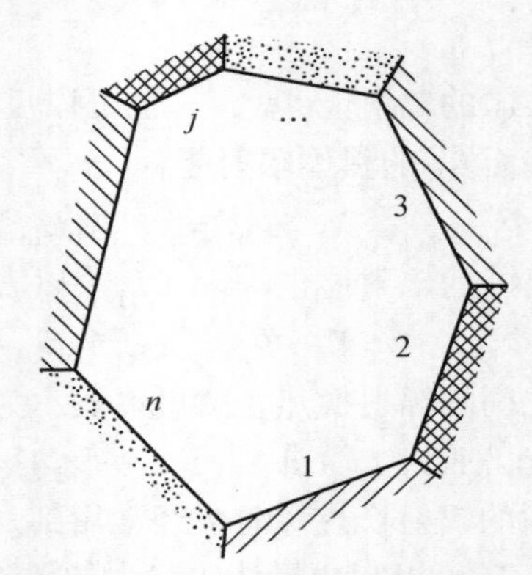

图7-4 多个黑体表面组成的空腔

因此，任何一个表面对封闭腔各表面的角系数之和等于1，也就是对于任意一个i表面，它到其他表面的角系数之间存在下列关系：

$$X_{i,1}+X_{i,2}+\cdots+X_{i,n}=1$$

角系数完整性的证明比较简单，空腔内某个表面i向所有表面投射能量的总和就是它向外辐射的总能量，所以有

$$\Phi_i=\Phi_{i,1}+\Phi_{i,2}+\cdots+\Phi_{i,n}=\sum_{j=1}^{n}\Phi_{i,j}$$

在这个等式两边同时除以Φ_i，再根据前面讲到的角系数定义，可得到

$$1=X_{i,1}+X_{i,2}+\cdots+X_{i,n}=\sum_{j=1}^{n}X_{i,j}$$

因此，就可以得到表面i对各个表面的角系数之和等于1。知道相应的角系数之后，就可以计算空腔内任意两个黑体表面之间的辐射换热量，即对应的辐射力差再除以两表面间的空间辐射热阻：

$$\Phi_{i,j}=\frac{E_{\mathrm{b}i}-E_{\mathrm{b}j}}{\dfrac{1}{A_iX_{i,j}}}=\frac{E_{\mathrm{b}i}-E_{\mathrm{b}j}}{\dfrac{1}{A_jX_{j,i}}}$$

需要注意的是，如果表面i是非凹表面时，它对自己没有辐射，所以对自己的角系数$X_{i,i}=0$；若表面i为凹表面，则$X_{i,i}\neq0$。

7.1.4 角系数的分解性（可加性）

对于图7-5中1和2两个黑体表面，某个表面比如表面2可以分成A和B两部分，那么从表面2上发出而落到表面1上的辐射能，就等于从表面2的A、B两部分发出而落到表面1上的辐射能之和。于是有

$$A_2E_{\mathrm{b}2}X_{2,1}=A_{2\mathrm{a}}E_{\mathrm{b}2}X_{2\mathrm{a},1}+A_{2\mathrm{b}}E_{\mathrm{b}2}X_{2\mathrm{b},1}$$

式中，E_{b2}可以消掉，所以可以得到

$$A_2X_{2,1}=A_{2a}X_{2a,1}+A_{2b}X_{2b,1}$$

另外，从表面 1 上发出而落到表面 2 上的总能量，也等于其落到表面 2 上 A、B 各部分的辐射能之和，于是有

$$A_1E_{b1}X_{1,2}=A_1E_{b1}X_{1,2a}+A_1E_{b1}X_{1,2b}$$

这时，A_1E_{b1}都可以消掉，只剩下

$$X_{1,2}=X_{1,2a}+X_{1,2b}$$

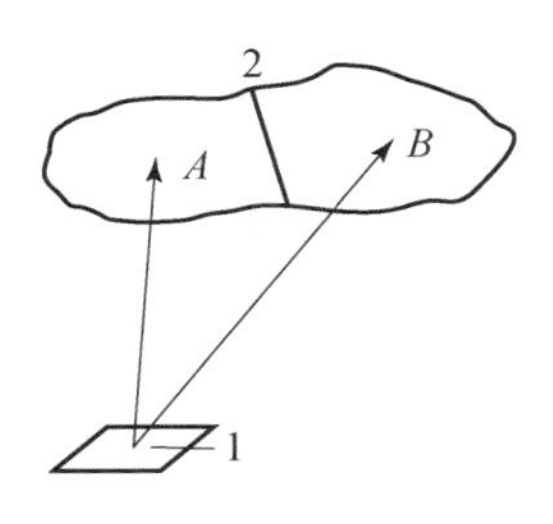

图 7－5　角系数的可加性

如把表面 2 进一步分成若干小块，则很容易得到 $X_{1,2}$等于表面 1 对所有这些小块面积的角系数的和：

$$X_{1,2}=\sum_{i=1}^{n}X_{1,2i}$$

本节主要介绍了什么是角系数，以及角系数的三个重要性质，分别是角系数的互换性、完整性和分解性。角系数的上述特性可以用来求解许多情况下两表面间的角系数值，这也是进一步计算辐射换热的基础。

7.1.5　角系数的计算方法

角系数在辐射换热计算中有着关键作用，知道相应的角系数之后，就可以计算两个黑体表面之间的辐射换热量，因此角系数的计算就显得很关键。角系数的具体计算过程中主要有三种方法，分别是直接积分法、代数分析法和几何分析法。直接积分法，最简单明了，就是直接计算角系数定义式中的多重积分。

例如要计算图 7－6 中微元表面 dA_1 对与它平行的圆表面 A_2 的角系数，就可以直接通过角系数的定义积分式来计算：

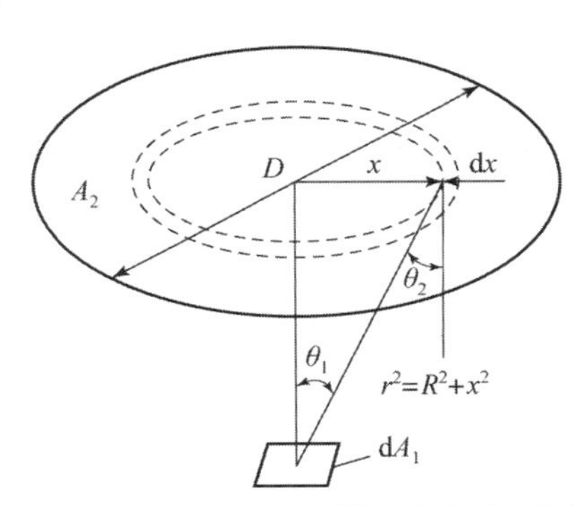

图 7－6　确定角系数的积分方法示例

$$X_{1,2}=\frac{\Phi_{b(1\to2)}}{\Phi_{b1}}=\frac{1}{A_1}\iint_{A_1A_2}\frac{\cos\theta_1\cos\theta_2}{\pi r^2}dA_1dA_2$$

式中，dA_2 为表面 A_2 的微元小面积，为了计算方便，可取微圆环的面积，微圆环的半径为 x，宽度为 dx，所以 dA_2 面积为

$$dA_2=2\pi xdx$$

积分式中的 $\cos\theta_1$ 和 $\cos\theta_2$ 可以按照三角余弦写出来，两个面的距离为 R，构成三角形底边长为微圆环半径 x，所以三角形斜边长等于 R^2+x^2，所以

$$\cos\theta_1 = \frac{R}{\sqrt{R^2 + x^2}} = \cos\theta_2$$

由于此时 dA_1 本身就是微元面，所以角系数的双重积分可以直接变成对 dA_2 的单重积分，再将相应的表达式代入，可以直接计算出角系数结果：

$$X_{dA_1,A_2} = \frac{1}{dA_1}\iint\limits_{dA_1A_2}\frac{\cos\theta_1\cos\theta_2}{\pi r^2}dA_1dA_2 = \int\limits_{A_2}\frac{\cos\theta_1\cos\theta_2}{\pi r^2}dA_2 = \int_0^{D/2}\frac{R^2/(R^2+x^2)}{\pi(R^2+x^2)}2\pi x dx$$

$$= \int_0^{D/2}\frac{R^2}{(R^2+x^2)^2}2x dx = \int_0^{D/2}\frac{R^2}{(R^2+x^2)^2}d(R^2+x^2) = \frac{D^2}{4R^2+D^2}$$

由直接积分法可以得到各种情况下角系数的计算公式，如两个矩形表面、两个圆形表面等，这些公式都可以通过查表 7－1 直接使用，可以省去前面具体积分的过程。

表 7－1　不同形状位置表面的角系数计算

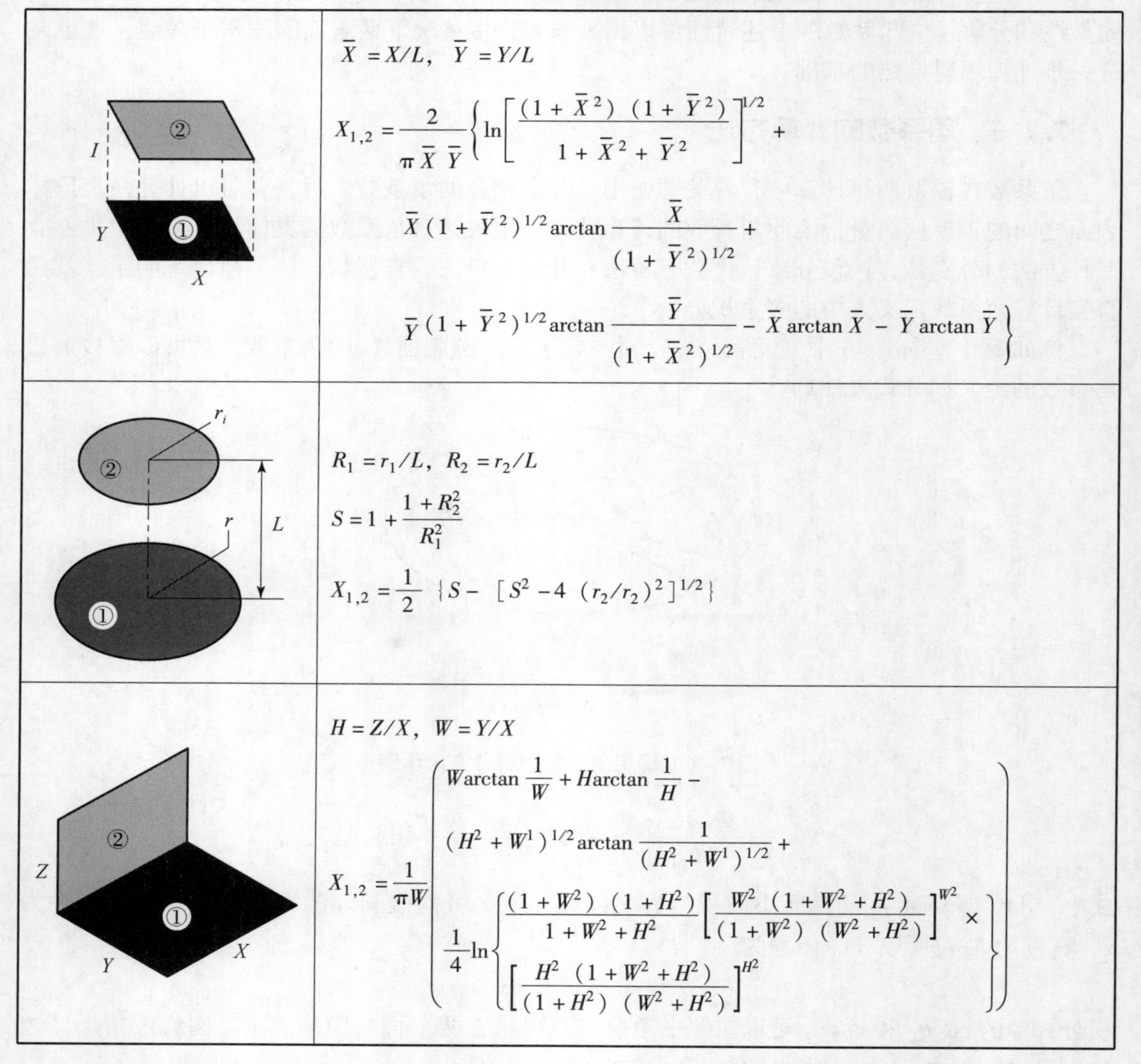

图示	计算公式
两平行矩形（①、②，边长 X、Y，间距 I）	$\bar X = X/L,\ \bar Y = Y/L$ $X_{1,2} = \frac{2}{\pi \bar X \bar Y}\left\{\ln\left[\frac{(1+\bar X^2)(1+\bar Y^2)}{1+\bar X^2+\bar Y^2}\right]^{1/2} + \bar X(1+\bar Y^2)^{1/2}\arctan\frac{\bar X}{(1+\bar Y^2)^{1/2}} + \bar Y(1+\bar Y^2)^{1/2}\arctan\frac{\bar Y}{(1+\bar X^2)^{1/2}} - \bar X\arctan\bar X - \bar Y\arctan\bar Y\right\}$
两平行圆盘（①、②，半径 r、r_i，间距 L）	$R_1 = r_1/L,\ R_2 = r_2/L$ $S = 1 + \frac{1+R_2^2}{R_1^2}$ $X_{1,2} = \frac{1}{2}\{S - [S^2 - 4(r_2/r_2)^2]^{1/2}\}$
两垂直矩形（①、②，边长 X、Y、Z）	$H = Z/X,\ W = Y/X$ $X_{1,2} = \frac{1}{\pi W}\left(W\arctan\frac{1}{W} + H\arctan\frac{1}{H} - (H^2+W^1)^{1/2}\arctan\frac{1}{(H^2+W^1)^{1/2}} + \frac{1}{4}\ln\left\{\frac{(1+W^2)(1+H^2)}{1+W^2+H^2}\left[\frac{W^2(1+W^2+H^2)}{(1+W^2)(W^2+H^2)}\right]^{W^2} \times \left[\frac{H^2(1+W^2+H^2)}{(1+H^2)(W^2+H^2)}\right]^{H^2}\right\}\right)$

为了进一步简化计算，表面间不同相对位置的角系数还可以依据上述计算公式画成线图，然后从线图中直接查到相应的角系数值。例如两个平行矩形面，间距为 L，边长分别为 X、Y，根据 X/L 和 Y/L 的值，可以直接查出角系数的具体数值（图 7－7）。

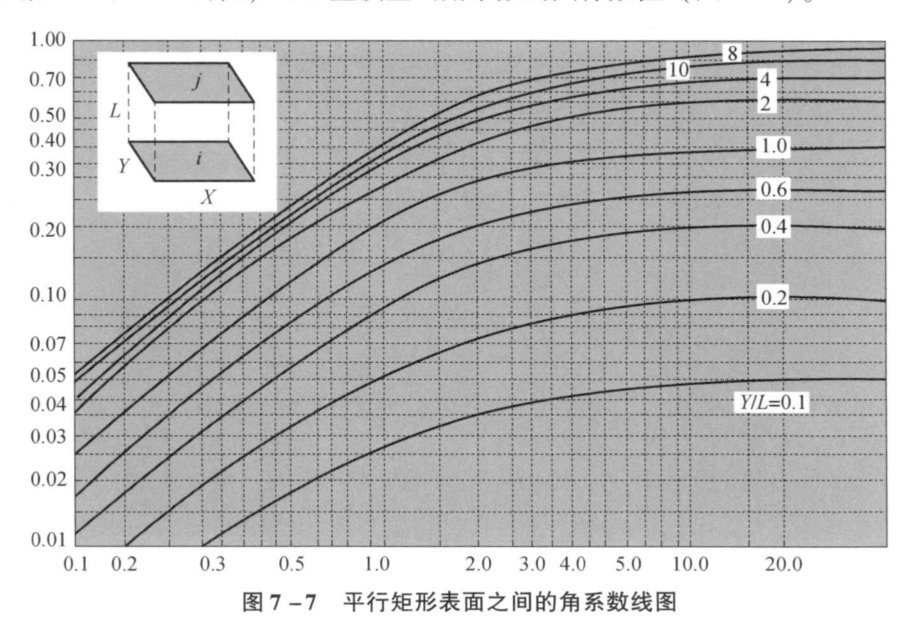

图 7－7　平行矩形表面之间的角系数线图

例如，图 7－8 中两个矩形平面，距离 $L=0.5$ m，边长为 $X=1$ m 和 $Y=0.5$ m，那么 $X/L=2$，$Y/L=1$，可以直接从线图 7－7 查出两个矩形表面之间的角系数约为 0.3，并用于计算两个表面之间的辐射换热量。

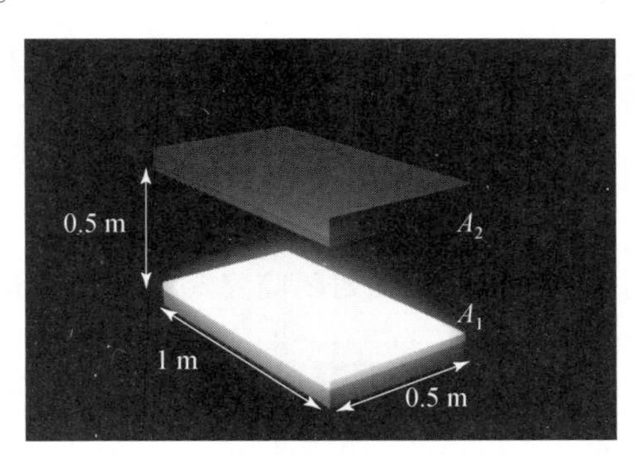

图 7－8　两个矩形平面相对位置示意图

同样，同轴平行圆盘表面间的角系数，以及相互垂直长方形表面间的角系数等，都可以通过类似的图线直接查出。

另外一种角系数计算方法为代数分析法，这种方法可以扩大线图或公式的应用，主要是基于角系数的互换性、完整性和分解性，列出代数方程，然后再通过求解方程组，解出相应的角系数。例如，对于三个非凹表面 A_1、A_2、A_3 组成的封闭系统（图 7－9），由角系数完整性可以得到三个方程，分别是

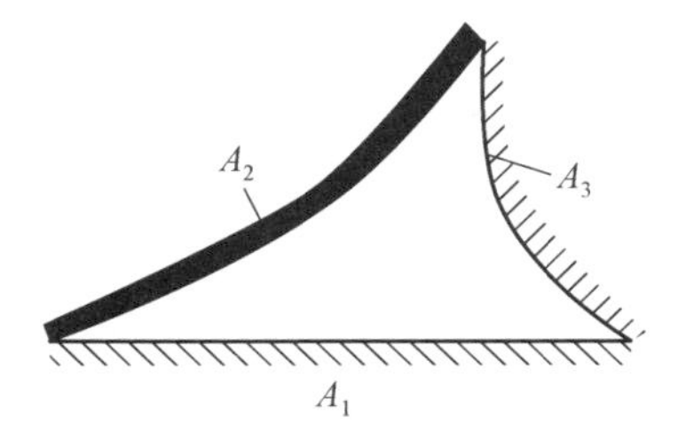

图 7－9　三个无限长非凹表面组成的封闭系统

$$X_{1,2}+X_{1,3}=1$$
$$X_{2,1}+X_{2,3}=1$$
$$X_{3,1}+X_{3,2}=1$$

再由角系数互换性，还可以再得到三个方程，分别是

$$A_1X_{1,2}=A_2X_{2,1}$$
$$A_1X_{1,3}=A_3X_{3,1}$$
$$A_2X_{2,3}=A_3X_{3,2}$$

通过6个方程联立，可求出6个角系数，最终求解出的6个角系数分别是

$$X_{1,2}=\frac{A_1+A_2-A_3}{2A_1},\quad X_{1,3}=\frac{A_1+A_3-A_2}{2A_1}$$
$$X_{2,1}=\frac{A_2+A_1-A_3}{2A_2},\quad X_{2,3}=\frac{A_2+A_3-A_1}{2A_2}$$
$$X_{3,1}=\frac{A_3+A_1-A_2}{2A_3},\quad X_{3,2}=\frac{A_3+A_2-A_1}{2A_3}$$

由于垂直纸面方向的长度相同，还可以将面积用平面内的长度来表示：

$$X_{1,2}=\frac{l_1+l_2-l_3}{2l_1},\quad X_{1,3}=\frac{l_1+l_3-l_2}{2l_1}$$
$$X_{2,1}=\frac{l_2+l_1-l_3}{2l_2},\quad X_{2,3}=\frac{l_2+l_3-l_1}{2l_2}$$
$$X_{3,1}=\frac{l_3+l_1-l_2}{2l_3},\quad X_{3,2}=\frac{l_3+l_2-l_1}{2l_3}$$

对于任意两个非凹表面间的角系数（图7-10），假定在垂直于纸面方向上的长度是无限延伸的，但只有封闭系统才能应用角系数的完整性，所以可以作辅助面 ac 和 bd，从而构成一个封闭腔。

此时，根据角系数的完整性，表面 ab 对其他三个面的角系数相加等于1：

$$X_{ab,cd}+X_{ab,ac}+X_{ab,bd}=1$$

其中表面 ab 对表面 ac 的角系数可以三表面封闭腔公式，依据三角形腔 abc 写出来：

$$X_{ab,ac}=\frac{A_1+A_{ac}-A_{bc}}{2A_1}$$

而表面 ab 对表面 bd 的角系数可以从三角形腔 abd 写出：

$$X_{ab,bd}=\frac{A_1+A_{bd}-A_{ad}}{2A_1}$$

所以表面 ab 对 cd 的角系数就等于1减去上面这两个角系数：

$$X_{ab,cd}=1-X_{ab,ac}-X_{ab,bd}=\frac{(A_{bc}+A_{ad})-(A_{ac}+A_{bd})}{2A_1}=\frac{(bc+ad)-(ac+bd)}{2ab}$$

实际上这个结果就是图7-10中两条交叉线长度之和减去两条非交叉线长度之和，再除以表面 ab 线段长度的2倍。

角系数的几何分析法，就是直接通过几何图形的分析，再通过角系数的性质计算得到角系数，如一个封闭空腔（图7-11）。

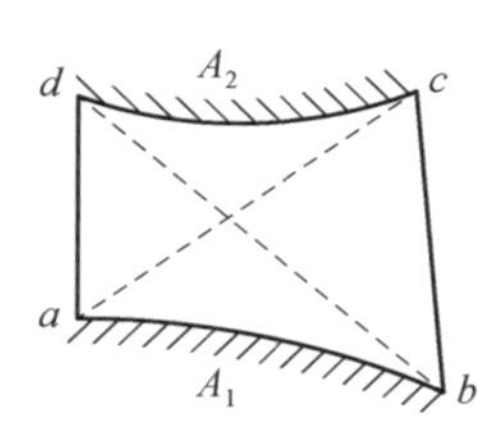

图 7-10　两个非凹表面间的角系数

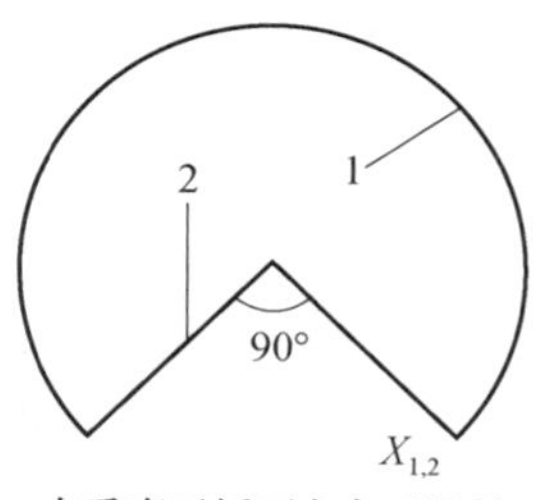

图 7-11　组成封闭空腔的两个表面之间的角系数

表面 1 是 3/4 个圆的圆弧，表面 2 由两个半径组成，那么表面 2 的辐射全部被表面 1 吸收，所以可直接得到 $X_{2,1}=1$，然后根据角系数互换性，有 $A_1X_{1,2}=A_2X_{2,1}$，所以可以再求出 $X_{1,2}=A_2/A_1$。此时面积比 A_2/A_1 可以用平面内长度的比表示，A_2 对应的是两个半径长度，A_1 是 3/4 的圆周长，因此：

$$X_{1,2}=\frac{A_2}{A_1}X_{2,1}=\frac{2R}{\frac{3}{4}\times 2\pi R}\times 1=\frac{4}{3\pi}$$

7.2　固体表面间的辐射换热计算方法

如果是两黑体表面组成的封闭腔（图 7-12），它们之间的辐射换热很简单，可以通过角系数以及黑体辐射力直接写出来。

$$\Phi_{1,2}=A_1E_{b1}X_{1,2}-A_2E_{b2}X_{2,1}=A_1X_{1,2}(E_{b1}-E_{b2})$$

第一项是表面 1 发出的热辐射到达表面 2 的部分，第二项是表面 2 发出的热辐射到达表面 1 的部分，式中用到了角系数的互换性，$X_{1,2}A_1=X_{2,1}A_2$。

当然还可以将其改写成辐射热阻的形式（图 7-13），即两个黑体辐射力的差除以空间辐射热阻：

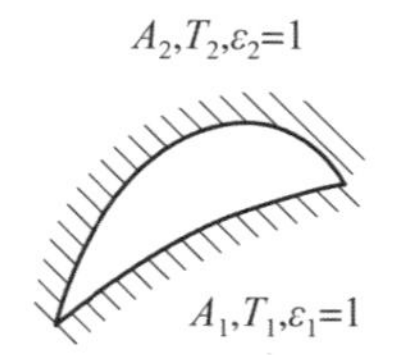

图 7-12　两黑体表面组成的封闭腔

E_{b1}　E_{b2}　$\Phi_{b(12)}$　$\frac{1}{X_{1,2}A_1}$ 或 $\frac{1}{X_{2,1}A_2}$

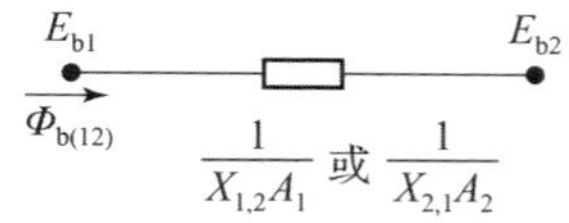

图 7-13　两黑体表面辐射换热的热阻网络图

$$\Phi_{1,2}=\frac{E_{b1}-E_{b2}}{\dfrac{1}{A_1X_{1,2}}}=\frac{E_{b1}-E_{b2}}{\dfrac{1}{A_2X_{2,1}}}$$

但是如果将两个黑体表面换成两个漫灰表面组成的封闭系统，它们之间的辐射换热就会复杂很多，因为此时表面对投射过来的能量不能完全吸收，还有一部分能量会反射回去，这部分能量在另一表面会再次发生反射，从而出现多次反射与吸收的情况。因此，需要用到有效辐射的概念来简化计算（图 7-14）。

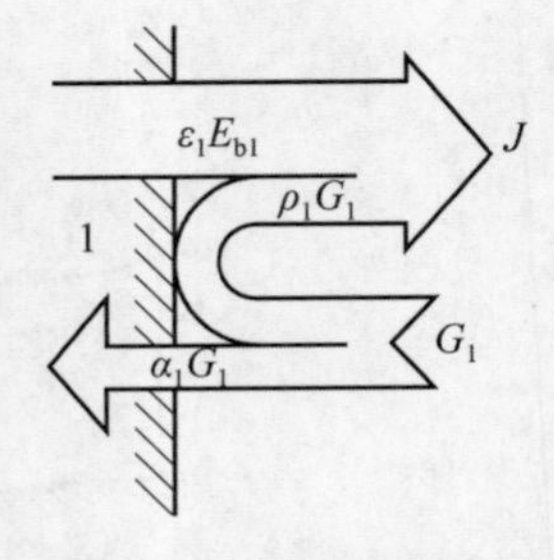

图 7－14　灰体表面有效辐射

对于某个表面标记为表面 1，单位时间内投射到单位面积上的总辐射能，记为 G_1。而单位时间内离开单位面积的总辐射能为该表面的有效辐射，记为 J。那么有效辐射就包含了两部分内容：一部分是表面自身的辐射 E，另一部分是投入辐射 G_1 被反射的部分，反射这部分能量在数值上等于表面 1 的反射率 ρ_1 乘以投入辐射 G_1。认为固体表面透射率为零，那么反射率 ρ_1 也可用吸收率 α_1 表示，为 $1-\alpha_1$。

对于表面温度均匀、表面辐射特性为常数的漫灰表面 1，根据有效辐射的定义，表面 1 的有效辐射 J 可以表示为

$$J = E_1 + \rho_1 G_1 = \varepsilon_1 E_{b1} + (1-\alpha_1) G_1$$

式中，E_1 为表面自身的辐射，$\rho_1 G_1$ 为反射的辐射。漫灰表面自身辐射 E_1 等于其表面发射率 ε_1 乘以黑体辐射力 E_{b1}。

在表面外能感受到的表面辐射就是有效辐射，它是单位表面积上的辐射功率，单位是 W/m^2。而且，由于投入辐射取决于投射辐射源的温度和辐射特性，所有有效辐射还与投射辐射源的特性有关。

那么灰体表面的净辐射热流密度等于多少呢？从表面 1 外部来观察，净辐射热流密度应等于有效辐射 J 与投入辐射 G_1 之差，取向表面外的方向为正方向，所以向外的有效辐射 J 为正，净辐射热流密度：$q_1 = J - G_1$。

从表面 1 内部观察，净辐射热流密度应是表面本身固有辐射与吸收辐射之差：$q_1 = \varepsilon_1 E_{b1} - \alpha_1 G_1$。净辐射热流密度两式联立，消去 G_1，可以得到关于 q_1 的表达式：

$$q_1 = \varepsilon_1 E_{b1} - \alpha_1 (J - q_1)$$

从而可以得到净辐射热流密度 q_1 的计算公式：

$$q_1 = \frac{\varepsilon_1}{1-\varepsilon_1}(E_{b1} - J)$$

也就通过有效辐射求出了灰表面之间的辐射换热热流密度。需要注意的是，式中的各个量均是对同一表面而言的，而且以向外界的净放热量为正值。

灰表面的净辐射换热量就等于热流密度乘以面积，也可以写成热阻的形式：

$$\Phi_1 = q_1 A_1 = A_1 \frac{\varepsilon_1}{1-\varepsilon_1}(E_{b1} - J) = \frac{E_{b1} - J}{\dfrac{1-\varepsilon_1}{\varepsilon_1 A_1}}$$

此时的热阻 $\dfrac{1-\varepsilon_1}{\varepsilon_1 A_1}$ 称为表面辐射热阻，热阻网络图中的结点电压分别是 E_{b1} 和 J（图 7－15）。

表面辐射热阻只取决于辐射面积的大小和黑度，黑度和表面积越大，则表面辐射热阻越小。对于黑体，吸收率和发射率都等于 1，$\alpha = \varepsilon = 1$，所以其表面辐射热阻为 0，此时的有效辐射就是黑体本身的辐射力 $J = E_b$。

有了有效辐射的概念后，对于两灰体表面之间的辐射换热，可以直接仿照黑体辐射换热来计算。假设两个灰体表面的角系数分别为 $X_{1,2}$ 和 $X_{2,1}$（图 7－14），那么这两个灰体表面之间的辐射换热量可以直接写成（图 7－16）

$$\Phi_{1,2} = A_1 J_1 X_{1,2} - A_2 J_2 X_{2,1} = A_1 X_{1,2}(J_1 - J_2) = \frac{J_1 - J_2}{\dfrac{1}{A_1 X_{1,2}}}$$

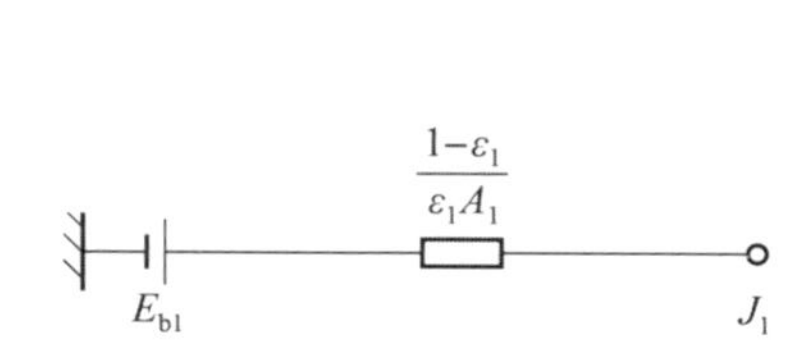

图 7－15　辐射表面热阻

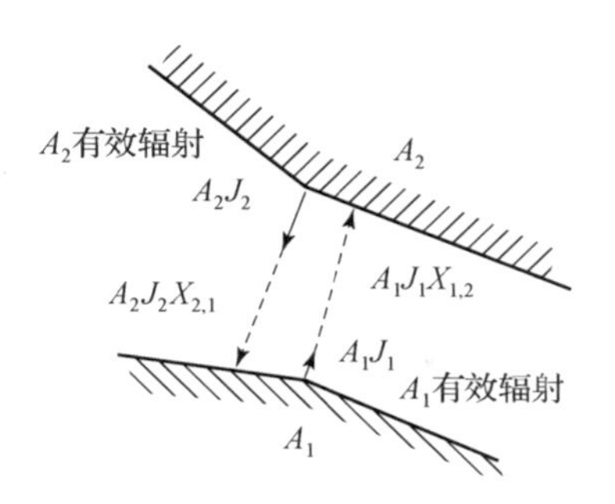

图 7－16　灰体表面间的辐射换热

此时的热阻$\frac{1}{A_1X_{1,2}}$称为空间辐射热阻。也可以画成热阻网络图的形式，有效辐射相当于结点电压（图 7－17）。

所以对于灰体表面来说，它与黑体表面的明显区别就是多了一个表面辐射热阻。因此，对于两灰体表面的辐射换热情况，可以很容易按照热阻的形式表达出来，如表面 A_1 失去的净热量 Φ_1 为结点电压 $E_{b1}-J_1$ 再除以表面辐射热阻；而表面 A_1 和 A_2 之间的换热量 $\Phi_{1,2}$ 等于结点电压 J_1-J_2 再除以空间辐射热阻；表面 2 获得的净热量 Φ_2 同样等于结点电压除以表面辐射热阻，只是此时是表面 2 获得的净热量，所以热流方向是流向表面内的方向。

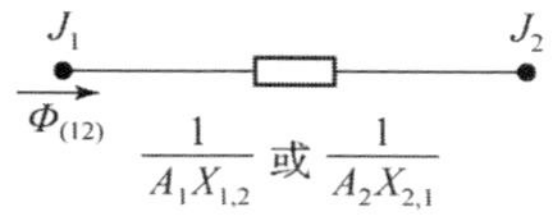

J_1　J_2　$\Phi_{(12)}$　$\frac{1}{A_1X_{1,2}}$ 或 $\frac{1}{A_2X_{2,1}}$

图 7－17　空间辐射热阻

$$\Phi_1=\frac{E_{b1}-J_1}{\dfrac{1-\varepsilon_1}{\varepsilon_1A_1}}$$

$$\Phi_{1,2}=\frac{J_1-J_2}{\dfrac{1}{A_1X_{1,2}}}$$

$$\Phi_2=\frac{J_2-E_{b2}}{\dfrac{1-\varepsilon_2}{\varepsilon_2A_2}}$$

在稳态条件下，热流量为常数，所以 $\Phi_1=\Phi_{1,2}=\Phi_2$，三个式子联立，可以消去有效辐射 J_1 和 J_2，得到

$$\Phi_{1,2}=\frac{E_{b1}-E_{b2}}{\dfrac{1-\varepsilon_1}{\varepsilon_1A_1}+\dfrac{1}{A_1X_{1,2}}+\dfrac{1-\varepsilon_2}{\varepsilon_2A_2}}$$

因此两个灰表面之间的辐射换热，实际上就是三个热阻的串联，即两个表面辐射热阻和一个它们之间的空间辐射热阻串联（图 7－18）。

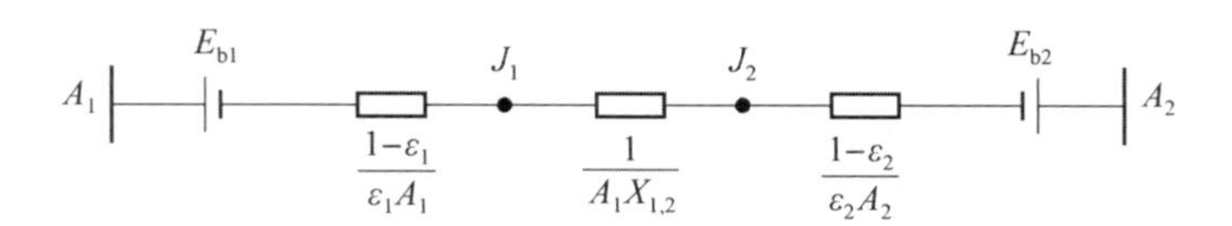

图 7－18　两封闭表面间的辐射换热网络图

这个换热量计算公式还可以变换一下形式，如要按照表面 A_1 的面积来做计算，可以在分子、分母同时乘以 A_1，消去分母中的 A_1，然后再同时乘以 $X_{1,2}$，利用角系数互换性，$A_1X_{1,2}=A_2X_{2,1}$，将 A_2 替换成角系数 $X_{2,1}$，有

$$\Phi_{1,2}=\frac{A_1X_{1,2}(E_{b1}-E_{b2})}{1+X_{1,2}\left(\frac{1}{\varepsilon_1}-1\right)+X_{2,1}\left(\frac{1}{\varepsilon_2}-1\right)}$$

然后定义一个因子 ε_s，令

$$\varepsilon_s=\frac{1}{1+X_{1,2}\left(\frac{1}{\varepsilon_1}-1\right)+X_{2,1}\left(\frac{1}{\varepsilon_2}-1\right)}$$

可将换热公式直接写成

$$\Phi_{1,2}=\varepsilon_sA_1X_{1,2}(E_{b1}-E_{b2})$$

这个 ε_s 就是系统黑度或者叫系统发射率，如果 ε_s 等于1，则又变成了黑体辐射换热，因此，与黑体系统辐射换热相比，灰体系统相当于多了一个修正因子 ε_s。而这个修正因子 ε_s 通常小于1，它是考虑了灰体发射率小于1引起的多次吸收和反射对换热影响的因子。

例如两个平行平面间的辐射换热（图7－19（a）），两表面间的角系数都等于1。

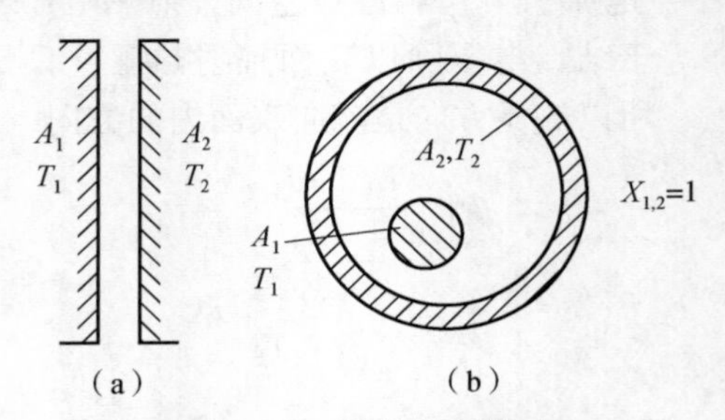

图7－19　灰体辐射换热

（a）两个平行表面间的辐射换热；（b）物体与空腔内包壁间的辐射换热

按照上述公式，系统黑度 ε_s 直接变成了与表面发射率 ε_1 和 ε_2 相关的数：

$$\varepsilon_s=\frac{1}{1+X_{1,2}\left(\frac{1}{\varepsilon_1}-1\right)+X_{2,1}\left(\frac{1}{\varepsilon_2}-1\right)}$$

$$=\frac{1}{\frac{1}{\varepsilon_1}+\left(\frac{1}{\varepsilon_2}-1\right)}$$

此时的两表面间换热量也直接与表面发射率相关：

$$\Phi_{1,2}=\varepsilon_sA(E_{b1}-E_{b2})$$

$$=\varepsilon_sA\sigma_b(T_1^4-T_2^4)$$

如果两个表面的发射率都为1，则 ε_s 也等于1，也就变成了黑体表面间的辐射换热。由此可见，固体表面之间辐射换热的计算主要还是基于黑体表面间的辐射换热，灰体表面会多出表面辐射热阻，因此多了一个系统发射率 ε_s。

对于物体与空腔内包壁间的辐射换热（图7－19（b）），物体对于空腔包壁的角系数 $X_{1,2}=1$，此时的辐射换热量为

$$\Phi_{1,2}=\frac{A_1X_{1,2}(E_{b1}-E_{b2})}{1+X_{1,2}\left(\frac{1}{\varepsilon_1}-1\right)+X_{2,1}\left(\frac{1}{\varepsilon_2}-1\right)}$$

$$=\frac{A_1(E_{b1}-E_{b2})}{\left(\frac{1}{\varepsilon_1}-1\right)+\frac{1}{X_{1,2}}+\frac{A_1}{A_2}\left(\frac{1}{\varepsilon_2}-1\right)}$$

$$=\frac{A_1(E_{b1}-E_{b2})}{\frac{1}{\varepsilon_1}+\frac{A_1}{A_2}\left(\frac{1}{\varepsilon_2}-1\right)}$$

对于空腔来说，往往面积比较大，如果$\frac{A_1}{A_2}\ll 1$，如车间内的采暖板、热力管道、测温传感器等都可以近似为此种情况，此时的辐射换热量可简化为

$$\Phi_{1,2}=\varepsilon_1A_1(E_{b1}-E_{b2})$$

7.3　固体多表面间的辐射换热计算

上一节讲到两个灰体表面辐射换热过程，相当于两个表面辐射热阻与一个空间辐射热阻的串联，可以按照节点电压比上热阻的形式，写出换热量，实际上这个换热量就相当于欧姆定律中的电流强度。因此，根据组成封闭系统的两个灰体表面间辐射换热的等效网络图，可以很方便地写出换热量计算式，可见，基于等效网络图，可以大大简化计算分析过程。

同样对于三个表面组成的封闭系统，也可以通过画等效网络图的方法进行分析计算（图 7－20）。

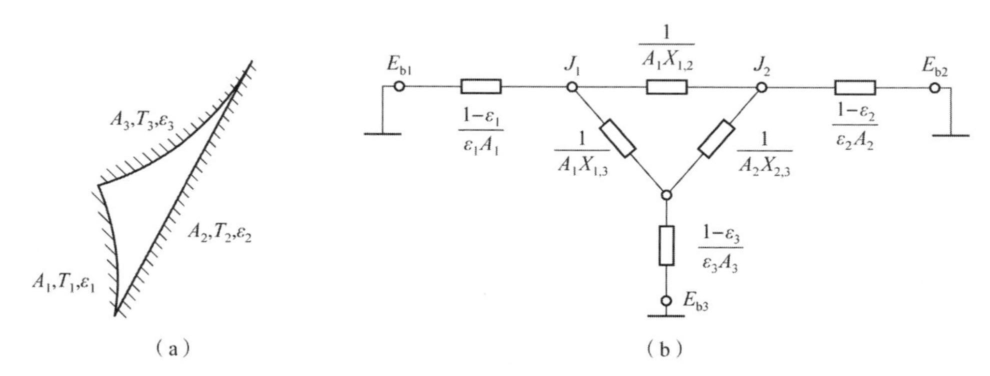

图 7－20　三个表面组成的封闭系统

（a）由三个表面组成的封闭系统；（b）三表面封闭腔的等效网络图

首先每个表面都有自己的表面辐射热阻，三个表面 A_1、A_2、A_3 的表面辐射热阻分别为

$$\frac{1-\varepsilon_1}{A_1\varepsilon_1}$$

$$\frac{1-\varepsilon_2}{A_2\varepsilon_2}$$

$$\frac{1-\varepsilon_3}{\varepsilon_3A_3}$$

然后是三个表面之间的空间辐射热阻，表面 A_1 与表面 A_2 的空间辐射热阻为

$$\frac{1}{A_1X_{1,2}}$$

表面 A_1 与表面 A_3 的空间辐射热阻为

$$\frac{1}{A_1X_{1,3}}$$

还有表面 A_2 与表面 A_3 的空间辐射热阻为

$$\frac{1}{A_2X_{2,3}}$$

有了图 7－20 这个网络图，就可以很方便地计算不同表面间的辐射换热。基本方法就是，根据电路中的基尔霍夫定律，即流入结点的电流总和等于零，得到各结点的有效辐射方程组。然后求解不同的未知量。

以上是三个灰体表面组成封闭腔的情况，如果其中一个表面为黑体表面，如假设表面 A_3 是黑体表面，由于黑体的表面热阻为零，图 7－20 网络图中表面 A_3 的表面热阻就要去掉，J_3 直接等于 E_{b3}，因此网络图可以简化为图 7－21（a）。但黑体表面本身是有净辐射换热的，所以 Φ_3 并不等于零。

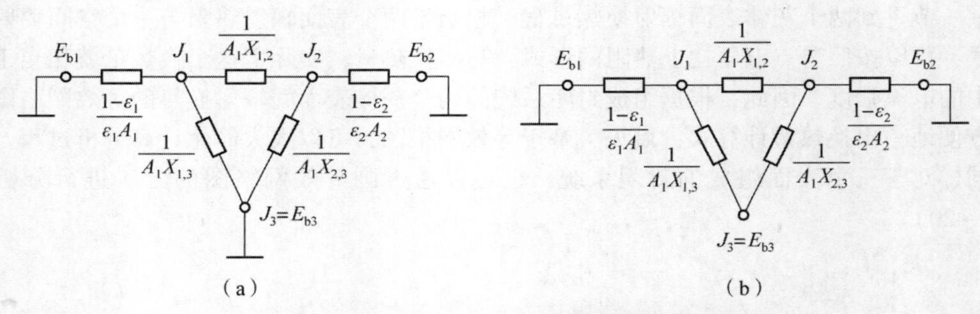

图 7－21　三个表面组成封闭腔的热阻网络图

（a）表面 A_3 为黑体；（b）表面 A_3 为重辐射面

还有一种比较特殊的情况，就是其中一个表面 A_3 是绝热表面（重辐射面），此时该表面的净换热量 Φ_3 为零（图 7－21（b）），即进去多少热量，就又出来多少热量，所以也称为重辐射面。在网络图中，绝热表面只相当于一个节点，空间辐射热阻 $\frac{1}{A_1X_{1,3}}$ 与 $\frac{1}{A_2X_{2,3}}$ 成了串联关系，实际上就相当于退化成了两个表面间的问题。

例如，将两个不同温度、不同发射率的热表面放在一个大房间中（图 7－22），试根据图中已知条件，求出两个表面 A_1、A_2 之间的辐射热流量，以及墙壁吸收的热流量。

对于这样一个问题，由于房间足够大，可以认为整个房间为一个黑体表面 A_3，近似认为它的吸收率和发射率都等于 1，这就变成了三个表面之间的辐射换热问题，而且其中一个表面为黑体，因此，网络图就是刚刚讲到的第一种特殊情况，因此可以通过结点方程组求解。三个表面辐射换热网络图如图 7－23 所示，与图 7－21（a）一致。

两个矩形表面 A_1、A_2 之间的角系数可以查角系数线图，根据矩形表面的几何参数，直接查出 $X_{1,2}=X_{2,1}=0.285$。再根据角系数完整性，可以求出 $X_{1,3}=1-X_{1,2}=0.715$，同样 $X_{2,3}=1-X_{2,1}=0.715$。

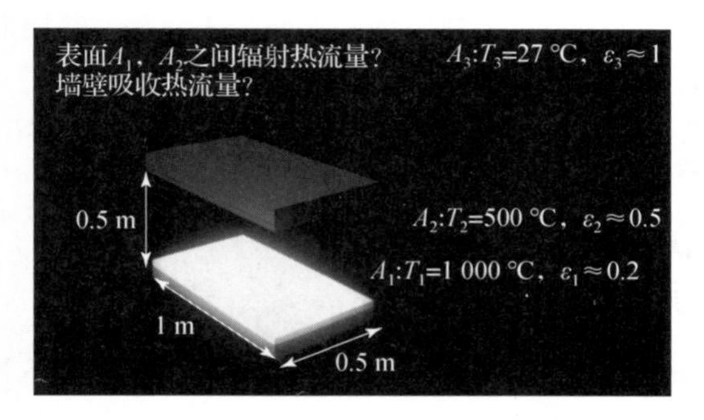

图 7－22　两个不同温度、不同发射率的热表面放在一个大房间中的辐射换热系统

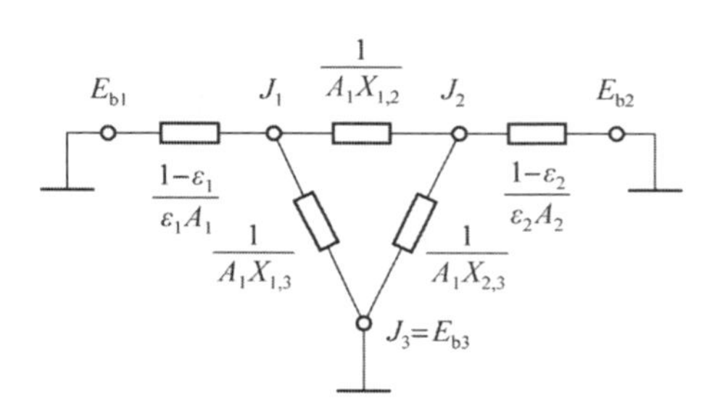

图 7－23　三个表面辐射换热网络图

然后可以分别计算表面辐射热阻，以及空间辐射热阻，并列出 J_1 和 J_2 处的结点方程：

$$\frac{E_{b1}-J_1}{8}=\frac{J_1-J_2}{7.02}+\frac{J_1-E_{b3}}{2.8}$$

$$\frac{J_1-J_2}{7.02}+\frac{E_{b3}-J_2}{2.8}=\frac{J_2-E_{b2}}{2}$$

两个方程可以构成一个方程组，从而可以求出两个未知数 J_1 和 J_2 的值。那么表面 A_1、A_2 之间的辐射热流量可以通过 J_1 和 J_2 求出：

$$\frac{J_1-J_2}{\dfrac{1}{A_1X_{1,2}}}=2.62(\mathrm{kW})$$

而墙壁的吸收热流量有两部分，一部分是表面 A_1 流过来的，另一部分是表面 A_2 流过来的，因此有

$$\frac{J_1-J_3}{\dfrac{1}{A_1X_{1,3}}}+\frac{J_2-J_3}{\dfrac{1}{A_2X_{2,3}}}=17(\mathrm{kW})$$

7.4　遮热板

由辐射热阻的表达式可以看出，如果要增加表面间的辐射换热量，一是增加表面本身的发射率，二是增加表面间的角系数。反过来，如果要削弱辐射换热，就需要降低发射率或降低角系数，还有一种方法就是在两个表面间加入遮热板（图 7－24）。

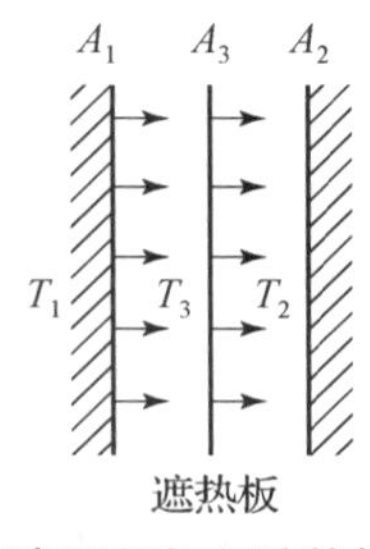

图 7－24　两表面间加入遮热板的辐射换热

首先回顾一下，两个表面辐射换热，画成网络图是三个热阻串联即两个表面辐射热阻和一个空间辐射热阻（图 7－25），辐射换热量直接等于：

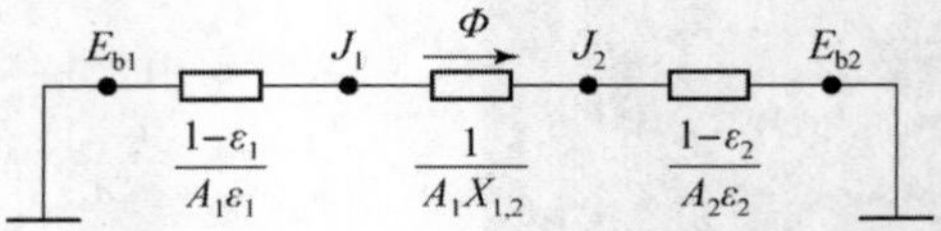

图 7－25　等效热阻网络图

$$\Phi = \frac{E_{b1} - E_{b2}}{\dfrac{1-\varepsilon_1}{\varepsilon_1 A_1} + \dfrac{1}{A_1 X_{1,2}} + \dfrac{1-\varepsilon_2}{\varepsilon_2 A_2}}$$

如果在两个表面之间插入一个遮热板，那么 A_1 表面辐射就先到了 A_3 左侧表面，再由 A_3 右侧表面辐射出去，实际上相当于多了两个 A_3 表面的表面辐射热阻，此时画成网络图就变成了 6 个热阻的串联，分别是 A_1 的表面辐射热阻，A_1 到 A_3 的空间辐射热阻，A_3 左侧表面的表面辐射热阻，A_3 右侧表面的表面辐射热阻，A_3 到 A_2 的空间辐射热阻，以及 A_2 的表面辐射热阻（图 7－26）。

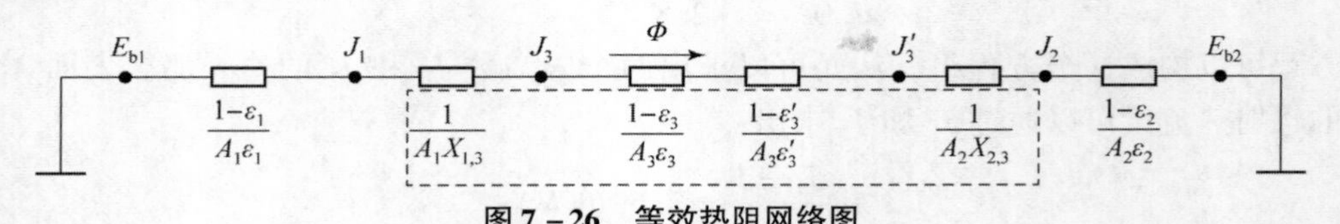

图 7－26　等效热阻网络图

此时的辐射热流量等于 $E_{b1} - E_{b2}$ 再除以此时的总热阻：

$$\Phi = \frac{E_{b1} - E_{b2}}{\dfrac{1-\varepsilon_1}{\varepsilon_1 A_1} + \dfrac{1}{A_1 X_{1,3}} + \dfrac{1-\varepsilon_3}{A_3 \varepsilon_3} + \dfrac{1-\varepsilon_3'}{A_3 \varepsilon_3'} + \dfrac{1}{A_2 X_{2,3}} + \dfrac{1-\varepsilon_2}{\varepsilon_2 A_2}}$$

为了讨论方便，可以假设平板和遮热板都是灰体，并且吸收率都相等。

$$\alpha_1 = \alpha_2 = \alpha_3 = \varepsilon$$

对于两个平行表面，上一节讲到过，它们的面积相等，角系数都等于 1，此时系统发射率 ε_s 直接变成与表面发射率 ε_1 和 ε_2 相关的数：

$$\varepsilon_s = \frac{1}{\dfrac{1}{\varepsilon_1} + \dfrac{1}{\varepsilon_2} - 1}$$

辐射换热的热流密度为热流量除以面积：

$$q_{1,2} = \varepsilon_s (E_{b1} - E_{b2})$$

由于各个表面发射率都相等，所以不同表面之间的系统发射率 ε_s 也相等。所以，对于中间有遮热板的情况，可以用同样的系统发射率 ε_s 分别写出不同表面间辐射换热的热流密度，而且在稳态条件下，热流密度是相等的：

$$\begin{cases} q_{1,3} = \varepsilon_s (E_{b1} - E_{b3}) \\ q_{3,2} = \varepsilon_s (E_{b3} - E_{b2}) \\ q_{1,2} = q_{1,3} = q_{3,2} \end{cases}$$

因此，可以直接得到其中一个热流密度等于另外两个相加再除以 2，如：

$$q_{1,2}=\frac{1}{2}(q_{1,3}+q_{3,2})=\frac{1}{2}\varepsilon_{s}(E_{b1}-E_{b2})$$

与没有遮热板时的情况相比，加入遮热板后，辐射换热热流密度或热流量减小了一半。如果加入 n 块遮热板，辐射换热量则降至原来的 $1/(n+1)$。另外，实际应用时，遮热板一般选用黑度小，即反射率高的材料，如表面磨光的金属薄板，可以进一步提高遮热效果。

关于辐射换热计算，其中比较关键的点就是角系数以及表面的吸收率或者发射率，同时需要画出多表面之间的辐射换热网络图，列出结点方程，分别计算辐射换热量或热流密度。

7.5　复合传热

两种或三种基本热量传递方式同时起作用的传热称为复合传热。工程上遇到的许多传热问题都是复合传热问题，例如热工件在厂房中的冷却散热，锅炉及窑炉余热回收换热器中高温烟气与管束管壁之间的换热等，其共同特点是包含热传导、热对流与辐射换热耦合的共同作用综合传热过程。

例题 7－1　一块面积为 1 m^2 的薄金属板（发射率为 0.56），水平放置于室外，表面对流换热系数为 10 $W/(m^2 \cdot K)$，假设板底面绝热，问在晴朗的冬天晚上（夜空可视为黑体，比地面空气温度低 20 ℃），当金属板周围空气的温度为 1 ℃时，金属板的温度为多少?

解：这是对流换热和辐射换热的复合传热问题，空气与金属板发生对流换热，金属板表面与天空之间辐射换热。

平板对流换热吸收热流密度：$q_c=h_c(t_f-t_w)$

平板辐射换热发射热流密度：$q_r=\varepsilon\sigma_b(t_w^4-t_{am}^4)$

当两者处于平衡时，达到稳态：

$$h_c(t_w-t_f)=\varepsilon\sigma_b(t_w^4-t_{am}^4)$$

对流换热系数 $h_c=10\ W/(m^2\cdot K)$，空气流体温度 $t_f=1\ ℃=274\ K$，天空温度 $t_{am}=254\ K$，发射率 $\varepsilon=0.56$，斯蒂芬－玻尔兹曼常数 $\sigma_b=5.67\times10^{-8}$，代入等式，通过试凑法可等到金属壁面温度。

$$10\times(274-t_w)=0.56\times5.67\times10^{-8}(t_w^4-254^4)$$

得到 $t_w\approx-3\ ℃$。

可见，金属板表面通过辐射换热向夜空放热，使得金属板即使在周围空气温度大于零度的环境中也会低于零度，也就是低于水的冰点，从而出现结霜现象。辐射制冷器就是利用这一原理进行冷却的。宇宙空间是超低温和超真空环境，通过利用在真空环境中互不接触的物体，因温度的不同彼此进行辐射热交换，使高温物体降温，因此航天器上的仪器可以采用辐射制冷以获得冷却效果。

例题 7－2　某房间吊装一水银温度计读数为 15 ℃，已知温度计头部发射率（黑度）为 0.9，头部与室内空气间的对流换热系数为 20 $W/(m^2\cdot K)$，墙表面温度为 10 ℃，如附图所示，求该温度计的测量误差。如何减小测量误差?

解：此问题是温度计与空气对流换热以及与墙壁辐射换热的复合传热过程。空气温度高于墙壁温度，说明温度计通过对流换热吸热，通过辐射换热放热，温度计的温度达到稳定时，吸热量和放热量相等。

$$\varepsilon A(E_{b1}-E_{b2})=h\times A(t_f-t_w)$$
$$E_{b1}=\sigma T_w^4,E_{b2}=\sigma T_w^4$$

将对应数据代入等式：

$$0.9\times5.67\times10^{-8}[(273+15)^4-(273+10)^4]=20(t_f-15)$$

可得空气流体温度：

$$t_f=16.2\ ℃$$

测量误差：

$$\frac{16.2-15}{16.2}\times100\%=7.4\%$$

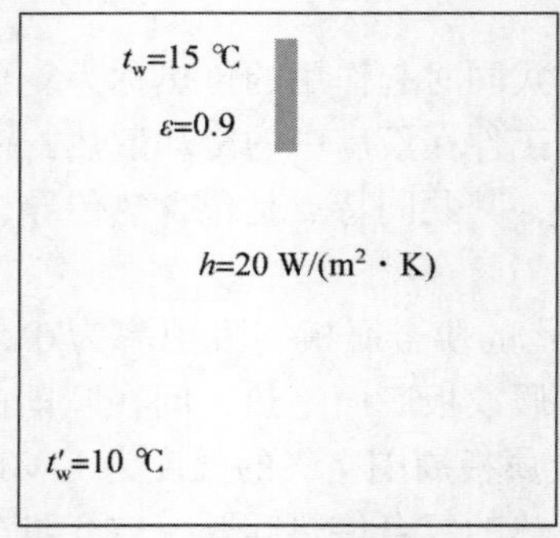

例题 7－2　附图

习　　题

7－1　设有如附图所示的两个微小面积 A_1、A_2，$A_1=2\times10^{-4}\text{m}^2$，$A_2=3\times10^{-4}\text{m}^2$。$A_1$ 为漫射表面，辐射力 $E_1=5\times10^4\ \text{W/m}^2$。试计算由 A_1 发出而落到 A_2 上的辐射能。

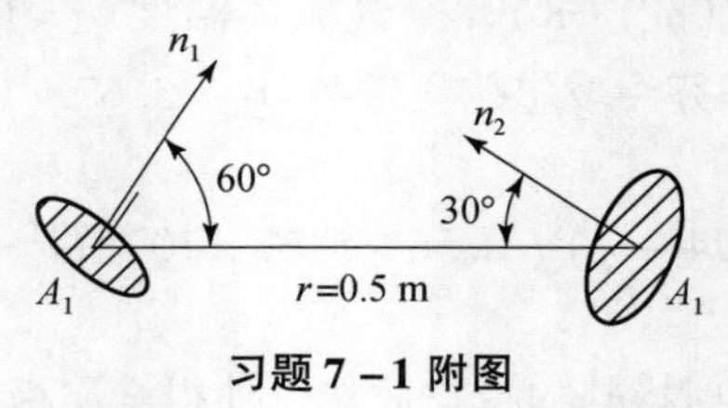

习题 7－1 附图

7.2　如附图所示，已知一微元圆盘 dA_1 与有限大圆盘 A_2（直径为 D）相平行。两中心线的连线垂直于两圆盘，且长度为 s。试计算 $X_{d1,2}$。

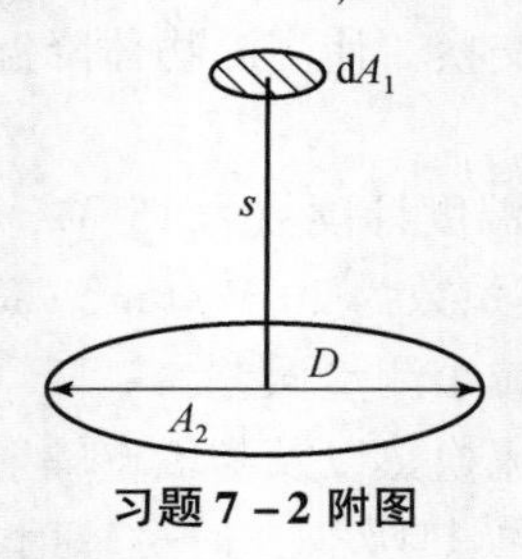

习题 7－2 附图

7－3　试用简捷方法确定附图中的角系数 $X_{1,2}$。

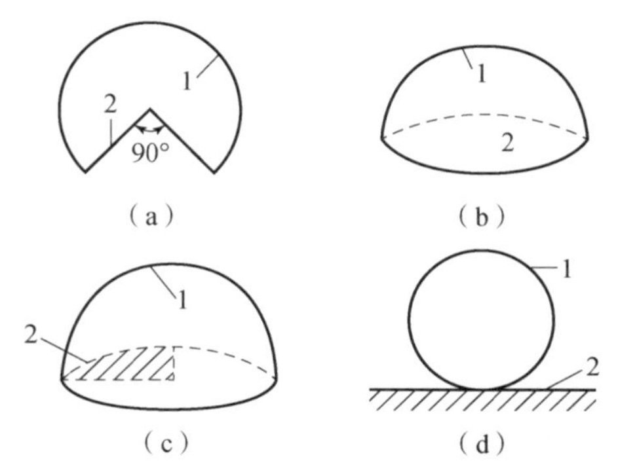

习题 7－3 附图

(a) 在垂直于纸面方向无限长；(b) 半球内表面与底面；
(c) 半球内表面与 1/4 底面；(d) 球与无限大平面

7－4　对于如附图所示的三种几何结构，试导出从沟槽表面发出的辐射能中落到沟槽外面的部分所占的百分数的计算式。设在垂直于纸面的方向上均为无限长。

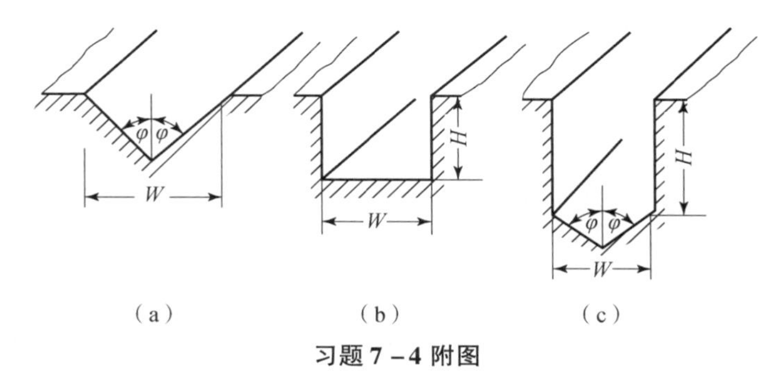

习题 7－4 附图

7－5　一管状电加热器内表面温度为 900 K，$\varepsilon=1$，试计算从加热表面投入到圆盘上的总辐射能（见附图）。

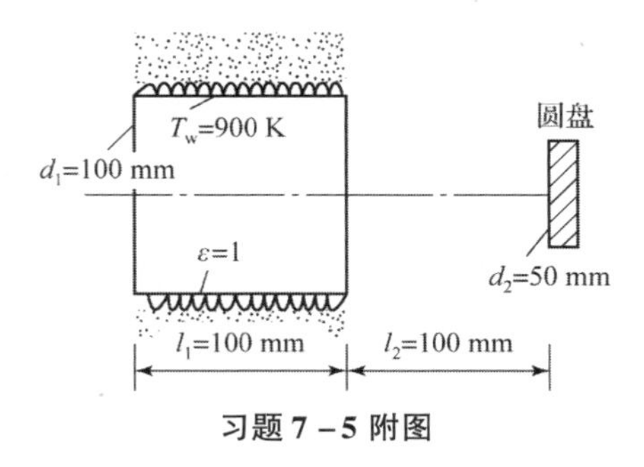

习题 7－5 附图

7－6　在两块平行的黑体表面 1、3 之间置入一块透明平板 2。板 1、3 的表面温度为已知，板 2 的温度维持在某个值 T_2，其发射率、反射比及透射比各为 ε_2、ρ_2 及τ_2。试确定表面 1 单位面积上净辐射传热量的表达式。

7－7　两个面积相等的黑体被置于一绝热的包壳中。假定两黑体的温度分别为 T_1 与 T_2，且相对位置是任意的，试画出该辐射传热系统的网络图，并导出绝热包壳表面温度 T_3 的表达式。

7－8　两块平行放置的平板的表面发射率均为0.8，温度分别为$t_1=527$ ℃及$t_2=27$ ℃，板间距远小于板的宽度与高度。试计算：

（1）板的自身辐射；

（2）板1的投入辐射；

（3）板1的反射辐射；

（4）板1的有效辐射；

（5）板2的有效辐射；

（6）板1、2间的辐射传热量。

7－9　两块无限大平板的表面温度分别为t_1及t_2，发射率分别为ε_1及ε_2。其间遮热板的发射率为ε_3，试画出稳态时三板之间辐射传热的网络图。

7－10　在题7－9中，取$\varepsilon_1=\varepsilon_2=0.8$，$\varepsilon_3=0.025$，试在一定的$t_1$、$t_2$温度下，推断加入遮热板后1、2两表面间的辐射传热减少到原来的多少分之一。

7－11　一外径为100 mm的钢管横穿过室温为27 ℃的大房间，管外壁温度为100 ℃，表面发射率为0.85。试确定单位管长上的热损失。

7－12　设热水瓶的瓶胆可以看作直径为10 cm、高为26 cm的圆柱体，夹层抽真空，其表面发射率为0.05。试估算沸水刚冲入水瓶后，初始时刻水温的平均下降速率。夹层两壁温可近似地取100 ℃及20 ℃。

7－13　一平板表面接收到的太阳投入辐射为1 262 W/m^2，该表面对太阳能的吸收比为α，自身辐射的发射率为ε。平板的另一侧绝热。平板的向阳面对环境的散热相当于对一个－50 ℃的表面进行辐射传热。试对$\varepsilon=0.5$，$\alpha=0.9$及$\varepsilon=0.1$，$\alpha=0.15$的两种情形确定平板表面处于稳定工况下的温度。

7－14　在一块厚金属板上钻了一个直径$d=2$ cm的不穿透小孔，孔深$H=4$ cm，锥顶角为90°，如附图所示。设孔的表面是发射率为0.6的漫射体，整个金属块处于500 ℃的温度下，环境温度为0 K，确定孔口与外界的辐射换热量。

7－15　对于如附图所示的结构，试计算下列情形下从小孔向外辐射的能量：

（1）所有内表面均是500 K的黑体；

（2）所有内表面均是$\varepsilon=0.6$的漫射体，温度均为500 K。

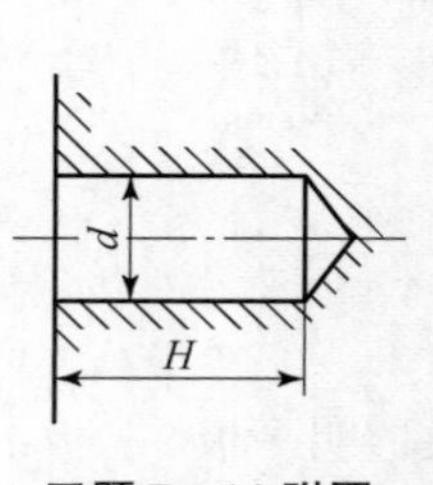

习题7－14附图

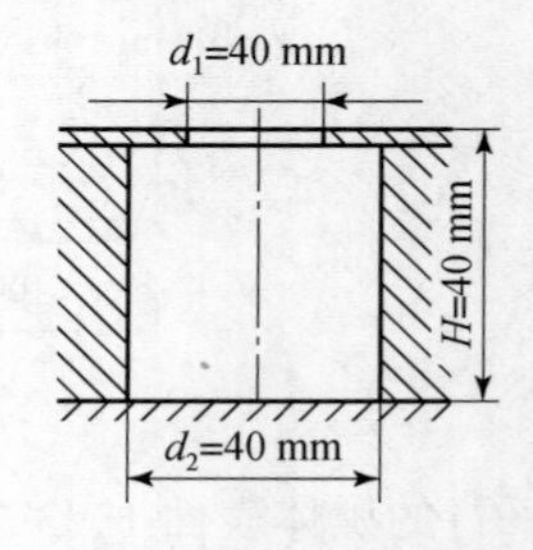

习题7－15附图

7－16　有一水平放置的正方形太阳能集热器，边长为1.1 m，吸热表面的发射率$\varepsilon=0.2$，对太阳能的吸收比$\alpha_s=0.9$。当太阳的投入辐射$G=800$ W/m^{2}时，测得集热器吸热表面的温度为90 ℃。此时环境温度为30 ℃，天空可视为23 K的黑体。试确定此集热器的效率。设吸热表面直接暴露于空气中，其上无夹层（集热器效率定义为集热器所吸收的太阳辐射能与太阳投入辐射之比）。

7－17　假设在上题所述的太阳能集热器吸热面上加了一层厚 8 cm 的空气夹层（空气压力为 1.013×10^5 Pa），夹层顶盖玻璃内表面的平均温度为 40 ℃，玻璃的穿透比为 0.85，其他条件不变。试计算此情形下太阳能集热器的效率。

7－18　在一厚为 200 mm 的炉墙上有一直径为 200 mm 的孔，孔的圆柱形表面可以认为是绝热的。炉内温度为 1 400 ℃，室温为 30 ℃。试确定当该孔的盖板被移去时室内物体所得到的净辐射热量。

7－19　两个相距 1 m、直径为 2 m 的平行放置的圆盘，相对表面的温度分别为 $t_1=500$ ℃及 $t_2=200$ ℃，发射率分别为 $\varepsilon_1=0.3$ 及 $\varepsilon_2=0.6$，圆盘的另外两个表面的换热忽略不计。试确定下列两种情况下每个圆盘的净辐射传热量：

（1）两圆盘被置于 $t_3=20$ ℃的大房间中；

（2）两圆盘被置于一绝热空腔中。

7－20　两个同心圆筒壁的温度分别为 －196 ℃及 30 ℃，直径分别为 10 cm 及 15 cm，表面发射率均为 0.8。试计算单位长度圆筒体上的辐射传热量。为减弱辐射传热，在其间同心地置入一遮热罩，直径为 12.5 cm，两表面的发射率均为 0.05。试画出此时辐射传热的网络图，并计算套筒壁间的辐射传热量。

7－21　宇宙飞船上的一肋片散热结构如附图所示。肋片的排数很多，在垂直于纸面的方向上可视为无限长。已知肋根温度为 330 K，肋片相当薄，肋片材料的导热系数很大，环境是 0 K 的宇宙空间，肋片表面发射率 $\varepsilon=0.83$。试计算肋片单位面积上的净辐射散热量。

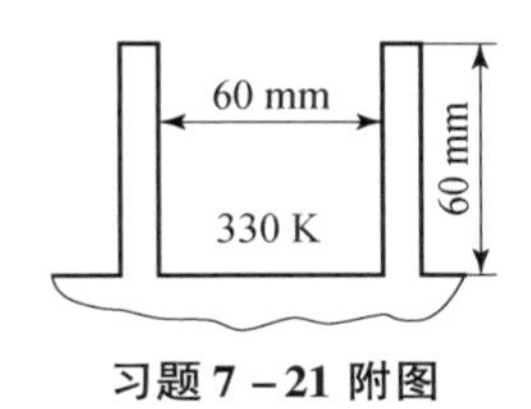

习题 7－21 附图

7－22　在一如附图所示的传送带式的烘箱中，辐射加热表面与传送带上被加热工件间的距离 $H=0.35$ m，加热段长 3.5 m，在垂直于纸面方向上宽 1 m，传送带两侧面及前后两端面 A、B 均可以视为是绝热的，其余已知条件如图示。试：

（1）确定辐射加热面所需的功率；

（2）讨论去掉前后端面对于热损失及工件表面温度场均匀性的影响。

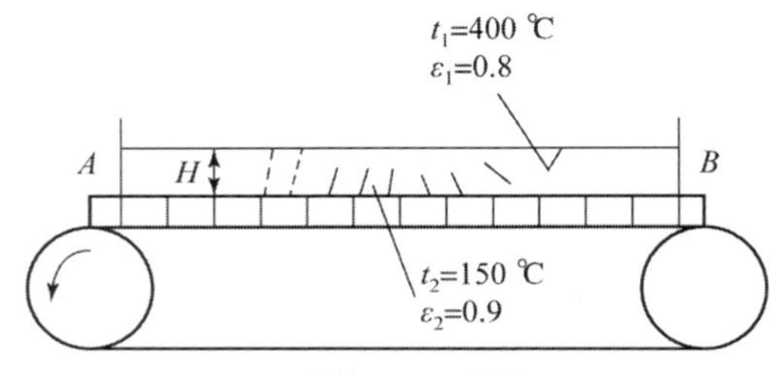

习题 7－22 附图

7－23　在两块平行放置的相距很近的大平板 1 与 2 中，插入一块很薄且两个表面发射率不等的第三块平板。已知 $t_1=300$ ℃，$t_2=100$ ℃，$\varepsilon_1=0.5$，$\varepsilon_2=0.8$。当板 3 的 A 面朝向表面 1 时，板 3 的稳态温度为 176.4 ℃；当板 3 的 B 面朝向表面 1 时，稳态时板 3 的温度为 255.5 ℃。试确定表面 A、B 各自的发射率。

7－24　用单层遮热罩抽气式热电偶测量一设备中的气流温度。已知设备内壁温度为 90 ℃，热接点与遮热罩表面的发射率均为 0.6，气体对热接点及遮热罩的表面传热系数分别为 40 W/(m^2·K) 及 25 W/(m^2·K)。当气流真实温度 t_f = 180 ℃时，热电偶的指示值为多少？

7－25　用裸露的热电偶测定圆管中气流的温度，热电偶的指示值 t_1 = 170 ℃，已知管壁温度 t_w = 90 ℃，气流对热接点的对流传热表面传热系数为 h = 50 W/(m^2·K)，热接点表面的发射率 ε = 0.6。试确定气流的真实温度及测温误差。

7－26　一热电偶被置于外径为 5 mm 的不锈钢套管（ε = 0.7）中，且热接点与套管底紧密接触。该套管被水平置于一电加热炉中，以测定炉内热空气的温度。已知炉壁的平均温度为 510 ℃，该热电偶读数为 500 ℃，试确定空气的真实温度。空气与套管间的换热为自然对流传热。

7－27　在题 7－26 中，如果把装有热电偶的套管置于管道中，用来测定作强制流动的气流温度。气流方向与套管轴线垂直，流速为 10 m/s，其他条件保持不变。试确定此条件下气流的真实温度。

7－28　设有如附图所示的一箱式炉，炉顶为加热面，底面为冷面，四侧表面为绝热面。试：

（1）把四周绝热面作为一个表面处理，计算加热面的净辐射传热量及绝热面的温度；

（2）把侧面沿高度三等分，假设每一分区中的温度均匀，采用数值计算方法计算加热面的净辐射传热量及三区中的温度；

（3）把侧面沿高度五等分，重复上述计算，并把侧面作为单区、三区及五区的三种计算结果作一比较。

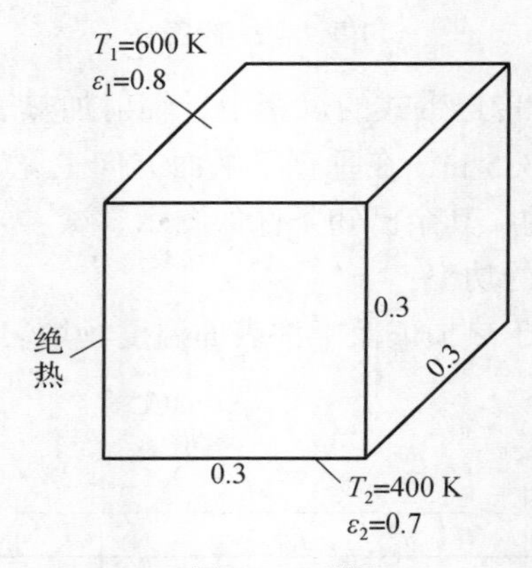

习题 7－28 附图

7－29　在直径为 D 的人造卫星外壳上涂了一层具有漫射性质的涂料，其光谱吸收特性为 $\alpha(\lambda)$ = 0.6($\lambda \leq$ 3 μm) 及 $\alpha(\lambda)$ = 0.3(λ > 3 μm)。如附图所示，当它位于地球的阴面一侧时，仅可得到来自地球的投入辐射 G_s = 340 W/m^2，且可以视为平行入射线。而位于地球的亮面一侧时，可同时收到来自太阳与地球的投入辐射，且太阳的投入辐射 G_s = 1 353 W/m^2。设地球辐射可视为 280 K 的黑体辐射，人造卫星表面的温度总在 500 K 以下。

试分别计算它位于阴面与亮面位置时，在稳态情形下的表面平均温度。

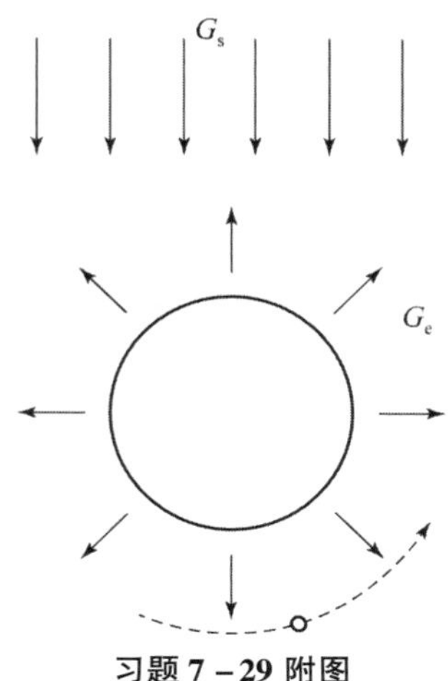

习题 7－29 附图

7－30　一燃烧试验设备的壁面上安置了一小块圆形耐热玻璃，直径为 5 cm，穿透比 $\tau = 0.9$，发射率 $\varepsilon = 0.3$，反射比 $\rho = 0$。环境温度为 20 ℃。设玻璃的温度是均匀的，其表面与壁面齐平，外表面的对流传热表面传热系数为 9.6 W/($m^2 \cdot K$)。燃烧温度为 1 000 K。试确定玻璃的温度及散失到环境中的热量。

7－31　一种利用半导体材料直接进行发电的设备的原理如附图所示。位于中心的陶瓷管受内部燃气加热维持表面温度为 1 950 K，半导体材料制成 $d_o = 0.35$ m 的圆管，其外用导热性能极好的金属层围住，金属层外用 293 K 的冷却水予以冷却。陶瓷管与半导体表面之间为真空。已知 $d_i = 25$ mm，陶瓷管表面为漫灰体，$\varepsilon = 0.95$；半导体材料亦可视为漫灰体，$\varepsilon = 0.45$。半导体材料输出的电功率是其所吸收的辐射能中 $\lambda = 0.6 \sim 25$ μm 范围内辐射能的 10%。试确定单位长度设备所能输出的电功率。设沿直径方向可以视为无限长。

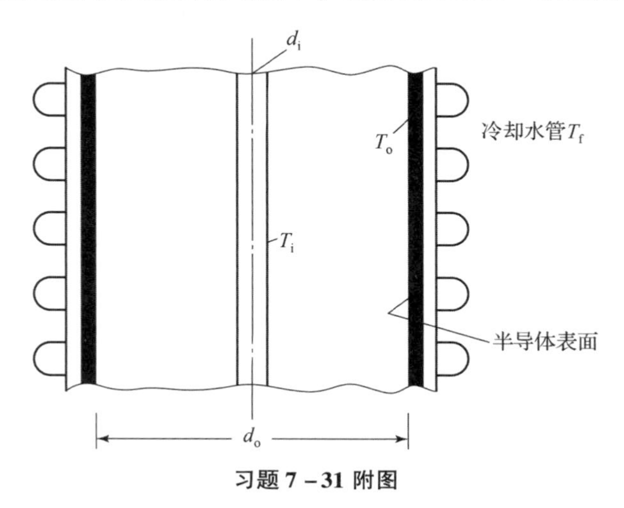

习题 7－31 附图

7－32　在一个刮风的日子里，太阳投射到一幢大楼的平屋顶上的辐射能为 980 W/m^2，屋顶与温度为 25 ℃的气流间对流传热的表面传热系数为 25 W/($m^2 \cdot K$)。天空可以看作 －40 ℃的黑体。屋顶材料对太阳能的吸收比为 0.6，自身发射率为 0.2。试确定屋顶表面在稳态下的温度。

7-33　一种测定高温下固体材料导热系数的示意性装置如附图所示。一厚为 δ 的方形试件（边长为 b）被置于一大加热炉的炉底，其侧边绝热良好，顶面受高温炉的辐射加热，底面被温度为 T_c 的冷却水冷却，且冷却水与底面间的换热相当强烈。试件顶面的发射率为 ε_s，表面温度 T_s 用光学高温计测定。炉壁温度均匀，且为 T_w，测定在稳态下进行。试：

（1）导出试件平均导热系数的计算式（设导热系数与温度呈线性关系）；

（2）对于 $T_w = 1\ 400$ K，$T_s = 1\ 000$ K，$T_c = 300$ K，$\varepsilon_s = 0.85$，$\delta = 0.015$ m 的情形，计算导热系数的值。

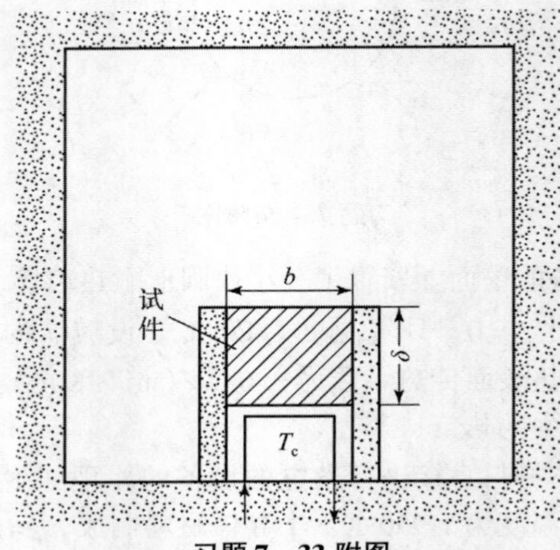

习题 7-33 附图

参 考 文 献

[1] 斯帕罗 E M，塞斯 R D. 辐射传热［M］. 顾传保，张学学，译．北京：高等教育出版社，1982.

[2] SIEGEL R，HOWELL J O. Thermal radiation heat transfer［M］. 2nd ed. Washington DC：Hemisphere Pub Corp，1982.

[3] 电机工程手册编辑部．机械工程手册［M］. 2 版．北京：机械工业出版社，1987.

[4] 杨贤荣，马庆芳．辐射换热角系数手册［M］. 北京：国防工业出版社，1982.

[5] TAO W Q，SPARROW E M. Ambiguities related to the calculation of radiant heat exchange between a pair of surfaces［J］. Int J Heat Mass Transfer，1985，28（9）：1788－1790.

[6] EDWARDS D K，MATAVOISAN R. Scaling rules for total absorptivity and emissivity of gases［J］. ASME J Heat Transfer，1984，106：684－689.

[7] EDWARDS D K，MATAVOISAN R. Emissivity data for gases［M］// Hewitt G F. Hemisphere handbook of heat exchanger design. New York：Hemipshere，1990.

[8] HOLMAN J P. Heat transfer［M］. 9th ed. Boston：McGraw－Hill，2002.

[9] 陈钟颀．传热学专题讲座［M］. 北京：高等教育出版社，1989.

[10] MILL A F. Heat and mass transfer［M］. Chicago：Rechard D Irwin Inc，1995.

[11] 陶文铨．传热学基础［M］. 北京：电力工业出版社．1981.

[12] ANSON P，GODRIGE A M. A simple method for measuring heat flux［J］. J Sci Inst.，1967，44：541－544.

[13] 罗运俊，何梓年，王长贵．太阳能利用技术［M］. 北京：化学工业出版社，2005.

[14] 闵桂荣，郭舜．航天器热控制［M］. 2 版．北京：科学出版社，1998.

[15] 韩军，吴纯子．空间制冷器［M］//空间低温技术（146）．北京：宇航出版社，1991.

[16] KANG H J，TAO W Q. Discussion on the network method for the calculating radiant interchange within an enclosure［J］. J Thermal Science，1994，3（2）：130－135.

第8章

换热器及传热过程

8.1 换热器概述

换热器是实现两种或两种以上流体互相换热的设备，其用途非常广泛，在能源动力、化工建筑等工业领域，以及航空航天等领域都具有非常重要的作用，如用于飞机座舱空气调节系统中的散热器、油冷却器等。在航空发动机空气系统中，为了有效降低从压气机引出的冷却空气温度，也可在外涵中设置换热器。换热器按工作原理大致可以分为三类：回热式、混合式和间壁式。

（1）回热式换热器：换热面交替吸收和放出热量，热流体流过换热器时换热面吸收并储存热量，冷流体流过换热器时换热面放出储存热量。

例如，高温空气燃烧技术（high temperature air combustion，HTAC）（图8-1），首先将常温空气引入换热器加热，经过加热的高温空气喷入炉膛，维持低氧状态，同时将燃料输送到气流中进行燃烧。空气温度预热到800~1 000 ℃及以上，从而可实现高温空气燃烧，其最大的特点是节省燃料，减少二氧化碳和氮氧化物的排放，降低燃烧噪声，被誉为21世纪关键技术之一。高温烟气通过另一端的换热器流出，热量被换热器储存，烟气温度降低并排出。之后通过切换换向阀，让常温空气再从加热过的换热器流入，实现余温回收利用。采用蜂窝式陶瓷蓄热体换热器可实现烟气余热的极限回收，烟气的余热回收率可达85%以上，燃料节约率可达55%以上。

（2）混合式换热器：冷热流体直接接触彼此混合换热，这种换热方式效率最高。但由于两种或多种换热流体混合，应用受到限制，常用于冷却塔、喷射冷凝器等（图8-2）。

（3）间壁式换热器：冷热流体被壁面隔开。热传递过程包括热流体与壁面间对流换热、壁中的导热、壁面与冷流体间的对流换热，有时还包括辐射换热。间壁式换热器应用范围非常广，包括暖风机、燃气加热器、冷凝器、蒸发器等。

间壁式换热器又可以细分为很多种类，如管壳式换热器、板式换热器、肋片管式换热器、板翅式换热器、螺旋管式换热器等。下面主要介绍这几种间壁式换热器。

1. 管壳式换热器

管壳式换热器是以封闭在壳体中管束的壁面作为传热面的间壁式换热器，主要由壳体、传热管束、管板、折流板（挡板）和管箱等部件组成（图8-3）。这种换热器结构简单、造价低、流通截面较宽、易于清洗水垢，但传热系数低、占地面积大。可用各种结构材料（主要是金属材料）制造，能在高温高压下使用，是应用最广的类型。

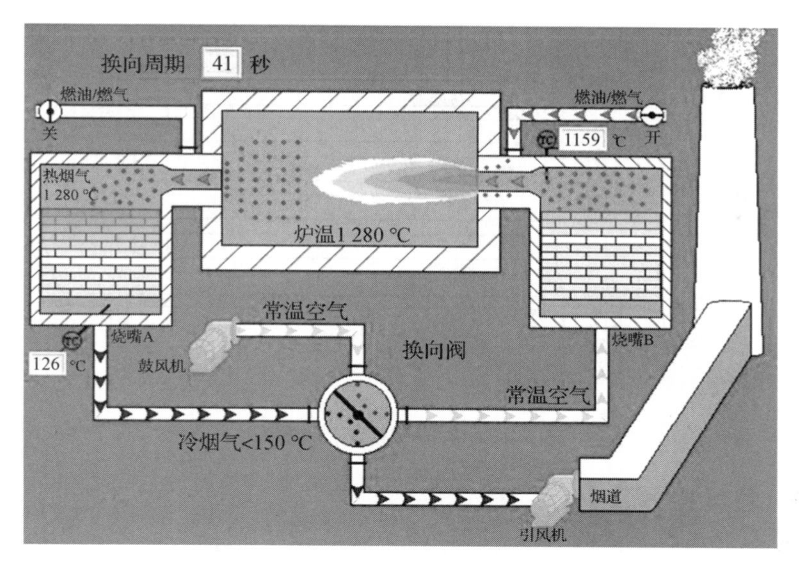

图 8－1　高温空气燃烧技术示意图

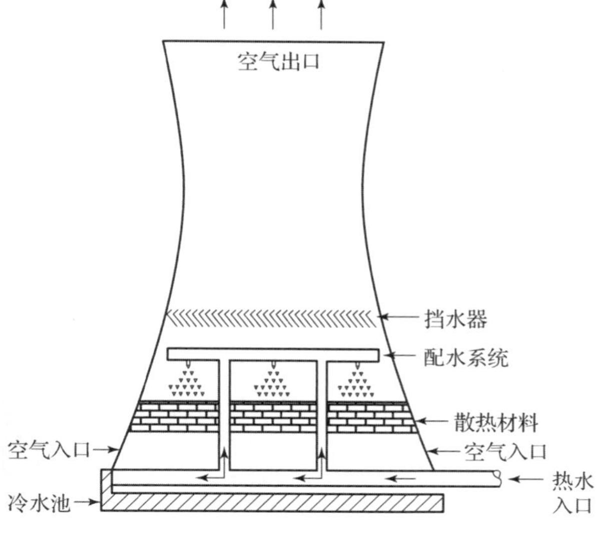

图 8－2　发电站冷却塔混合式换热示意图

流体每通过管束一次称为一个管程，每通过壳体一次称为一个壳程。为提高管内流体速度，可在两端管箱内设置隔板，将全部管子均分成若干组。这样流体每次只通过部分管子，因而在管束中往返多次，这称为多管程。同样，为提高管外流速，也可在壳体内安装纵向挡板，迫使流体多次通过壳体空间，称为多壳程。多管程与多壳程可配合应用。

主要优点：结构坚固，易于制造，适应性强，处理能力大，高温高压下也可应用，清洗方便。

主要缺点：材料消耗大，不紧凑，传热系数较低。

应用：工业上用得最多，历史悠久，占主导地位。

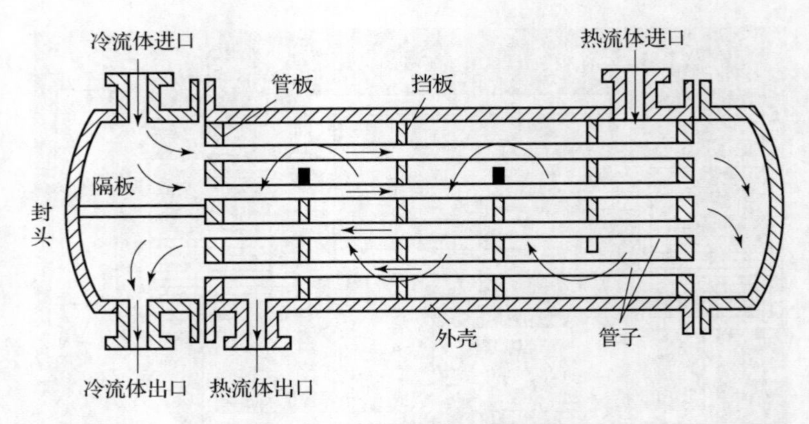

图 8-3　管壳式换热器示意图

2. 螺旋管式换热器

螺旋管式换热器是由一组或多组缠绕成螺旋状的管子置于壳体之中制成的（图 8-4）。其特点是结构紧凑，流阻较小，传热面积比直管大，温差应力小，但管内的清洗较困难，承压低（<10 bar①），可用于较高黏度的流体加热或冷却。螺旋管式换热器是在 1895 年由德国林德公司研发出来的，被作为一种空气流化设备投入化工生产。虽然螺旋管式换热器的造价比同样传热面积的管壳式换热器高，但是因为传热系数大，容易维修，所以被广泛使用。例如，需实现不同管壳程介质之间传热的情形，以小温差传递大热量的情形，低温、高压的操作条件。除此之外，对那些工作环境严苛、腐蚀介质需采用特殊材质的大型工业装置以及对流道的顺畅度要求不高的场合，螺旋管式换热器也能发挥出理想的效用。

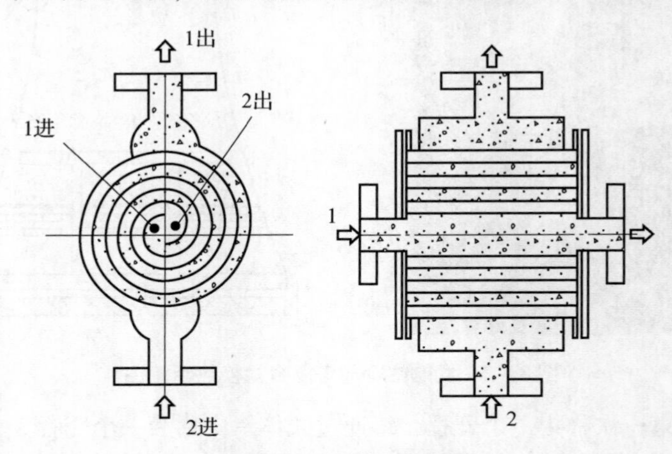

图 8-4　螺旋管式换热器

从当前的应用效果来看，螺旋管式换热器不失为一种切实多用途的设备，在低温等多种工况下均可以体现出它的优势。虽然其应用可回溯到 20 世纪初期，但从目前来看，该换热器仍然是化工生产中一种重要的设备。螺旋管式换热器是一种能实现温度自动补偿的高效换热器，能在较高压力下运行，设备运行时单位热负荷小，并且设备运行后结垢较少。因此，

① $1\ \text{bar} = 10^5\ \text{Pa}$。

这种换热器特别适用于低温气体分离和深冷环境，如空分设备、稀有气体分离装置、氢液化装置、低温甲醇洗系统、临氢系统等。随着新的设计理念的提出和加工技术的成熟，螺旋管式换热器的应用日益广泛，可满足大型化、高温化、高压化、微型化等多种不同的工况需求。

3. 缠绕管式换热器

缠绕管式换热器在芯筒与外筒之间的空间内将传热管按螺旋线形状交替缠绕而成，相邻两层螺旋状传热管的螺旋方向相反，并采用一定形状的定距件使之保持一定的间距（图 8 – 5）。相对于普通的列管式换热器，缠绕管式换热器是一款高效紧凑的换热器，具有不可比拟的优势，适用温度范围广、适应热冲击、热应力自身消除、紧凑度高，由于自身的特殊构造，流场充分发展，不存在流动死区，尤其特别的是，通过设置多股管程（壳程单股），能够在一台设备内满足多股流体的同时换热，容易实现大型化发展。而且管内的操作压力高，目前国外最高操作压力可达 2 000 MPa，同时可以利用余热，在节能环保方面也具有很重要的作用。但换热器的结构形式复杂，造价成本高，并且位于装置的关键部位。

图 8 – 5　缠绕管式换热器

4. 板式换热器

板式换热器是由一系列具有一定波纹形状的金属片叠装而成的一种高效换热器（图 8 – 6）。可拆卸板式换热器是由许多冲压有波纹薄板按一定间隔，四周通过垫片密封，并用框架和压紧螺旋重叠压紧而成，板片和垫片的 4 个角孔形成了流体的分配管和汇集管，同时又合理地将冷热流体分开，使其分别在每块板片两侧的流道中流动，通过板片进行热交换。各种板片之间形成薄矩形通道，通过板片进行热量交换。板式换热器是液 – 液、液 – 气进行热交换的理想设备，它具有换热效率高、热损失小、结构紧凑轻巧、占地面积小、换热系数高，使用灵活、应用广泛、使用寿命长等特点。在相同压力损失情况下，其传热系数比管式换热器高 3 ~ 5 倍，占地面积为管式换热器的 1/3，热回收率可高达 90% 以上。但其承压和承受温度不高（压力 <28 bar，工作温度一般为 – 30 ~ 170 ℃），主要应用于供热采暖、食品、医药、化工等。

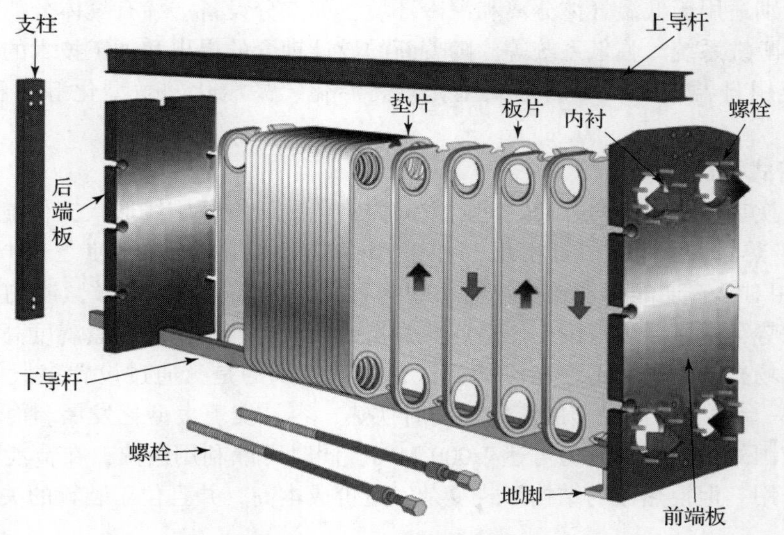

图 8-6 板式换热器

5. 肋片管式换热器

肋片管式换热器是人们在改进管式换热面的过程中最早也是最成功的发现之一，传热系数可提高 1 ~2 倍。基本传热元件由肋片管、肋片基管和肋片组合而成（图 8-7）。基管通常为圆管，也有椭圆管和扁平管。其结构较为紧凑，适用于两侧流体表面传热系数相差较大时。但肋片侧流阻力大，可能产生较大的接触热阻。这一方法仍是所有各种管式换热面强化传热方法中运用得最广泛的一种，在动力、化工、石油化工、空调工程和制冷工程中应用得非常广泛。

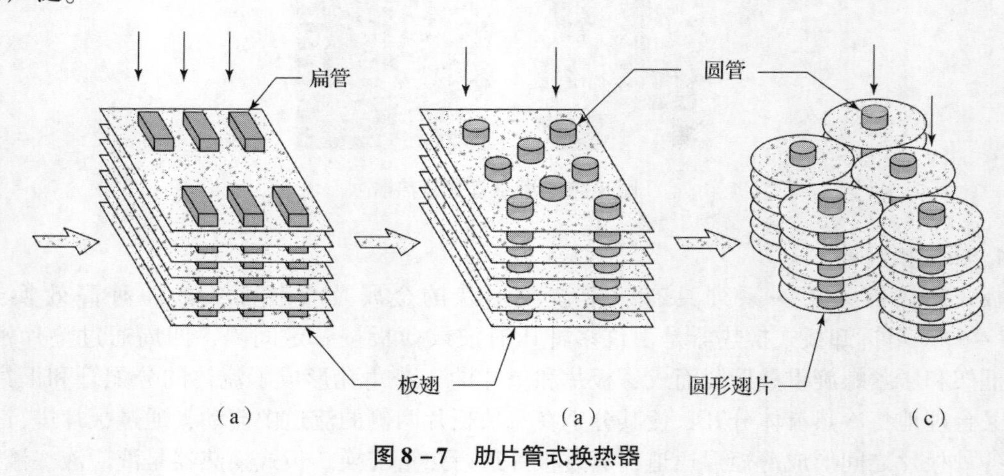

图 8-7 肋片管式换热器

8.2 换热器的热计算

换热器的热计算按目的不同可分为设计计算、校核计算。

(1) 设计计算：根据生产任务给定的换热条件和要求及有关物理量，确定换热器的型式、面积及结构参数。

（2）校核计算：对正在用的换热器做性能核算。

一般是已知换热器面积、冷热流体的进口条件（流量、温度），求解换热器中的传热量、两流体的出口温度，验证其是否达到要求。

针对不同的计算目的，从计算的简化角度出发，可以采用不同的计算方法，因此，换热器的传热计算方法也主要分为两种：

（1）对数平均温差法（logarithmic mean temperature difference，LMTD 法）：主要用于设计计算。

（2）有效度－传热单元法（heat transfer effectiveness－number of heat transfer Units，ε－NTU 法）：主要用于校核计算。

8.2.1　换热器中流体的温度分布

前面对流换热过程分析计算中讲的流体温度一般是固定的，但传热器中至少有一种流体温度变化，因为传热器的目的就是把流体热量传走。按照流动方式不同，大致可以分为 4 种（图 8－8）。图 8－8 中 L 是换热管道的长度。

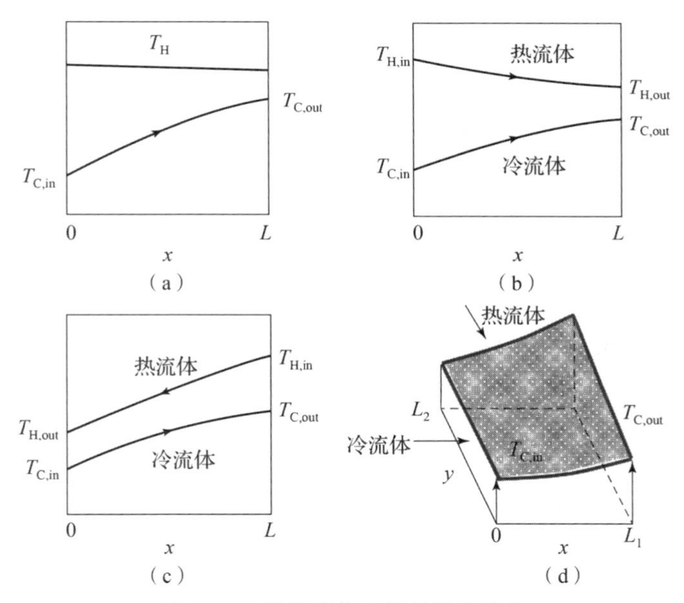

图 8－8　换热器中流体的温度分布

（1）单一流体流动：热流体温度不变，冷流体温度升高，如凝结相变换热（图 8－8（a））。

（2）平行流动：冷热流体同向流动，热流体温度下降，冷流体温度升高，没有相变，冷热流体最终出口温度可达到相等（图 8－8（b））。

（3）相向流动：冷热流体流动方向相反，热流体温度下降，冷流体温度升高，热流体出口温度接近冷流体进口温度（图 8－8（c））。

（4）交叉流动：冷热流体交叉流动，冷流体温度升高，在靠近热流体的地方温度升高更厉害一些，热流体温度降低（图 8－8（d））。

为了方便计算分析，可以定义冷热流体的进出口温度（图 8－9）：t_1'，t_1''——热流体的进、出口温度；t_2'，t_2''——冷流体的进、出口温度。

最常见的流动就是顺流或者逆流（图 8－9），理论上，如果换热器的换热面积足够大，则：

顺流时（图 8－9（a））：冷流体出口温度 $t_2'' \approx$ 热流体出口温度 t_1''；

逆流时（图 8－9（b））：冷流体出口温度 $t_2'' \approx$ 热流体进口温度 t_1'。

冷流体进口温度 $t_2' \approx$ 热流体出口温度 t_1''

逆流时，冷流体出口温度会被加热到热流体的进口温度，加热温度高于顺流。因此，在相同条件下，逆流换热器比顺流换热器的传热能力大。

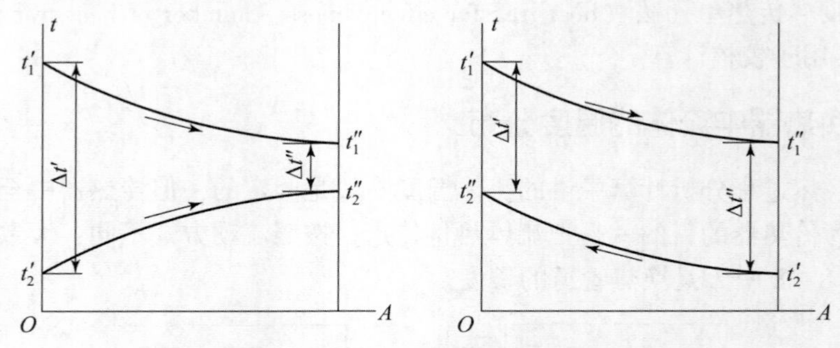

图 8－9　顺流、逆流流体温度变化

8.2.2　换热器传热计算中的平均温差法

传热过程的传热量可以表示为

$$\Phi = kA\Delta t$$

式中，k 为传热系数，A 为换热面积，Δt 为冷热流体的传热温差。

在前面的导热、对流换热或辐射换热计算中，都把温差 Δt 作为一个定值处理。对于换热器，冷、热流体沿传热面进行换热，温度沿流向不断变化，温差 Δt 也沿流向不断变化，因此不再是一个定值。为了计算方便，采用整个换热器传热面的平均温差 Δt_m 来计算热流量：

$$\Phi = kA\Delta t_m$$

因此，换热器中，冷、热两流体间的传热量可表示为

$$\Phi = kA\Delta t_m$$

$$\Phi = M_1 c_{p1}(t_1' - t_1'')$$

$$\Phi = M_2 c_{p2}(t_2'' - t_2')$$

式中，k 为整个换热器换热面积 A 上的平均传热系数，$\mathrm{W/(m^2 \cdot K)}$；Δt_m 为冷、热流体通过换热器时它们之间的平均温差，℃；$M_1 c_{p1}$、$M_2 c_{p2}$ 分别为热、冷流体的热容量，W/℃。

当流体的热容量和进、出口温度已知时，即可得出传热量 Φ。若能计算出传热系数 k 和平均温差 Δt_m，则可算出换热面积 A。换热面积 A 是设计换热器最终要求的参数，如管子需要设计多长、直径为多少。管壳式换热器里面有很多管子，就是为了增加换热面积 A。

平均温差 Δt_m 的计算方法：

假设：散热损失为零，热、冷流体的热容量 $M_1 c_{p1}$、$M_2 c_{p2}$ 及传热系数 k 均为定值。

由图 8－10（a）可知，通过换热器微元面积 $\mathrm{d}A$ 的热流量为 $\mathrm{d}\Phi = k\mathrm{d}A\Delta t = k\mathrm{d}A(t_1 - t_2)$。

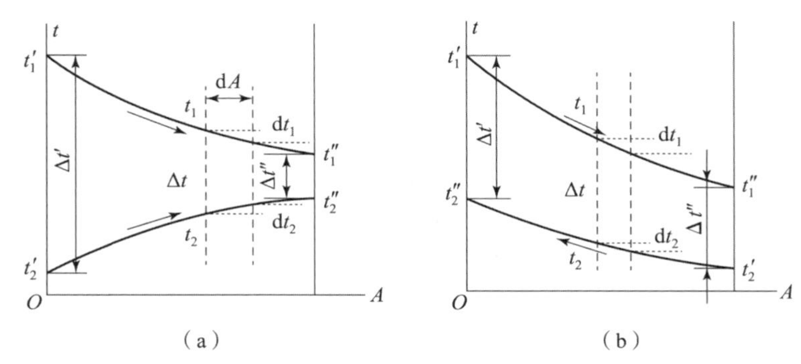

图 8－10　顺流和逆流流体微分法计算换热量

(a) 顺流；(b) 逆流

冷热流体为顺流时：

热流体的放热量可表示为 $\mathrm{d}\Phi = -M_1 c_{p1}\mathrm{d}t_1$

冷流体的吸热量可表示为 $\mathrm{d}\Phi = M_2 c_{p2}\mathrm{d}t_2$

从而可以得到

$$\mathrm{d}t_1 = -\frac{\mathrm{d}\Phi}{M_1 c_{p1}}$$

$$\mathrm{d}t_2 = \frac{\mathrm{d}\Phi}{M_2 c_{p2}}$$

因此：

$$\begin{aligned}\mathrm{d}\Delta t &= \mathrm{d}(t_1 - t_2) = \mathrm{d}t_1 - \mathrm{d}t_2 = -\frac{\mathrm{d}\Phi}{M_1 c_{p1}} - \frac{\mathrm{d}\Phi}{M_2 c_{p2}} \\ &= \mathrm{d}\Phi\left(-\frac{1}{M_1 c_{p1}} - \frac{1}{M_2 c_{p2}}\right)\end{aligned}$$

对上述微分方程从进口到出口进行积分，可得

$$\Delta t'' - \Delta t' = \Phi\left(-\frac{1}{M_1 c_{p1}} - \frac{1}{M_2 c_{p2}}\right)$$

式中，$\Delta t''$为冷热流体出口端的温差，$\Delta t'$为冷热流体进口端的温差。

如果将 $\mathrm{d}\Phi = k\mathrm{d}A\Delta t$ 代入微分方程再积分，可以得到

$$\frac{\mathrm{d}\Delta t}{\Delta t} = k \cdot \mathrm{d}A\left(-\frac{1}{M_1 c_{p1}} - \frac{1}{M_2 c_{p2}}\right)$$

再对这个方程两边积分，得到

$$\ln\frac{\Delta t''}{\Delta t'} = kA\left(-\frac{1}{M_1 c_{p1}} - \frac{1}{M_2 c_{p2}}\right)$$

因此，可以最终得到

$$\ln\frac{\Delta t''}{\Delta t'} = kA\,\frac{\Delta t'' - \Delta t'}{\Phi}$$

即

$$\Phi = kA\,\frac{\Delta t'' - \Delta t'}{\ln\dfrac{\Delta t''}{\Delta t'}}$$

因此，可以得到平均温差的表达式：

$$\Delta t_{\mathrm{m}}=\frac{\Delta t''-\Delta t'}{\ln\dfrac{\Delta t''}{\Delta t'}}$$

可见，平均温度场可以通过冷热流体的进口温差和出口温差求出来。

如果是逆流情况（图 8－10（b）），沿着面积增加方向，冷热流体温度均降低，所以热流量均为负值。

对于热流体： $\mathrm{d}\Phi=-M_1c_{p1}\mathrm{d}t_1$

对于冷流体： $\mathrm{d}\Phi=-M_2c_{p2}\mathrm{d}t_2$

同样可以得到温度微分方程：

$$\mathrm{d}\Delta t=\mathrm{d}(t_1-t_2)=\mathrm{d}t_1-\mathrm{d}t_2=-\frac{\mathrm{d}\Phi}{M_1c_{p1}}+\frac{\mathrm{d}\Phi}{M_2c_{p2}}$$

$$=\mathrm{d}\Phi\left(-\frac{1}{M_1c_{p1}}+\frac{1}{M_2c_{p2}}\right)$$

对微分方程进行积分，可得

$$\Delta t''-\Delta t'=\Phi\left(-\frac{1}{M_1c_{p1}}+\frac{1}{M_2c_{p2}}\right)$$

通过 $\mathrm{d}\Phi=k\cdot\mathrm{d}A\cdot\Delta t$ 得到另一个温度微分方程：

$$\frac{\mathrm{d}\Delta t}{\Delta t}=k\cdot\mathrm{d}A\left(-\frac{1}{M_1c_{p1}}+\frac{1}{M_2c_{p2}}\right)$$

再次两边积分，有

$$\ln\frac{\Delta t''}{\Delta t'}=kA\left(-\frac{1}{M_1c_{p1}}+\frac{1}{M_2c_{p2}}\right)$$

从而最终得到热流量表达式：

$$\Phi=kA\,\frac{\Delta t''-\Delta t'}{\ln\dfrac{\Delta t''}{\Delta t'}}$$

以及平均温度表达式：

$$\Delta t_{\mathrm{m}}=\frac{\Delta t''-\Delta t'}{\ln\dfrac{\Delta t''}{\Delta t'}}$$

可见，无论是顺流还是逆流，对数平均温差 Δt_{m} 都有相同的表达式，都可以通过进出口温度的温差求出。需要注意的是，推导对数平均温差时，传热系数 k 假设为常数。根据对流换热分析，当流体温度变化时，k 沿流动方向是变化的。此时，可取换热器中间截面的温度计算 k 值，流体物性变化剧烈时，可在换热器中分段进行计算。

另外，冷热流体逆流换热时，可能会遇到进出口温差相同的情况，即 $\Delta t''=\Delta t'$，此时不能用对数平均温差计算平均温度，可直接取 $\Delta t_{\mathrm{m}}=\Delta t''=\Delta t'$。

当进出口温差比较接近时，也可直接取其平均值作为平均温度，一般如果 $\dfrac{\Delta t'}{\Delta t''}=0.60\sim1.67$，可认为进出口温差比较接近，此时平均温度为

$$\Delta t_{\mathrm{m}}=\frac{\Delta t''+\Delta t'}{2}$$

除顺流和逆流外，流体在换热器中流动还有其他形式，如弯折流动或交叉流动。此时，为了简化计算，一般采用图解计算方法，即温差修正系数图。

具体计算时，可以先按逆流方式计算出对数平均温差，再按流动方式乘以对应的温差修正系数 ψ：

$$\Delta t_m = \psi(\Delta t_m)_{ctf}$$

式中，$(\Delta t_m)_{ctf}$为将给定的冷、热流体的进出口布置成逆流时的对数平均温差，ψ 为小于 1 的修正系数。逆流平均温差会大一些，但缺点是温差大将导致应力大，管子比较容易破裂。

温差修正系数：ψ 是两个量纲为 1 的参数 R 和 P 的函数，即 $\psi = f(R, P)$。

$$R = \frac{t_1' - t_1''}{t_2'' - t_2'} = \frac{\text{热流体冷却程度}}{\text{冷流体加热程度}}$$

$$P = \frac{t_2'' - t_2'}{t_1' - t_2'} = \frac{\text{冷流体加热程度}}{\text{两种流体进口温度差}}$$

不同的流动方式，ψ 的函数形式不同，可画出不同的温差修正系数图（图 8－11，图 8－12），从图中可以直接查出温差修正系数 ψ 的具体数值，进而求出平均温差 Δt_m。

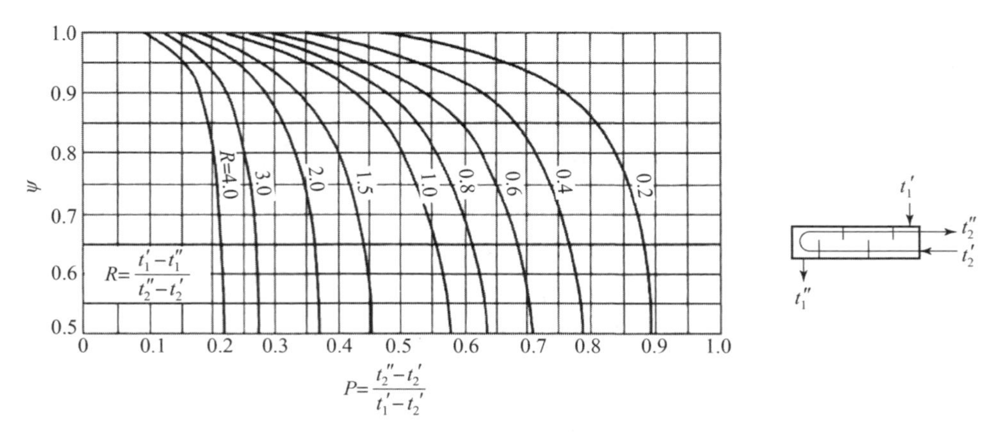

图 8－11　壳侧 1 程、管侧 2 程的折流换热器温差修正系数图

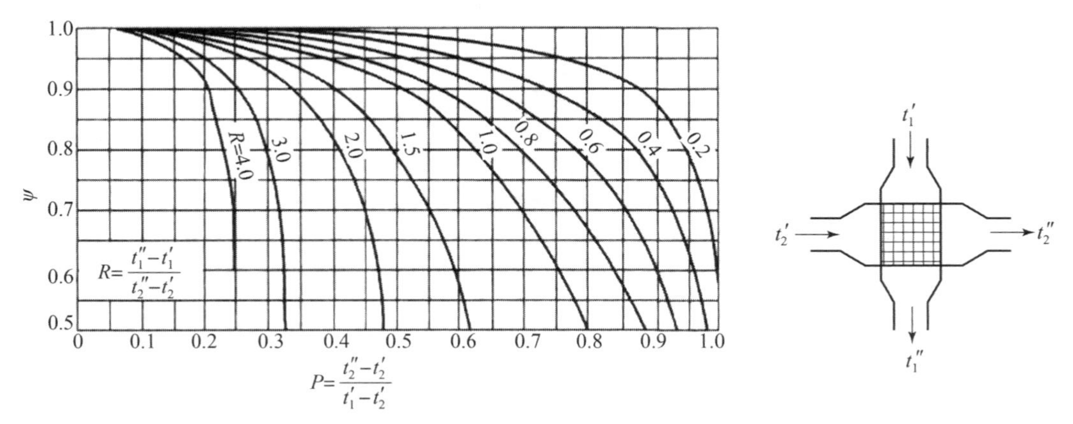

图 8－12　两侧流体不混合的交叉流换热器温差修正系数图

8.2.3　换热器传热计算中的有效度——传热单元法

平均温差法的基本依据是 $\Phi = kA\Delta t_m$，设计换热器时：

（1）根据要求，先确定换热器的形式。

(2) 由给定的换热量 Φ 和冷、热流体进出口温度中的三个温度，按热平衡求出第四个未知的出口温度。

(3) 算出平均温差 Δt_{m}。

(4) 由传热公式求出换热器所需要的换热面积 A，并确定换热器的主要结构参数。

基本思路为 $\Phi \rightarrow \Delta t_{m} \rightarrow k \rightarrow A$

设计时，若换热系数 k 值未知，必须利用前面各章的知识逐项计算换热系数，换热系数的计算必然涉及换热器的主要结构参数（如管径、流速等）。因此，设计计算时，应初步给出换热器的主要结构参数，以便计算换热系数；最后对结构参数进行验证；若不相符，则需重新计算，采用迭代方法，直到达到设计要求。

对于校核计算，如果采用平均温差法，需先假设流体的出口温度，然后采用逐步逼近的迭代试算法，比较麻烦。为此，Kays 和 Lonton 提出无须先假设流体出口温度的计算方法，即换热器的有效度 - 传热单元数法。

该方法的基本假设是冷、热两流体的热容量 Mc_{p} 和传热系数 k 在整个换热面上基本不变。定义换热器的有效度或效能 ε 为

$$\varepsilon = \frac{\text{换热器中实际的传热量}\ \Phi}{\text{换热器中最大可能的传热量}\ \Phi_{max}}$$

换热器中的实际传热量为

$$\Phi = M_{1}c_{p1}(t_{1}' - t_{1}'')$$
$$\Phi = M_{2}c_{p2}(t_{2}'' - t_{2}')$$

换热器中最大可能的传热量为换热器中最大温差下的传热量，最大温差就是热流体与冷流体的进口温度之差 $(t_{1}' - t_{2}')$。根据热平衡原理，理论上有可能达到最大温差的那种流体只能是热容量 Mc_{p} 最小的流体 $(Mc_{p})_{min}$，因此，$\Phi_{max} = (Mc_{p})_{min}(t_{1}' - t_{2}')$。

$M_{1}c_{p1}$ 最小时：$\varepsilon = \frac{\Phi}{\Phi_{max}} = \frac{M_{1}c_{p_{1}}(t_{1}' - t_{1}'')}{M_{1}c_{p_{1}}(t_{1}' - t_{2}')} = \frac{t_{1}' - t_{1}''}{t_{1}' - t_{2}'}$

$M_{2}c_{p2}$ 最小时：$\varepsilon = \frac{\Phi}{\Phi_{max}} = \frac{M_{2}c_{p_{2}}(t_{2}'' - t_{2}')}{M_{2}c_{p_{2}}(t_{1}' - t_{2}')} = \frac{t_{2}'' - t_{2}'}{t_{1}' - t_{2}'}$

可见，换热器效能 ε 就是"小热容量流体的进出口温度差"比上"热、冷流体的进口温度差"。

传热单元数 NTU 定义为

$$\mathrm{NTU} = \frac{kA}{(Mc_{p})_{min}}$$

ε - NTU 法可以根据质量 M、热容 c_{p}、面积 A、传热系数 k，求解出 NTU 的值，通过方程或查表可得到换热器效能（有效度）ε，从而由 ε 可求出所需要的流体出口温度，而不需要假定和迭代试算。

以逆流管壳式换热器为例（假设：$M_{1}c_{p1} < M_{2}c_{p2}$）：

$$\mathrm{NTU} = \frac{kA}{(Mc_{p})_{min}} = \frac{kA}{M_{1}c_{p1}}$$

$$\varepsilon=\frac{\Phi}{\Phi_{\max}}=\frac{M_1c_{p1}(t_1'-t_1'')}{M_1c_{p1}(t_1'-t_2')}=\frac{t_1'-t_1''}{t_1'-t_2'}$$

通过换热器微元面积 dA 的热量为 $d\Phi=kdA\Delta t=kdA(t_1-t_2)$

逆流时：

$$d\Phi=-M_1c_{p1}dt_1$$
$$d\Phi=-M_2c_{p2}dt_2$$

从而有

$$d\Delta t=d(t_1-t_2)=dt_1-dt_2=-\frac{d\Phi}{M_1c_{p1}}+\frac{d\Phi}{M_2c_{p2}}$$
$$=-\frac{d\Phi}{M_1c_{p1}}\left(1-\frac{M_1c_{p1}}{M_2c_{p2}}\right)=-\frac{kdA\Delta t}{M_1c_{p1}}\left(1-\frac{M_1c_{p1}}{M_2c_{p2}}\right)$$

将 Δt 移到等式左边，然后等式两边积分，可以得到

$$\int_{\Delta t'}^{\Delta t''}\frac{d\Delta t}{\Delta t}=-\int_0^A\frac{kdA}{M_1c_{p1}}\left(1-\frac{M_1c_{p1}}{M_2c_{p2}}\right)$$

$$\text{等式左边}=\ln\frac{\Delta t''}{\Delta t'}=\ln\frac{t_1''-t_2'}{t_1'-t_2}$$

$$\text{等式右边}=-\frac{kA}{M_1c_{p1}}\left(1-\frac{M_1c_{p1}}{M_2c_{p2}}\right)=-\text{NTU}\left(1-\frac{M_1c_{p1}}{M_2c_{p2}}\right)$$

而逆流管壳式换热器（假设：$M_1c_{p1}<M_2c_{p2}$）中的效能 ε 为

$$\varepsilon=\frac{t_1'-t_1''}{t_1'-t_2'}$$

根据 $\Phi=M_1c_{p1}(t_1'-t_1'')=M_2c_{p2}(t_2''-t_2')$，得到

$$t_2''-t_2'=\frac{M_1c_{p1}}{M_2c_{p2}}(t_1'-t_1'')$$

因此：

$$\frac{t_1''-t_2'}{t_1'-t_2''}=\frac{t_1''-t_2'+t_1'-t_1'}{t_1'-t_2''+t_2'-t_2'}=\frac{(t_1'-t_2')-(t_1'-t_1'')}{(t_1'-t_2')-(t_2''-t_2')}$$

$$=\frac{(t_1'-t_2')-(t_1'-t_1'')}{(t_1'-t_2')-\frac{M_1c_{p1}}{M_2c_{p2}}(t_1'-t_1'')}=\frac{1-\frac{t_1'-t_1''}{t_1'-t_2'}}{1-\frac{M_1c_{p1}}{M_2c_{p2}}\left(\frac{t_1'-t_1''}{t_1'-t'_2}\right)}=\frac{1-\varepsilon}{1-\frac{M_1c_{p1}}{M_2c_{p2}}\varepsilon}$$

所以积分得到的等式可以变换为

$$\ln\frac{t_1''-t_2'}{t_1'-t_2''}=\ln\frac{1-\varepsilon}{1-\frac{M_1c_{p1}}{M_2c_{p2}}\varepsilon}=-\text{NTU}\left(1-\frac{M_1c_{p1}}{M_2c_{p2}}\right)$$

从而得到

$$\frac{1-\varepsilon}{1-\frac{M_1c_{p1}}{M_2c_{p2}}\varepsilon}=\exp\left[-\text{NTU}\left(1-\frac{M_1c_{p1}}{M_2c_{p2}}\right)\right]$$

整理一下即可得到逆流管壳式换热器（$M_1c_{p1}<M_2c_{p2}$）中效能 ε 与传热单元数 NTU 的关系：

$$\varepsilon=\frac{1-\exp\left[-\mathrm{NTU}\left(1-\frac{M_1c_{p1}}{M_2c_{p2}}\right)\right]}{1-\frac{M_1c_{p1}}{M_2c_{p2}}\exp\left[-\mathrm{NTU}\left(1-\frac{M_1c_{p1}}{M_2c_{p2}}\right)\right]}$$

若假设 $M_1c_{p1}>M_2c_{p2}$ 可得到类似结果，只是式中的 M_1c_{p1} 与 M_2c_{p2} 互换。所以 ε 与 NTU 最终关系式可表示为

$$\varepsilon=\frac{1-\exp\left[-\mathrm{NTU}\left(1-\frac{C_{\min}}{C_{\max}}\right)\right]}{1-\frac{C_{\min}}{C_{\max}}\exp\left[-\mathrm{NTU}\left(1-\frac{C_{\min}}{C_{\max}}\right)\right]}$$

同样也可以得到顺流管壳式换热器中效能 ε 与传热单元数 NTU 的关系：

$$\varepsilon=\frac{1-\exp\left[-\mathrm{NTU}\left(1+\frac{C_{\min}}{C_{\max}}\right)\right]}{1+\frac{C_{\min}}{C_{\max}}}$$

ε - NTU 法对于校核计算比较方便，实际上设计计算也可以采用该方法，大致流程为：

（1）根据冷热流体进出口温度求出 ε；

（2）由公式或线图求出 NTU 值；

（3）求出所需设计的换热器换热面积。

几种特殊情况：

（1）在顺流或逆流换热器中，当流体之一发生相变时（蒸气凝结或液体沸腾），相变的流体温度保持不变，相当于该流体的热容量 $Mc_p\to\infty$，此时 $C_{\min}/C_{\max}\to 0$。或者当两种流体的热容量相差很大时，也有 $C_{\min}/C_{\max}\to 0$。

此时如果是逆流情况：

$$\varepsilon=\frac{1-\exp\left[-\mathrm{NTU}\left(1-\frac{C_{\min}}{C_{\max}}\right)\right]}{1-\frac{C_{\min}}{C_{\max}}\exp\left[-\mathrm{NTU}\left(1-\frac{C_{\min}}{C_{\max}}\right)\right]}=1-\mathrm{e}^{-\mathrm{NTU}}$$

顺流情况：

$$\varepsilon=\frac{1-\exp\left[-\mathrm{NTU}\left(1+\frac{C_{\min}}{C_{\max}}\right)\right]}{1+\frac{C_{\min}}{C_{\max}}}=1-\mathrm{e}^{-\mathrm{NTU}}$$

可见，此时顺流和逆流具有相同的 ε - NTU 关系。

（2）若 $M_1c_{p1}\approx M_2c_{p2}$，则 $C_{\min}/C_{\max}\to 1$。

此时如果是逆流情况：

$$\varepsilon=\frac{1-\exp\left[-\mathrm{NTU}\left(1-\frac{C_{\min}}{C_{\max}}\right)\right]}{1-\frac{C_{\min}}{C_{\max}}\exp\left[-\mathrm{NTU}\left(1-\frac{C_{\min}}{C_{\max}}\right)\right]}\sim\frac{0}{0}$$

可以取：

$$\varepsilon=\frac{\mathrm{NTU}}{1+\mathrm{NTU}}$$

对于顺流情况：

$$\varepsilon=\frac{1-\exp\left[-\mathrm{NTU}\left(1+\frac{C_{\min}}{C_{\max}}\right)\right]}{1+\frac{C_{\min}}{C_{\max}}}=\frac{1-\mathrm{e}^{-2\mathrm{NTU}}}{2}$$

通过实际应用可知，用于设计计算时，对数平均温差法和 ε - NTU 法两种方法的繁琐程度差不多，LMTD 法更好些；用于校核计算时，ε - NTU 法更好些。

8.3　传热的增强和减弱

在很多不同的应用环境中，对于传热的要求各有不同，有时需要增强传热，有时需要减弱传热。例如，电子芯片冷却就是需要增强传热，从而可以使计算机体积更小，集成度更高；又如核电站，有效的传热关系到整个核电站安全；航天技术中的火箭发动机，对增强传热要求很高。有时又需要减弱传热，如常见的热流管道，往往需要外面包保温材料降低热量损耗。

8.3.1　增强传热的方法

（1）扩展传热面。扩展传热壁换热系数小的一侧的面积，是增强传热中使用最广泛的一种方法，如肋壁、肋片管、波纹管、板翅式换热面等（图 8 - 13），它使换热设备传热系数及单位体积的传热面积增加，能收到高效紧凑的效益。

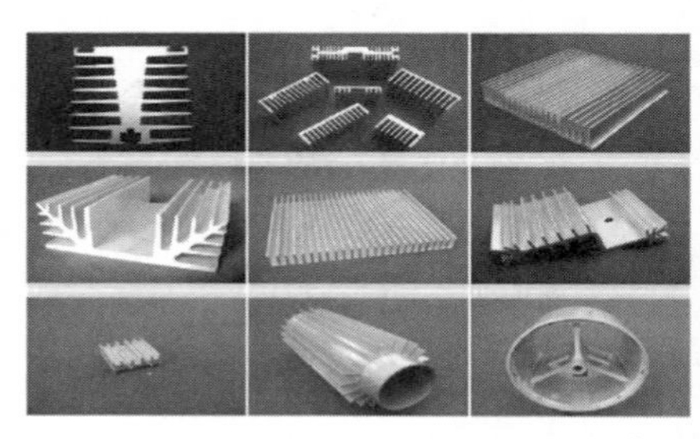

图 8 - 13　典型肋片结构

（2）改变流动状况。增加流速、增强扰动、采用旋流及射流等都能起增强传热的效果，但也会引起流动阻力的增加。

①增加流速：增加流速可改变流态，提高湍流强度。

②流道中加插入物增强扰动：在管内或管外加进插入物，如金属丝、金属螺旋环、盘

片、麻花铁、翼形物，以及将传热面做成波纹状等措施都可增强扰动，破坏流动边界层，增强传热。

③采用旋转流动装置：在流道进口装涡流发生器，使流体在一定压力下从切线方向进入管内作剧烈的旋转运动，用涡旋流动以强化传热（图 8 – 14）。

④采用射流方法喷射传热表面：由于射流撞击壁面，能直接破坏边界层，故能强化换热。它特别适用于强化局部点的传热（图 8 – 14）。

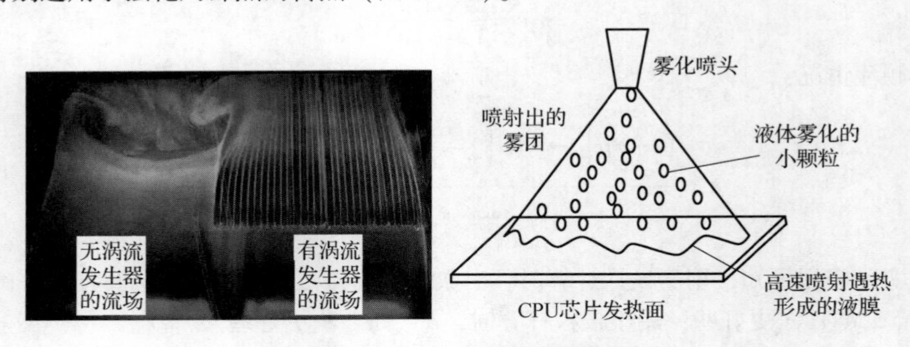

图 8 – 14　涡流或射流增强传热

（3）使用添加剂改变流体物性。流体热物性中的导热系数和容积比热对换热系数的影响较大。在流体内加入一些添加剂可以改变流体的某些热物理性能，达到强化传热的效果（图 8 – 15）。添加剂可以是固体或液体，它与换热的主流体组成气 – 固、液 – 固、气 – 液以及液 – 液混合流动系统。

①气流中添加少量固体颗粒：固体颗粒提高了流体的容积比热和热容量，增强气流的扰动程度，固体颗粒与壁面撞击起到破坏边界层和携带热能的作用，增强了热辐射。

②在蒸汽或气体中喷入液滴：在蒸汽中加入珠状凝结促进剂；在空气冷却器入口喷入水雾，使气相换热变为液膜换热。

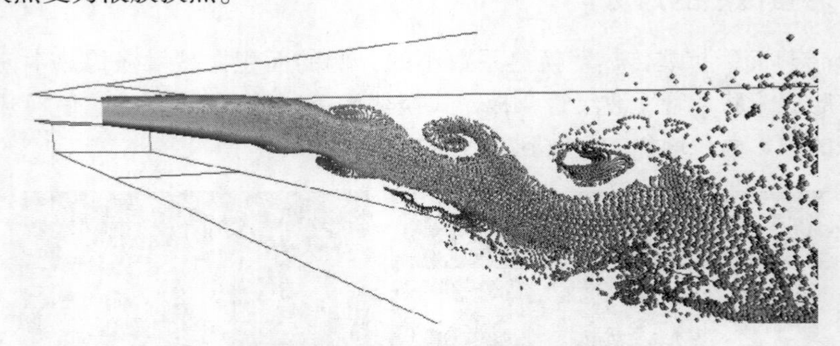

图 8 – 15　添加剂增强流体扰动

（4）改变表面状况（图 8 – 16）；增加表面粗糙度；改变表面结构；表面涂层。

（5）改变换热面形状和大小。如采取用小直径管子代替大直径管子，用椭圆管代替圆管等措施，从而达到提高换热系数的目的。此外，在凝结换热中尽量采用水平管亦是一例。

（6）改变能量传递方式。由于辐射换热与热力学温度 4 次方成比例，对于高温换热情况，辐射换热将起到主要作用，可以采用增强辐射换热的方式来增强传热，例如一种在流道中放置“对流 – 辐射板”的增强传热方法正逐步得到重视（图 8 – 17）。

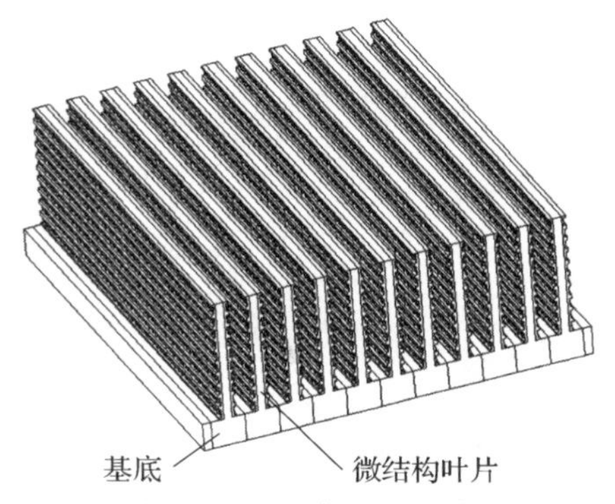

图 8-16　仿生微观结构表面的强化传热散热器

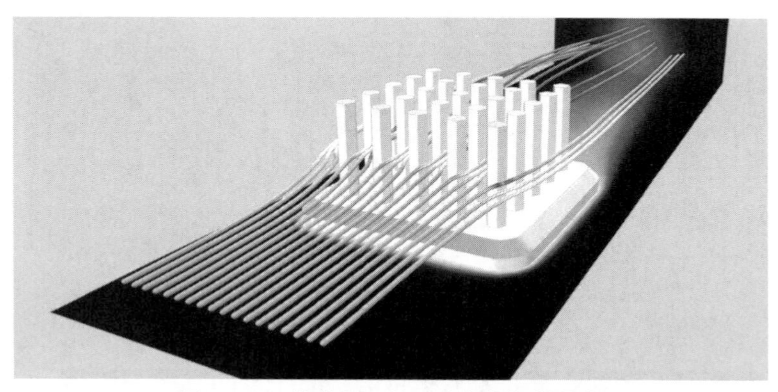

图 8-17　热传导、热对流与热辐射共存

（7）靠外力产生振荡，强化换热。可以用机械或电的方法使传热面或流体产生振动，如对流体施加声波或超声波，使流体交替地受到压缩和膨胀，以增加脉动（图 8-18）；或者外加静电场，静电场使传热面附近电介质流体的混合作用加强，强化对流换热。

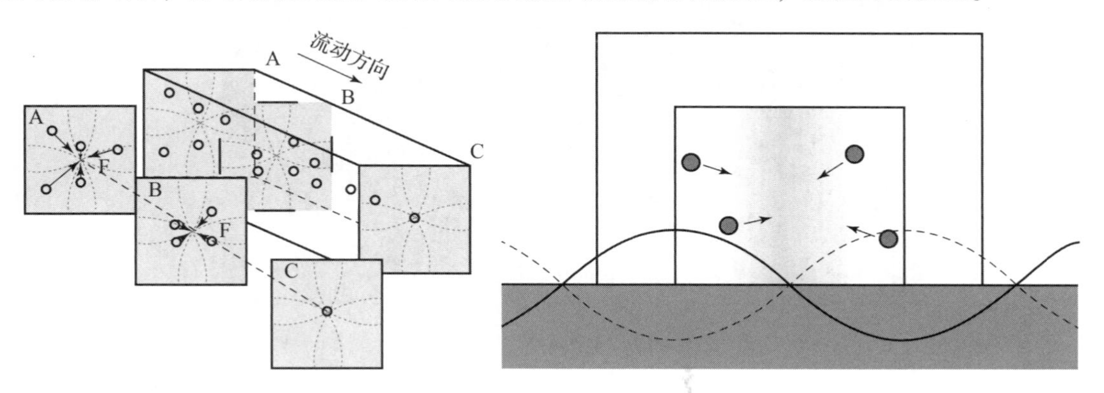

图 8-18　超声波振荡强化传热

8.3.2　减弱传热的方法

绝热技术（隔热保温技术）对于减少热力设备的热损失、节约能源具有显著的经济效益，涉及电力、冶金、化工、石油、低温、建筑及航空航天等许多工业部门的过程实施、节

约能源等问题，目前已发展成为传热学应用技术中的一个重要分支。

其主要方法包括：

（1）覆盖绝热材料（图 8－19）：泡沫、超细粉末、真空。

（2）改变表面状况：改变表面辐射特性，超疏水表面（不吸湿不受潮）。

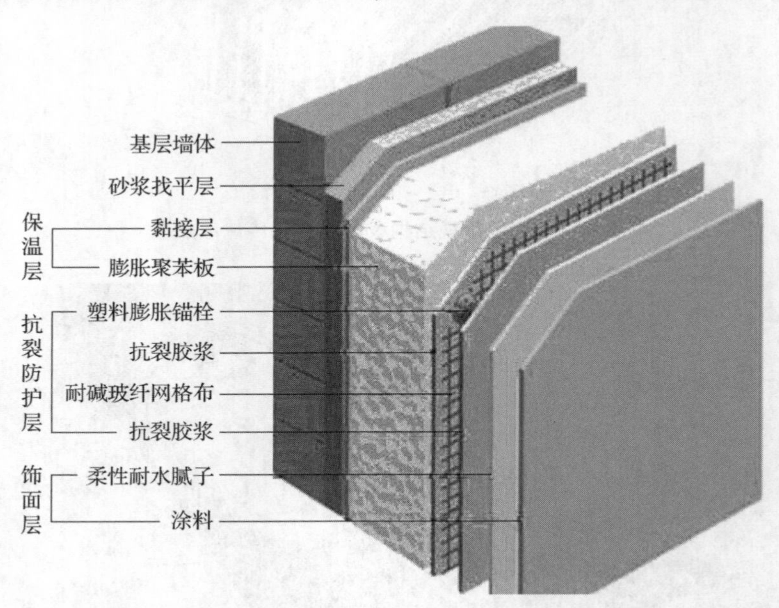

图 8－19　绝热材料实现热防护

例如，为了刺破美军的防空反导网，必须研制高超声速导弹，其表面温度可达到 1 000 ℃～2 000 ℃，而铝合金熔点大多在 600 ℃左右，很难承受如此的高温，如果不做隔热处理，完全无法实现（图 8－20）。在发展耐高温材料的同时，新型隔热材料也至关重要。新型纳米气凝胶隔热材料类似轻质泡沫，隔热的同时还要兼有透波性能好的特点，可以不妨碍红外探测导引头的实时探测。

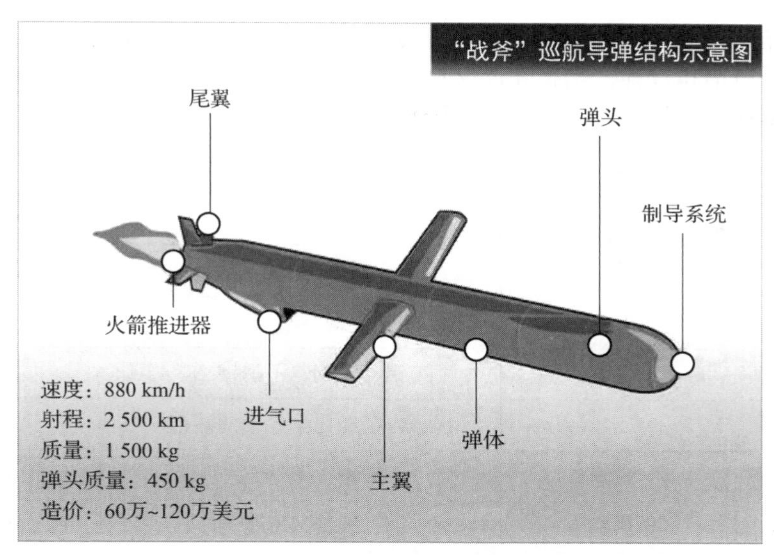

图 8－20　绝热材料热防护的重要应用

8.4　热管工作原理及其应用

热管（heat pipe）发明于 1964 年，流体在热端，受热蒸发从而吸收相当于汽化潜热的热量，形成的蒸气通过管子中心通道流向冷端，只要冷端温度低于蒸气的饱和温度，蒸气就在这里凝结并释放出汽化潜热，然后冷凝液体被管芯材料吸收，借助毛细管作用或重力作用返回热端，不需要外加动力就可以开始新的循环。图 8－21 所示为热管换热原理。

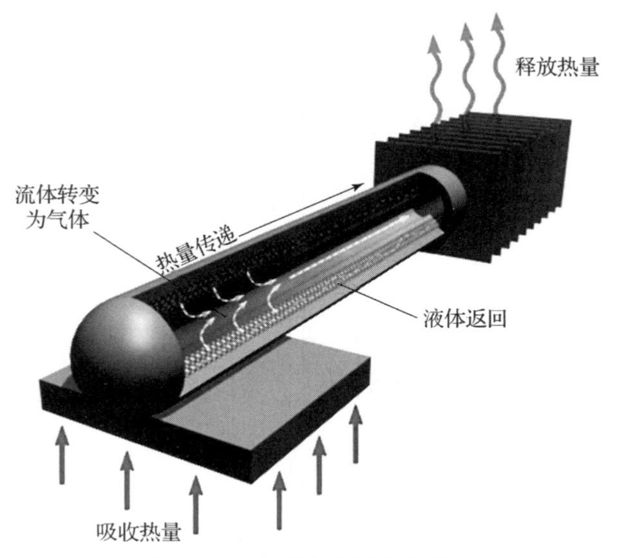

图 8－21　热管换热原理示意图

热管把高效换热的沸腾和凝结两种方式结合在一起构成一个新型的传热元件，特点是可在很小的温差下，通过较小的传热面积传递大量的热流，主要结构包括管壳、管芯（起毛细管作用的多孔体，如铜网）、工作介质（制冷剂、水、液态金属）。

热管的工作介质选择除了需要满足所需的工作温度范围，还必须注意它与管壳材料之间的相容性问题。所谓相容性，是指壳体材料可以使工作介质长时间（5~10 年）运行而不会在热管内产生不凝结气体或者表面沉淀物。

表 8-1　热管管壳-工作液组合及其工作特性

热管种类	工作介质	相容材料	工作温度/℃
低温热管	氨	铝、低碳钢、不锈钢	60~100
常温热管	丙酮	铝、铜、不锈钢	0~120
	甲醇	铝、碳钢、不锈钢	12~130
	水	钢、内壁经化学处理的碳钢	30~250
中温热管	联苯	碳钢、不锈钢	147~300
	导热姆 A	铜、碳钢、不锈钢	150~395
	汞	奥氏体不锈钢	250~650
高温热管	钾	不锈钢	400~1 000
	钠	不锈钢、因康镍合金	500~1 200
	银	钨，钽	1 800~2 300

图 8-22 中热管的换热参数分别为：$d_o = 25$ mm；$d_i = 21$ mm；$l_c = l_e = 1$ m；$\lambda = 43.2$ W/(m·K)；$h_{i,e} = 5\ 000$ W/(m^2·K)；$h_{i,c} = 6\ 000$ W/(m^2·K)。

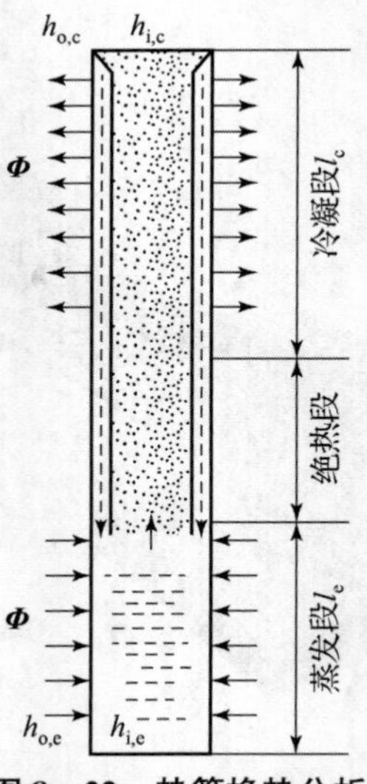

图 8-22　热管换热分析

热管的传热过程可以分段考虑，相当于多个热阻串联，主要包括 7 个热阻：

（1）蒸发段外壁对流换热热阻：$R_1 = \dfrac{1}{\pi d_o l_e h_{o,e}}$

（2）蒸发段外内壁导热热阻：$R_2 = \frac{1}{2\pi l_e \lambda}\ln\frac{d_o}{d_i} = 6.4 \times 10^{-4}$（K/W）。

（3）蒸发段内壁对流换热热阻：$R_3 = \frac{1}{\pi d_i l_e h_{i,e}} = 3 \times 10^{-3}$（K/W）。

（4）蒸气流动压降引起热阻：$R_4 \approx 0$。

（5）冷凝段内壁对流换热热阻：$R_5 = \frac{1}{\pi d_i l_c h_{i,c}} = 2.5 \times 10^{-3}$（K/W）

（6）冷凝段内外壁导热热阻：$R_6 = \frac{1}{2\pi l_c \lambda}\ln\frac{d_o}{d_i} = 6.4 \times 10^{-4}$（K/W）

（7）冷凝段外壁对流换热热阻：$R_7 = \frac{1}{\pi d_o l_c h_{o,c}}$

热管内部总热阻：$R_2 + R_3 + R_4 + R_5 + R_6 = 6.78 \times 10^{-3}$（K/W）。

如果直接将热管换成铜棒，对于长 2 m，直径 25 mm 的铜棒（导热系数 $\lambda = 400$ W/(m·K)），其导热热阻为

$$R_{Cu} = \frac{\delta}{\lambda A} = \frac{l}{\lambda \frac{\pi d_o^2}{4}} = 10.19(\text{K/W})$$

进而可以得到，热管热阻与铜棒热阻之比：$10.19/6.78 \times 10^{-3} \approx 1\,500$。

可见，类似尺寸的热管导热能力是铜的 1 500 倍，热管这种优良的导热性能也被称为“超导热性”，可以实现几乎没有温差的导热，已经应用于计算机、卫星等多个重要领域。

附　录

附录 1　常用单位换算

物理量名称	符号	换算系数	
		我国法定计量单位	工程单位
压力	P	Pa	atm①
		1	9.86923×10^{-6}
		1.01325×10^{5}	1
运动黏度	ν	m^2/s	m^2/s
		1	1
		0.092 903	0.092 903
动力黏度	η	Pa · s	kgf · s/ m^2
		1	0.101 972
		9.806 65	1
比热容	c	kJ/(kg · K)	kcal②/(kgf · ℃)
		1	0.238 846
		4.186 8	1
热流密度	q	W/m^2	kcal/(m^2 · h)
		1	0.859 845
		1.163	1
导热系数	λ	W/(m · K)	kcal/(m^2 · h · ℃)
		1	0.859 845
		1.163	1

注：①1 atm = 101.325 kPa。

②1 kcal = 4.184 kJ。

续表

物理量名称	符号	换算系数		
		我国法定计量单位	工程单位	
表面传热系数 传热系数	h k	W/m^2	$kcal/(m^2 \cdot h \cdot ℃)$	
		1	0. 859 845	
			1	
功率 流量	P Φ	W	kcal/h	kgf · m/s
		1	0. 859 845	0. 101 972
		1. 163	1	0. 118 583
		9. 806 65	8. 433 719	1

附录2　金属材料的密度、比热容和导热系数

材料名称	20 ℃			导热系数 λ/(W·m^{-1}·K^{-1})									
	密度	比热容	导热系数	温度/℃									
	ρ/(kg·m^{-3})	c_p/(J·kg^{-1}·K^{-1})	λ/(W·m^{-1}·K^{-1})	−100	0	100	200	300	400	600	800	1 000	1 200
纯铝	2 710	902	236	243	236	240	238	234	228	215			
杜拉铝（96Al－4Cu，微量 Mg）	2 790	881	169	124	160	188	188	193					
铝合金（92Al－8Mg）	2 610	904	107	86	102	123	148						
铝合金（87Al－13Si）	2 660	871	162	139	158	173	176	180					
铍	1 850	1 758	219	382	218	170	145	129	118				
纯铜	8 930	386	398	421	401	393	389	384	379	366	352		
铝青铜（90Cu－10Al）	8 360	420	56		49	57	66						
青铜（89Cu－11Sn）	8 860	343	24.8		24	28.4	33.2						
黄铜（70Cu－30Zn）	8 440	377	109	90	106	131	143	145	148				
铜合金（60Cu－40Ni）	8 920	410	22.2	19	22.2	23.4							
黄金	19 300	127	315	331	318	313	310	305	300	287			
纯铁	7 870	455	81.1	96.7	83.5	72.1	63.5	56.5	50.3	39.4	29.6	29.4	31.6
阿姆口铁	7 860	455	73.2	82.9	74.7	67.5	61	54.8	49.9	38.6	29.3	29.3	31.1
灰铸铁（$w_C \approx 3\%$）	7 570	470	39.2		28.5	32.4	35.8	37.2	36.6	20.8	19.2		
碳钢（$w_C \approx 0.5\%$）	7 840	465	49.8		50.5	47.5	44.8	42	39.4	34	29		

续表

材料名称	20 ℃			导热系数 $\lambda/(W\cdot m^{-1}\cdot K^{-1})$									
	密度	比热容	导热系数	温度/℃									
	$\rho/(kg\cdot m^{-3})$	$c_p/(J\cdot kg^{-1}\cdot K^{-1})$	$\lambda/(W\cdot m^{-1}\cdot K^{-1})$	-100	0	100	200	300	400	600	800	1 000	1 200
碳钢（$w_C \approx 1.0\%$）	7 790	470	43.2		43	42.8	42.2	41.5	40.6	36.7	32.2		
碳钢（$w_C \approx 1.5\%$）	7 750	470	36.7		36.8	36.6	36.2	35.7	34.7	31.7	27.8		
铬钢（$w_{Cr} \approx 5\%$）	7 740	460	36.1		36.3	35.2	34.7	33.5	31.4	28	27.2	27.2	27.2
铬钢（$w_{Cr} \approx 13\%$）	7 710	460	26.8		26.5	27	27	27	27.6	28.4	29	29	
铬钢（$w_{Cr} \approx 17\%$）	7 650	460	22		22	22.2	22.6	22.6	23.3	24	24.8	25.5	
铬钢（$w_{Cr} \approx 26\%$）	7 650	460	22.6		22.6	23.8	25.5	27.2	28.5	31.8	35.1	38	
铬镍钢（18～20Cr/8～12Ni）	7 820	460	15.2	12.2	14.7	16.6	18	19.4	20.8	23.5	26.3		
铬镍钢（17～19Cr/9～13Ni）	7 830	460	14.7	11.8	14.3	16.1	17.5	18.8	20.2	22.8	25.5	28.2	30.9
镍钢（$w_{Ni} \approx 1\%$）	7 900	460	45.5	40.8	45.2	46.8	46.1	44.1	41.2	35.7			
镍钢（$w_{Ni} \approx 3.5\%$）	7 910	460	36.5	30.7	36	38.8	39.7	39.2	37.8				
镍钢（$w_{Ni} \approx 25\%$）	8 030	460	13										
镍钢（$w_{Ni} \approx 35\%$）	8 110	460	13.8	10.9	13.4	15.4	17.1	18.6	20.1	23.1			
镍钢（$w_{Ni} \approx 44\%$）	8 190	460	15.8		15.7	16.1	16.5	16.9	17.1	17.8	18.4		
镍钢（$w_{Ni} \approx 50\%$）	8 260	460	19.6	17.3	19.4	20.5	21	21.1	21.3	22.5			
锰钢（（$w_{Mn} \approx 12\%$～13%），$w_{Ni} \approx 3\%$）	7 800	487	13.6			14.8	16	17.1	18.3				
锰钢（$w_{Mn} \approx 0.4\%$）	7 860	440	51.2			51	50	47	43.5	35.5	27		

续表

材料名称	20 ℃			导热系数 $\lambda/(W \cdot m^{-1} \cdot K^{-1})$									
	密度	比热容	导热系数	温度/℃									
	$\rho/(kg \cdot m^{-3})$	$c_p/(J \cdot kg^{-1} \cdot K^{-1})$	$\lambda/(W \cdot m^{-1} \cdot K^{-1})$	-100	0	100	200	300	400	600	800	1 000	1 200
钨钢（$w_W=5\%\sim6\%$）	8 070	436	18.7		18.4	19.7	21	22.3	23.6	24.9	26.3		
铅	11 340	128	35.3	37.2	35.5	34.3	32.8	31.5					
镁	1 730	1 020	156	160	157	154	152	150					
钼	9 590	255	138	146	139	135	131	127	123	116	109	103	93.7
镍	8 900	444	91.4	144	94	82.8	74.2	67.3	64.6	69	73.3	77.6	81.9
铂	21 450	133	71.4	73.3	71.5	71.6	72	72.8	73.6	76.6	80	84.2	88.9
银	10 500	234	427	431	428	422	415	407	399	384			
锡	7 310	228	67	75	68.2	63.2	60.9						
钛	4 500	520	22	23.3	22.4	20.7	19.9	19.5	19.4	19.9			
铀	19 070	116	27.4	24.3	27	29.1	31.1	33.4	35.7	40.6	45.6		
锌	7 140	388	121	123	122	117	112						
锆	6 570	276	22.9	26.5	23.2	21.8	21.2	20.9	21.4	22.3	24.5	26.4	28
钨	19 350	134	179	204	182	166	153	142	134	125	119	114	110

附录 3 保温、建筑及其他材料的密度和导热系数

材料名称	温度 t/℃	密度 ρ/(kg · m^{-3})	导热系数 λ/(W · m^{-1} · K^{-1})
膨胀珍珠岩散料	25	60 ~ 300	0. 021 ~ 0. 062
沥青膨胀珍珠岩	31	233 ~ 282	0. 069 ~ 0. 076
磷酸盐膨胀珍珠岩制品	20	200 ~ 250	0. 044 ~ 0. 052
水玻璃膨胀珍珠岩制品	20	200 ~ 300	0. 056 ~ 0. 065
岩棉制品	20	80 ~ 150	0. 035 ~ 0. 038
膨胀蛭石	20	100 ~ 130	0. 051 ~ 0. 07
沥青蛭石板管	20	350 ~ 400	0. 081 ~ 0. 1
石棉粉	22	744 ~ 1 400	0. 099 ~ 0. 19
石棉砖	21	384	0. 099
石棉绳		590 ~ 730	0. 10 ~ 0. 21
石棉绒		35 ~ 230	0. 055 ~ 0. 077
石棉板	30	770 ~ 1 045	0. 10 ~ 0. 14
碳酸镁石棉灰		240 ~ 490	0. 077 ~ 0. 086
硅藻土石棉灰		280 ~ 380	0. 085 ~ 0. 11
粉煤灰砖	27	458 ~ 589	0. 12 ~ 0. 22
矿渣棉	30	207	0. 058
玻璃丝	35	120 ~ 492	0. 058 ~ 0. 07
玻璃棉毡	28	18. 4 ~ 38. 3	0. 043
软木板	20	105 ~ 437	0. 044 ~ 0. 079
木丝纤维板	25	245	0. 048
稻草浆板	20	325 ~ 365	0. 068 ~ 0. 084
麻秆板	25	108 ~ 147	0. 056 ~ 0. 11
甘蔗板	20	282	0. 067 ~ 0. 072
葵芯板	20	95. 5	0. 05
玉米梗板	22	25. 2	0. 065
棉花	20	117	0. 049
丝	20	57. 7	0. 036

续表

材料名称	温度 t/℃	密度 $\rho/(\mathrm{kg \cdot m^{-3}})$	导热系数 $\lambda/(\mathrm{W \cdot m^{-1} \cdot K^{-1}})$
锯木屑	20	179	0.083
硬泡沫塑料	30	29.5~56.3	0.041~0.048
软泡沫塑料	30	41~162	0.043~0.056
铝箔间隔层（5层）	21		0.042
红砖（营造状态）	25	1 860	0.87
红砖	35	1 560	0.49
松木（垂直木纹）	15	1 560	0.15
松木（平行木纹）	21	527	0.35
水泥	30	1 900	0.3
混凝土板	35	1 930	0.79
耐酸混凝土板	30	2 250	1.5~1.6
黄沙	30	1 580~1 700	0.28~0.34
泥土	20		0.83
瓷砖	37	2 090	1.1
玻璃	45	2 500	0.65~0.71
聚苯乙烯	30	24.7~37.8	0.04~0.043
花岗石		2 643	1.73~3.98
大理石		2 499~2 707	2.7
云母		290	0.58
水垢	65		1.31~3.14
冰	0	913	2.22
黏土	27	1 460	1.3

附录 4　几种保温、耐火材料的导热系数与温度的关系

材料名称	材料最高允许温度/℃	密度 ρ/(kg · m^{-3})	导热系数 λ/(W · m^{-1} · K^{-1})
超细玻璃棉毡、管	400	18 ~ 20	0.033 + 0.000 23{t}℃ ①
矿渣棉	550 ~ 600	350	0.067 4 + 0.000 215{t}℃
水泥蛭石制品	800	400 ~ 450	0.103 + 0.000 198{t}℃
水泥珍珠岩制品	600	300 ~ 400	0.065 1 + 0.000 105{t}℃
粉煤灰泡沫砖	300	500	0.099 + 0.000 2{t}℃
岩棉玻璃布缝板	600	100	0.031 4 + 0.000 198{t}℃
A 级硅藻土制品	900	500	0.039 5 + 0.000 19{t}℃
B 级硅藻土制品	900	550	0.047 7 + 0.000 2{t}℃
膨胀珍珠岩	1 000	55	0.042 4 + 0.000 137{t}℃
微孔硅酸钙制品	650	≯250	0.041 + 0.000 2{t}℃
耐火黏土砖	1 350 ~ 1 450	1 800 ~ 2 040	(0.7 ~ 0.84) + 0.000 58{t}℃
轻质耐火黏土砖	1 250 ~ 1 300	800 ~ 1 300	(0.29 ~ 0.41) + 0.000 26{t}℃
超轻质耐火黏土砖	1 150 ~ 1 300	540 ~ 610	0.093 + 0.000 16{t}℃
超轻质耐火黏土砖	1 100	270 ~ 330	0.058 + 0.000 17{t}℃
硅砖	1 700	1 900 ~ 1 950	0.93 + 0.000 7{t}℃
镁砖	1 600 ~ 1 700	2 300 ~ 2 600	2.1 + 0.000 19{t}℃
铬砖	1 600 ~ 1 700	2 600 ~ 2 800	4.7 + 0.000 17{t}℃

① {t}℃ 表示以℃为单位的材料的平均温度数值。

附录5　大气压力（$p=1.01325\times10^5$ Pa）下干空气的热物理性质

t/℃	ρ/(kg·m^{-3})	c_p/(kJ·kg^{-1}·K^{-1})	(λ)/(W·m^{-1}·K^{-1})×10^{-2}	(a)/(m^2·s^{-1})×10^{-6}	μ/(kg·m^{-1}·s^{-1})×10^{-6}	(ν)/(m^2·s^{-1})×10^{-6}	Pr
−50	1.584	1.013	2.04	12.7	14.6	9.23	0.728
−40	1.515	1.013	2.12	13.8	15.2	10.04	0.728
−30	1.453	1.013	2.2	14.9	15.7	10.8	0.723
−20	1.395	1.009	2.28	16.2	16.2	11.61	0.716
−10	1.342	1.009	2.36	17.4	16.7	12.43	0.712
0	1.293	1.005	2.44	18.8	17.2	13.28	0.707
10	1.247	1.005	2.51	20	17.6	14.16	0.705
20	1.205	1.005	2.59	21.4	18.1	15.06	0.703
30	1.165	1.005	2.67	22.9	18.6	16	0.701
40	1.128	1.005	2.76	24.3	19.1	16.96	0.699
50	1.093	1.005	2.83	25.7	19.6	17.95	0.698
60	1.06	1.005	2.9	27.2	20.1	18.97	0.696
70	1.029	1.009	2.96	28.6	20.6	20.02	0.694
80	1.000	1.009	3.05	30.2	21.1	21.09	0.692
90	0.972	1.009	3.13	31.9	21.5	22.1	0.69
100	0.946	1.009	3.21	33.6	21.9	23.13	0.688
120	0.898	1.009	3.34	36.8	22.8	25.45	0.686
140	0.854	1.013	3.49	40.3	23.7	27.8	0.684
160	0.815	1.017	3.64	43.9	24.5	30.09	0.682
180	0.779	1.022	3.78	47.5	25.3	32.49	0.681
200	0.746	1.026	3.93	51.4	26	34.85	0.68
250	0.674	1.038	4.27	61	27.4	40.61	0.677
300	0.615	1.047	4.6	71.6	29.7	48.33	0.674
350	0.566	1.059	4.91	81.9	31.4	55.46	0.676
400	0.524	1.068	5.21	93.1	33	63.09	0.678
500	0.456	1.093	5.74	115.3	36.2	79.38	0.687
600	0.404	1.114	6.22	138.3	39.1	96.89	0.699

续表

t/℃	ρ/(kg · m^{-3})	c_p/(kJ · kg^{-1} · K^{-1})	(λ)/(W · m^{-1} · K^{-1}) ×10^{-2}	(a)/(m^2 · s^{-1}) ×10^{-6}	μ/(kg · m^{-1} · s^{-1}) ×10^{-6}	(ν)/(m^2 · s^{-1}) ×10^{-6}	Pr
700	0. 362	1. 135	6. 71	163. 4	41. 8	115. 4	0. 706
800	0. 329	1. 156	7. 18	188. 8	44. 3	134. 8	0. 713
900	0. 301	1. 172	7. 63	216. 2	46. 7	155. 1	0. 717
1 000	0. 277	1. 185	8. 07	245. 9	49	177. 1	0. 719
1 100	0. 257	1. 197	8. 5	276. 2	51. 2	199. 3	0. 722
1 200	0. 239	1. 21	9. 15	316. 5	53. 5	233. 7	0. 724

附录6　大气压力（$p=1.01325\times10^5$ Pa）下标准烟气的热物理性质

（烟气中组成成分的质量分数：$w_{CO_2}=0.13$；$w_{H_2O}=0.11$；$w_{N_2}=0.76$）

t/℃	ρ/(kg·m^{-3})	c_p/(kJ·kg^{-1}·K^{-1})	(λ)/(W·m^{-1}·K^{-1})×10^{-2}	(a)/(m^2·s^{-1})×10^{-6}	μ/(Pa·s)×10^{-6}	(ν)/(m^2·s^{-1})×10^{-6}	Pr
0	1.295	1.042	2.28	16.9	15.8	12.2	0.72
100	0.95	1.068	3.13	30.8	20.4	21.54	0.69
200	0.748	1.097	4.01	48.9	24.5	32.8	0.67
300	0.617	1.122	4.84	69.9	28.2	45.81	0.65
400	0.525	1.151	5.7	94.3	31.7	60.38	0.64
500	0.457	1.185	6.56	121.1	34.8	76.3	0.63
600	0.405	1.214	7.42	150.9	37.9	93.61	0.62
700	0.363	1.239	8.27	183.8	40.7	112.1	0.61
800	0.33	1.264	9.15	219.7	43.4	131.8	0.6
900	0.301	1.29	10	258	45.9	152.5	0.59
1 000	0.275	1.306	10.9	303.4	48.4	174.3	0.58
1 100	0.257	1.323	11.75	345.5	50.7	197.1	0.57
1 200	0.24	1.34	12.62	392.4	53	221	0.56

附录7　大气压力（$p=1.013\ 25\times10^{5}$ Pa）下过热水蒸气的热物理性质

T/k	ρ/(kg·m^{-3})	c_p/(kJ·kg^{-1}·K^{-1})	μ/(Pa·s) ×10^{-5}	(υ)/(m^2·s^{-1}) ×10^{-5}	λ/(W·m^{-1}·K^{-1})	(a)/(m^2·s^{-1}) ×10^{-5}	Pr
380	0.586 3	2.06	1.271	2.16	0.024 6	2.036	1.06
400	0.554 2	2.014	1.344	2.42	0.026 1	2.338	1.04
450	0.490 2	1.98	1.525	3.11	0.029 9	3.07	1.01
500	0.440 5	1.985	1.704	3.86	0.033 9	3.87	0.996
550	0.400 5	1.997	1.884	4.7	0.037 9	4.75	0.991
600	0.385 2	2.026	2.067	5.66	0.042 2	5.73	0.986
650	0.338 0	2.056	2.247	6.64	0.046 4	6.66	0.995
700	0.314 0	2.085	2.426	7.72	0.050 5	7.72	1
750	0.293 1	2.119	2.604	8.88	0.054 9	8.33	1.005
800	0.273 0	2.152	2.786	10.2	0.059 2	10.01	1.01
850	0.257 9	2.186	2.969	11.52	0.063 7	11.3	1.019

附录8　大气压力（$p = 1.013\ 25 \times 10^5$ Pa）下二氧化碳、氢气、氧气的热物理性质

	T/K	ρ/（kg·m^{-3}）	c_p/（kJ·kg^{-1}·K^{-1}）	λ/（W·m^{-1}·K^{-1}）	（a）/（m^2·s^{-1}）$\times 10^{-8}$	（ν）/（m^2·s^{-1}）$\times 10^{-6}$	（μ）/（Pa·s）$\times 10^{-4}$	Pr
二氧化碳气体 沸点 195 K	250	2.15	0.782	0.014 35	853.5	5.97	12.8	0.7
	300	1.788	0.844	0.018 1	1 199.4	8.5	15.2	0.71
	400	1.341	0.937	0.025 9	2 061.2	14.6	19.6	0.71
	500	1.073	1.011	0.033 3	3 069.6	21.9	23.5	0.71
	600	0.894	1.074	0.040 7	5.381	30	27.1	0.71
	800	0.671	1.168	0.054 4	4 238.8	49.8	33.4	0.72
	1 000	0.537	1.232	0.066 5	10 051	72.3	38.8	0.72
	1 500	0.358	1.329	0.094 5	19 862	143.8	51.5	0.72
	2 000	0.268	1.371	0.117 6	32 000.6	231	61.9	0.72
	T/K	ρ/（kg·m^{-3}）	c_p/（kJ·kg^{-1}·K^{-1}）	λ/（W·m^{-1}·K^{-1}）	（a）/（m^2·s^{-1}）$\times 10^{-6}$	（ν）/（m^2·s^{-1}）$\times 10^{-6}$	（μ）/（Pa·s）$\times 10^{-6}$	Pr
氢气 沸点 20.3 K	20	1.219	10.4	0.015 8	1.246	0.893	1.08	0.72
	40	0.607 4	10.3	0.030 2	4.827	3.38	2.06	0.7
	60	0.406 2	10.66	0.045 1	10.415	7.06	2.87	0.68
	80	0.304 7	11.79	0.062 1	17.37	11.7	3.57	0.68
	100	0.243 7	13.32	0.080 5	24.8	17.3	4.21	0.7
	150	0.162 5	16.17	0.125	47.57	34.4	5.6	0.73
	200	0.121 9	15.91	0.158	81.47	55.8	6.81	0.68
	250	0.097 5	15.25	0.181	121.7	81.1	7.91	0.67
	300	0.081 2	14.78	0.198	165	109.9	8.93	0.67
	400	0.060 9	14.4	0.227	258.8	177.6	10.9	0.69
	500	0.048 7	14.35	0.259	370.6	258.1	12.6	0.7
	600	0.040 6	14.4	0.299	511.4	350.9	14.3	0.69
	800	0.030 5	14.53	0.385	868.8	572.5	17.4	0.66
	1 000	0.024 4	14.76	0.423	1 175	841.2	20.5	0.72
	1 500	0.016 4	16	0.587	2 237	1 560	25.6	0.7
	2 000	0.012 3	17.05	0.751	3 581	2 510	30.9	0.7

续表

	T/K	ρ/(kg·m^{-3})	c_p/(kJ·kg^{-1}·K^{-1})	λ/(W·m^{-1}·K^{-1})	(a)/(m^2·s^{-1})×10^{-6}	(ν)/(m^2·s^{-1})×10^{-6}	(μ)/(Pa·s)×10^{-6}	Pr
氧气 沸点 90. 2 K	150	2. 6	0. 89	0. 014 8	6. 396	4. 39	11. 4	0. 69
	200	1. 949	0. 9	0. 019 2	10. 95	7. 55	14. 7	0. 69
	250	1. 559	0. 91	0. 023 4	16. 49	11. 4	17. 8	0. 69
	300	1. 299	0. 92	0. 027 4	22. 93	15. 8	20. 6	0. 69
	400	0. 975	0. 945	0. 034 8	24. 8	26. 1	25. 4	0. 69
	500	0. 78	0. 97	0. 042	37. 77	38. 3	29. 9	0. 69
	600	0. 65	1	0. 049	75. 38	52. 5	33. 9	0. 69
	800	0. 487	1. 05	0. 062	121. 2	84. 5	41. 1	0. 7
	1 000	0. 39	1. 085	0. 074	174. 9	122	47. 6	0. 7
	1 500	0. 26	1. 14	0. 101	340. 8	239	62. 1	0. 7
	2 000	0. 195	1. 18	0. 126	547. 6	384	74. 9	0. 7

附录9　饱和水的热物理性质

t/℃	(p)/Pa $\times10^{-5}$	ρ/(kg·m^{-3})	h'/(kJ·kg^{-1})	c_p/(kJ·kg^{-1}·K^{-1})	(λ)/(W·m^{-1}·K^{-1}) $\times10^{-2}$	(a)/(m^2·s^{-1}) $\times10^{-8}$	(μ)/(m^2·s^{-1}) $\times10^{-6}$	(υ)/(m^2·s^{-1}) $\times10^{-6}$	(α_v)/(K^{-1}) $\times10^{-4}$	(γ)/(N·m^{-1}) $\times10^{-4}$	Pr
0	0.006 11	999.9	0	4.212	55.1	13.1	1 788	1.789	−0.81	756.4	13.67
10	0.012 27	999.7	42.04	4.191	57.4	13.7	1 306	1.306	+0.87	741.6	9.52
20	0.023 38	998.2	83.91	4.183	59.9	14.3	1 004	1.006	2.09	726.9	7.02
30	0.042 41	995.2	125.7	4.174	61.8	14.9	801.5	0.805	3.05	712.2	5.42
40	0.073 75	992.2	167.5	4.174	63.5	1 503	653.3	0.659	3.86	696.5	4.31
50	0.123 35	988.1	209.3	4.174	64.8	15.7	549.4	0.556	4.57	676.9	3.54
60	0.199 2	983.1	251.1	4.179	65.9	16	469.1	0.478	5.22	662.2	2.99
70	0.311 6	977.8	293	4.187	66.8	16.3	406.1	0.415	5.83	643.5	2.55
80	0.473 6	971.8	355	4.195	67.4	16.6	355.1	0.365	6.4	625.9	2.21
90	0.701 1	965.3	377	4.208	68	16.8	314.9	0.326	6.96	607.2	1.95
100	1.013	958.4	419.1	4.22	68.3	16.9	282.5	0.295	7.5	588.6	1.75
110	1.43	951	461.4	4.233	68.5	17	259	0.272	8.04	569	1.6
120	1.98	943.1	503.7	4.25	68.6	17.1	237.4	0.252	8.58	548.4	1.47
130	2.7	934.8	546.4	4.266	68.6	17.2	217.8	0.233	9.12	528.8	1.36
140	3.61	926.1	589.1	4.287	68.5	17.2	201.1	0.217	9.68	507.2	1.26
150	4.76	917	632.2	4.313	68.4	17.3	186.4	0.203	10.26	486.6	1.17

续表

t/℃	(p)/Pa $\times 10^{-5}$	ρ/(kg · m^{-3})	h'/(kJ · kg^{-1})	c_p/(kJ · kg^{-1} · K^{-1})	(λ)/(W · m^{-1} · K^{-1}) $\times 10^{-2}$	(a)/(m^2 · s^{-1}) $\times 10^{-8}$	(μ)/(m^2 · s^{-1}) $\times 10^{-6}$	(υ)/(m^2 · s^{-1}) $\times 10^{-6}$	(α_v)/(K^{-1}) $\times 10^{-4}$	(γ)/(N · m^{-1}) $\times 10^{-4}$	Pr
160	6. 18	907	675. 4	4. 346	68. 3	17. 3	173. 6	0. 191	10. 87	466	1. 1
170	7. 92	897. 3	719. 3	4. 38	67. 9	17. 3	162. 8	0. 181	11. 52	443. 4	1. 05
180	10. 03	886. 9	763. 3	4. 417	67. 4	17. 2	153	0. 173	12. 21	422. 8	1
190	12. 55	876	807. 8	4. 459	67	17. 1	144. 2	0. 165	12. 96	400. 2	0. 96
200	15. 55	863	852. 8	4. 505	66. 3	17	136. 4	0. 158	13. 77	376. 7	0. 93
210	19. 08	852. 3	897. 7	4. 555	65. 5	16. 9	130. 5	0. 153	14. 67	354. 1	0. 91
220	23. 2	840. 3	943. 7	4. 614	64. 5	16. 6	124. 6	0. 148	15. 67	331. 6	0. 89
230	27. 98	827. 3	990. 2	4. 681	63. 7	16. 4	119. 7	0. 145	16. 80	310	0. 88
240	33. 48	813. 6	1 037. 5	4. 756	62. 8	16. 2	114. 8	0. 141	18. 08	285. 5	0. 87
250	39. 78	799	1 085. 7	4. 844	61. 8	15. 9	109. 9	0. 137	19. 55	261. 9	0. 86
260	46. 94	784	1 135. 7	4. 949	60. 5	15. 6	105. 9	0. 135	21. 27	237. 4	0. 87
270	55. 05	767. 9	1 185. 7	5. 07	59	15. 1	102	0. 133	23. 31	214. 8	0. 88
280	64. 19	750. 7	1 236. 8	5. 23	57. 4	14. 6	98. 1	0. 131	25. 79	191. 3	0. 9
290	74. 45	732. 3	1 290	5. 485	55. 8	13. 9	94. 2	0. 129	28. 84	168. 7	0. 93
300	85. 92	712. 5	1 344. 9	5. 736	54	13. 2	91. 2	0. 128	32. 73	144. 2	0. 97
310	98. 7	691. 1	1 402. 2	6. 071	52. 3	12. 5	88. 3	0. 128	37. 85	120. 7	1. 03
320	112. 9	667. 1	1 462. 1	6. 574	50. 6	11. 5	85. 3	0. 128	44. 91	98. 1	1. 11
330	128. 65	640. 2	1 526. 2	7. 244	48. 4	10. 4	81. 4	0. 127	55. 31	76. 71	1. 22

续表

t/℃	(p)/Pa $\times 10^{-5}$	ρ/(kg · m^{-3})	h'/(kJ · kg^{-1})	c_p/(kJ · kg^{-1} · K^{-1})	(λ)/(W · m^{-1} · K^{-1}) $\times 10^{-2}$	(a)/(m^2 · s^{-1}) $\times 10^{-8}$	(μ)/(m^2 · s^{-1}) $\times 10^{-6}$	(υ)/(m^2 · s^{-1}) $\times 10^{-6}$	(α_v)/(K^{-1}) $\times 10^{-4}$	(γ)/(N · m^{-1}) $\times 10^{-4}$	Pr
340	146.08	610.1	1 594.8	8.165	45.7	9.17	77.5	0.127	72.1	56.7	1.39
350	165.37	574.4	1 671.4	9.504	43	7.88	72.6	0.126	103.7	38.16	1.6
360	186.74	528	1 761.5	13.984	39.5	5.36	66.7	0.126	182.9	20.21	2.35
370	210.53	450.5	1 892.5	40.321	33.7	1.86	56.9	0.126	676.7	4.709	6.79

①α_v 值选自 Steam Tables in SI Units, 2nd Ed. By Grigull U et. Al. , Springer Verlag, 1984.

附录 10　干饱和水蒸气的热物理性质

t/℃	($p\times10^{-5}$)/Pa	ρ''/(kg·m^{-3})	h''/(kJ·kg^{-1})	r/(kJ·kg^{-1})	c_p/(kJ·kg^{-1}·K^{-1})	(λ)/(W·m^{-1}·K^{-1})$\times10^{-2}$	(a)/(m^2·h^{-1})$\times10^{-3}$	(μ)/(Pa·s)$\times10^{-6}$	(υ)/(m^2·s^{-1})$\times10^{-6}$	Pr
0	0.006 11	0.004 847	2 501.6	2 501.6	1.854 3	1.83	7 313	8.022	1 655.01	0.815
10	0.012 27	0.009 396	2 520	2 477.7	1.859 4	1.88	3 881.3	8.424	896.54	0.831
20	0.023 38	0.017 29	2 538	2 454.3	1.866 1	1.94	2 167.2	8.84	509	0.847
30	0.042 41	0.030 37	2 556.5	2 430.9	1.874 4	2	1 265.1	9.218	303.53	0.863
40	0.073 75	0.051 16	2 574.5	2 407	1.885 3	2.06	768.45	9.62	188.04	0.883
50	0.123 35	0.083 02	2 592	2 382.7	1.898 7	2.12	483.59	10.022	120.72	0.896
60	0.199 2	0.130 2	2 609.6	2 358.4	1.815 5	2.19	315.55	10.424	80.07	0.913
70	0.311 6	0.198 2	2 626.8	2 334.1	1.936 4	2.25	210.57	10.817	54.57	0.93
80	0.473 6	0.293 3	2 643.5	2 309	1.961 5	2.33	145.53	11.219	38.25	0.947
90	0.701 1	0.423 5	2 660.3	2 283.1	1.992 1	2.4	102.22	11.624	27.44	0.966
100	1.013	0.597 7	2 676.2	2 257.1	2.028 1	2.48	73.57	12.023	20.12	0.984
110	1.432 7	0.826 5	2 691.3	2 229.9	2.070 4	2.56	53.83	12.425	15.03	1
120	1.985 4	1.122	2 705.9	2 202.3	2.119 8	2.65	40.15	12.798	11.41	1.02
130	2.701 3	1.497	2 719.7	2 173.8	2.176 3	2.76	30.46	13.170	8.8	1.04
140	3.614	1.967	2 733.1	2 144.1	2.240 8	2.85	23.28	13.543	6.89	1.06
150	4.76	2.548	2 745.3	2 113.1	2.314 5	2.97	18.1	13.896	5.45	1.08
160	6.181	3.26	2 756.6	2 081.3	2.397 4	3.08	14.2	14.249	4.37	1.11
170	7.92	4.123	2 767.1	2 047.8	2.491 1	3.21	11.25	14.612	3.54	1.13
180	10.027	5.16	2 776.3	2 013	2.595 8	3.36	9.03	14.965	2.9	1.15

续表

t/℃	(p)/Pa $\times 10^{-5}$	ρ''/(kg · m^{-3})	h''/(kJ · kg^{-1})	r/(kJ · kg^{-1})	c_p/(kJ · kg^{-1} · K^{-1})	(λ)/(W · m^{-1} · K^{-1}) $\times 10^{-2}$	(a)/(m^2 · h^{-1}) $\times 10^{-3}$	(μ)/(Pa · s) $\times 10^{-6}$	(υ)/(m^2 · s^{-1}) $\times 10^{-6}$	Pr
190	12. 551	3. 397	2 784. 2	1 976. 6	2. 712 6	3. 51	7. 29	15. 298	2. 39	1. 18
200	15. 549	7. 864	2 790. 9	1 938. 5	2. 842 8	3. 68	5. 92	15. 651	1. 99	1. 2
210	19. 077	9. 593	2 796. 4	1 898. 3	2. 987 7	3. 87	4. 86	15. 995	1. 67	1. 24
220	23. 198	11. 62	2 799. 7	1 856. 4	3. 149 7	4. 07	4	16. 338	1. 41	1. 26
230	27. 976	14	2 801. 8	1 811. 6	3. 331	4. 3	3. 32	16. 701	1. 19	1. 29
240	33. 478	16. 76	2 802. 2	1 764. 7	3. 536 6	4. 54	2. 76	17. 073	1. 02	1. 33
250	39. 776	19. 99	2 800. 6	1 714. 4	3. 772 3	4. 84	2. 31	17. 446	0. 873	1. 36
260	46. 943	23. 73	2 796. 4	1 661. 3	4. 047	5. 18	1. 94	17. 848	0. 752	1. 4
270	55. 058	28. 1	2 789. 7	1 604. 8	4. 373 5	5. 55	1. 63	18. 28	0. 651	1. 44
280	64. 202	33. 19	2 780. 5	1 543. 7	4. 767 5	6	1. 37	18. 75	0. 565	1. 49
290	74. 461	39. 16	2 767. 5	1 477. 5	5. 252 8	6. 55	1. 15	19. 27	0. 492	1. 54
300	85. 927	46. 19	2 751. 1	1 405. 9	5. 863 2	7. 22	0. 96	19. 839	0. 43	1. 61
310	98. 7	54. 54	2 730. 2	1 327. 6	6. 650 3	8. 06	0. 5	20. 391	0. 38	1. 71
320	112. 89	61. 6	2 703. 8	1 241	7. 721 7	8. 65	0. 62	21. 391	0. 336	1. 94
330	128. 63	76. 99	2 670. 3	1 143. 8	9. 361 3	9. 61	0. 48	23. 093	0. 3	2. 24
340	146. 05	92. 76	2 626	1 030. 8	12. 210 8	10. 7	0. 34	24. 692	0. 266	2. 82
350	165. 35	113. 6	2 567. 8	895. 6	17. 150 4	11. 9	0. 22	26. 594	0. 234	3. 83
360	186. 75	144. 1	2 485. 3	721. 4	25. 116 2	13. 7	0. 14	29. 193	0. 203	5. 34
370	210. 54	201. 1	2 342. 9	452	76. 915 7	16. 6	0. 04	33. 989	0. 169	15. 7
374. 15	221. 2	315. 5	2 107. 2	0	∞	23. 79	0	44. 992	0. 143	∞

附录 11　几种饱和液体的热物理性质

液体	t/℃	ρ/(kg·m^{-3})	c_p/(kJ·kg^{-1}·K^{-1})	λ/(W·m^{-1}·K^{-1})	(a)/(m^2·s^{-1})×10^{-8}	(υ)/(m^2·s^{-1})×10^{-6}	(α_v)/(K^{-1})×10^{-3}	r/(kJ·kg^{-1})	Pr
NH_3	-50	702	4.354	0.620 7	20.31	0.474 5	1.69	1 416.34	2.337
	-40	689.9	4.396	0.601 4	19.83	0.416	1.78	1 388.81	2.098
	-30	677.5	4.448	0.581	19.28	0.37	1.88	1 359.74	1.919
	-20	664.9	4.501	0.560 7	18.74	0.332 8	1 096	1 328.97	1.776
	-10	652	4.556	0.540 5	18.2	0.301 7	2.04	1 296.39	1.659
	0	638.6	4.617	0.520 2	17.64	0.275 3	2.16	1 261.81	1.56
	10	624.8	4.683	0.499 8	17.08	0.252 2	2.28	1 225.04	1.477
	20	610.4	4.758	0.479 2	16.5	0.232	2.42	1 185.82	1.406
	30	595.4	4.843	0.458 3	15.89	0.214 3	2.57	1 143.85	1.348
	40	579.5	4.943	0.437 1	15.26	0.198 8	2.76	1 098.71	1.303
	50	562.9	5.066	0.415 6	14.57	0.185 3	3.07	1 049.91	1.271
R12	-50	1 544.3	0.863	0.095 9	7.20	0.293 9	1.732	173.91	4.083
	-40	1 516.1	0.873	0.092 1	6.96	0.266 6	1.815	170.02	3.831
	-30	1 487.2	0.884	0.088 3	6.72	0.242 2	1.915	166	3.606
	-20	1 457.6	0.896	0.084 5	6.47	0.220 6	2.039	161.81	3.409
	-10	1 427.1	0.911	0.080 8	6.21	0.201 5	2.189	157.39	3.241
	0	1 395.6	0.928	0.077 1	5.95	0.184 7	2.374	152.38	3.103
	10	1 362.8	0.948	0.073 5	5.69	0.170 1	2.602	147.64	2.99
	20	1 328.6	0.971	0.069 8	5.41	0.157 3	2.887	142.2	2.907
	30	1 292.5	0.998	0.066 3	5.14	0.146 3	3.248	136.27	2.846
	40	1 254.2	1.03	0.062 7	4.85	0.136 8	3.712	129.78	2.819
	50	1 213	1.071	0.059 2	4.56	0.128 9	4.327	122.56	2.828
R22	-50	1 435.5	1.083	0.118 4	7.62		1.942	239.48	
	-40	1 406.8	1.093	0.113 8	7.40		2.043	233.29	
	-30	1 377.3	1.107	0.109 2	7.16		2.167	226.81	
	-20	1 346.8	1.125	0.104 8	6.92	0.193	2.322	219.97	

续表

液体	t/℃	ρ/(kg·m^{-3})	c_p/(kJ·kg^{-1}·K^{-1})	λ/(W·m^{-1}·K^{-1})	(a)/(m^2·s^{-1})×10^{-8}	(υ)/(m^2·s^{-1})×10^{-6}	(α_v)/(K^{-1})×10^{-3}	r/(kJ·kg^{-1})	Pr
R22	-10	1 315	1.146	0.100 4	6.66	0.178	2.515	212.69	2.792
	0	1 281.8	1.171	0.096 2	6.41	0.164	2.754	204.87	2.672
	10	1 246.9	1.202	0.092	6.14	0.151	3.057	196.44	2.557
	20	1 210	1.238	0.087 8	5.86	0.140	3.447	187.28	2.463
	30	1 170.7	1.282	0.083 8	5.58	0.13	3.956	177.24	2.384
	40	1 128.4	1.338	0.079 8	5.29	0.121	4.644	166.16	2.321
	50	1 082.1	1.414				5.61	153.76	2.285
R152a	-50	1 063.3	1.56			0.382 2	1.625	351.69	
	-40	1 043.5	1.59			0.337 4	1.718	343.54	
	-30	2 023.3	1.617			0.300 7	1.83	335.01	
	-20	1 002.5	1.645	0.127 2	7.71	0.270 3	1.964	326.06	3.505
	-10	981.1	1.674	0.121 3	7.39	0.244 9	2.123	316.63	3.316
	0	958.9	1.707	0.115 5	7.06	0.223 5	2.317	306.66	3.167
	10	935.9	1.743	0.109 7	6.73	0.205 2	2.55	296.04	3.051
	20	911.7	1.785	0.103 9	6.38	0.189 3	2.838	284.67	2.965
	30	886.3	1.834	0.098 2	6.04	0.175 6	3.194	272.77	2.906
	40	529.4	1.891	0.092 6	5.7	0.163 5	3.641	259.15	2.869
	50	830.6	1.963	0.087 2	5.35	0.152 8	4.221	244.58	2.857
R134a	-50	1 443.21	1.229	0.116 5	6.57	0.411 8	1.881	231.62	6.269
	-40	1 414.8	1.243	0.111 9	6.36	0.355	1.977	225.59	5.579
	-30	1 385.9	1.26	0.107 3	6.14	0.310 6	2.094	219.35	5.054
	-20	1 356.2	1.282	0.102 6	5.9	0.275 1	2.237	212.84	4.662
	-10	1 325.6	1.306	0.098	5.66	0.246 2	2.414	205.97	4.348
	0	1 293.7	1.335	0.093 4	5.41	0.222 2	2.633	198.68	4.108
	10	1 260.2	1.367	0.088 8	5.15	0.201 8	2.905	190.87	3.915
	20	1 224.9	1.404	0.084 2	4.9	0.184 3	3.252	182.44	3.765

续表

液体	t/℃	ρ/(kg·m^{-3})	c_p/(kJ·kg^{-1}·K^{-1})	λ/(W·m^{-1}·K^{-1})	(a)/(m^2·s^{-1})×10^{-8}	(υ)/(m^2·s^{-1})×10^{-6}	(α_v)/(K^{-1})×10^{-3}	r/(kJ·kg^{-1})	Pr
R134a	30	1 187.2	1.447	0.079 6	4.63	0.169 1	3.698	173.29	3.648
	40	1 146.2	1.5	0.075	4.36	0.155 4	4.286	163.23	3.564
	50	1 102	1.569	0.070 4	4.07	0.143 1	5.093	152.04	3.515
11 号润滑油	0	905	1.834	0.144 9	8.73	1 336			15 310
	10	898.8	1.872	0.144 1	8.56	564.2			6 591
	20	890.7	1.909	0.143 2	8.4	280.2	0.69		3 335
	30	886.6	1.947	0.142 3	8.24	153.2			1 859
	40	880.6	1.985	0.141 4	8.09	90.7			1 121
	50	874.6	2.022	0.140 5	7.94	57.4			723
	60	868.8	2.064	0.139 6	7.78	38.4			493
	70	863.1	2.106	0.138 7	7.63	27			354
	80	857.4	2.148	0.137 9	7.49	19.7			263
	90	851.8	2.19	0.137	7.34	14.9			203
	100	846.2	2.236	0.136 1	7.19	11.5			160
14 号润滑油	0	905.2	1.866	0.149 3	8.84				25 310
	10	899	1.909	0.148 5	8.65				9 979
	20	892.8	1.915	0.147 7	8.48		0.69		4 846
	30	886.7	1.993	0.147	8.32				2 603
	40	880.7	2.035	0.146 2	8.16				1 522
	50	874.8	2.077	0.145 4	8				956
	60	869	2.114	0.144 6	7.87				462
	70	863.2	2.156	0.143 9	7.73				444
	80	857.5	2.194	0.143 1	7.61				323
	90	851.9	2.227	0.142 4	7.51				244
	100	846.4	2.265	0.141 6	7.39				190

续表

	T/K	ρ/(kg·m^{-3})	c_p/(kJ·kg^{-1}·K^{-1})	λ/(W·m^{-1}·K^{-1})	(a)/(m^2·s^{-1})×10^{-8}	(υ)/(m^2·s^{-1})×10^{-8}	(μ)/(m^2·s^{-1})×10^{-8}	Pr
二氧化碳液体沸点195 K 潜热 r=0.57×10^6 J/kg	220	1 170	1.85	0.08	3.696	0.119	1.39	3.22
	230	1 130	1.9	0.096	4.471	0.118	1.33	2.64
	240	1 090	1.95	0.109 5	5.152	0.117	1.28	2.27
	250	1 045	2	0.114 5	50 478	0.115 5	1.21	2.11
	260	1 000	2.1	0.113	5.381	0.113 5	1.14	2.11
	270	945	2.4	0.104 5	4.608	0.110 5	1.04	2.33
	280	885	2.85	0.1	3.965	0.104 5	0.925	2.64
	290	805	4.5	0.09	2.484	0.094	0.657	3.78
	300	670	11	0.076	1.031	0.082	0.549	7.95
二氧化碳液体沸点90 K 潜热 r=0.213×10^6 J/kg	60	1 280	1.66	0.19	8.942	0.46	5.89	5.1
	70	1 220	1.666	0.17	8.364	0.31	3.78	3.7
	80	1 190	1.679	0.16	8.008	0.21	2.5	2.6
	90	1 140	1.694	0.15	7.767	0.14	1.6	1.8
	100	1 110	1.717	0.14	7.346	0.11	1.22	1.5

附录 12　几种液体的体胀系数

液体	T/K	(α_v)/$K^{-1}\times10^{-3}$	液体	T/K	(α_v)/$K^{-1}\times10^{-3}$
液氨	293	2.45	液氢	20.3	15.1
机油	273	0.7	水银	273	0.18
(SAE50) 乙二醇	273	0.65	液氮	70	4.9
R12	240	1.85		77.4	5.7
	260	2.1		80	5.9
	280	2.35		90	7.2
	300	2.75		100	9
	320	3.5		110	12
R113	260	1.3	液氧 甘油	89	2
	280	1.4		280	0.47
	300	1.5		300	0.48
	320	1.7		320	0.5
	340	1.8			
	360	2			
	380	2.2			
	400	2.5			
	420	3.1			
	440	4			
	460	6.2			

附录13　液态金属的热物理性质

金属名称	t/℃	ρ/(kg · m^{-3})	λ/(W · m^{-1} · K^{-1})	c_p/(kJ · kg^{-1} · K^{-1})	(a)/(m^2 · s^{-1}) × 10^{-6}	(υ)/(m^2 · s^{-1}) × 10^{-8}	Pr × 10^2
水银 熔点 -38.9 ℃ 沸点 357 ℃	20	13 550	7.9	0.139	4.36	11.4	2.72
	100	13 350	8.95	0.137 3	4.89	9.4	1.92
	150	13 230	9.65	0.137 3	5.3	8.6	1.62
	200	13 120	10.3	0.137 3	5.72	8	1.4
	300	12 880	11.7	0.137 3	6.64	7.1	1.07
锡 熔点 231.9 ℃ 沸点 2 270 ℃	250	6 980	34.1	0.255	19.2	27	1.41
	300	6 940	33.7	0.255	19	24	1.26
	400	6 865	33.1	0.255	18.9	20	1.03
	500	6 790	32.6	0.255	18.8	17.3	0.92
铋 熔点 271 ℃ 沸点 1 477 ℃	300	1 0030	13	0.151	8.61	17.1	1.98
	400	9 910	14.4	0.151	9.72	14.2	1.46
	500	9 785	15.8	0.151	10.8	12.2	1.13
	600	9 660	17.2	0.151	11.9	10.8	0.91
锂 熔点 179 ℃ 沸点 1 317 ℃	200	515	37.2	4.187	17.2	111	6.43
	300	505	39	4.187	18.3	92.7	5.03
	400	495	41.9	4.187	20.3	81.7	4.04
	500	434	45.3	4.187	22.3	73.4	3.28
铋铅（56.5% Bi） 熔点 123.5 ℃ 沸点 1 670 ℃	150	10 550	9.8	0.146	6.39	28.9	4.5
	200	10 490	10.3	0.146	6.67	24.3	3.64
	300	10 360	11.4	0.146	7.5	18.7	2.5
	400	10 240	12.6	0.146	8.33	15.7	1.87
	500	10 120	14	0.146	9.44	13.6	1.44
钠钾（25% Na） 熔点 -11 ℃ 沸点 784 ℃	100	852	23.2	1.143	26.9	60.7	2.51
	200	828	24.5	1.072	27.6	45.2	1.64
	300	808	25.8	1.038	31	36.6	1.18
	400	778	27.1	1.005	34.7	30.8	0.89
	500	753	28.4	0.967	39	26.7	0.69
	600	729	29.6	0.934	43.6	23.7	0.54
	700	704	30.9	0.9	48.8	21.4	0.44

续表

金属名称	t/℃	ρ/(kg · m^{-3})	λ/(W · m^{-1} · K^{-1})	c_p/(kJ · kg^{-1} · K^{-1})	(a)/(m^2 · s^{-1}) ×10^{-6}	(v)/(m^2 · s^{-1}) ×10^{-8}	$Pr\times10^2$
钠 熔点 97.8 ℃ 沸点 883 ℃	150	916	84.9	1.356	68.3	59.4	0.87
	200	903	81.4	1.327	67.8	50.6	0.75
	300	878	70.9	1.281	63	39.4	0.63
	400	854	63.9	1.273	58.9	33	0.56
	500	829	57	1.273	54.2	28.9	0.53
钾 熔点 64 ℃ 沸点 760 ℃	100	819	46.6	0.805	70.7	55	0.78
	250	783	44.8	0.783	73.1	38.5	0.53
	400	747	39.4	0.769	68.6	29.6	0.43
	750	678	28.4	0.775	54.2	20.2	0.37

附录14 第一类贝塞尔函数选择

x	$J_0(x)$	$J_1(x)$	x	$J_0(x)$	$J_1(x)$	x	$J_0(x)$	$J_1(x)$
0	1	0	1	0.765 2	0.44	2	0.223 9	0.576 7
0.1	0.997 5	0.049 9	1.1	0.719 6	0.470 9	2.1	0.166 6	0.568 3
0.2	0.99	0.099 5	1.2	0.671 1	0.498 3	2.2	0.110 4	0.556
0.3	0.977 6	0.148 3	1.3	0.620 1	0.522	2.3	0.055 5	0.539 9
0.4	0.960 4	0.196	1.4	0.566 9	0.541 9	2.4	0.002 5	0.520 2
0.5	0.938 5	0.242 3	1.5	0.511 8	0.557 9			
0.6	0.912	0.286 7	1.6	0.455 4	0.569 9			
0.7	0.881 2	0.329	1.7	0.398	0.577 8			
0.8	0.846 3	0.368 8	1.8	0.34	0.581 5			
0.9	0.807 5	0.405 9	1.9	0.281 8	0.581 2			

附录 15　误差函数选摘

x	erf x	x	erf x	x	erf x
0	0	0.36	0.389 33	1.04	0.858 65
0.02	0.022 56	0.38	0.409 01	1.08	0.873 33
0.04	0.045 11	0.4	0.428 39	1.12	0.886 79
0.06	0.067 62	0.44	0.466 22	1.16	0.899 1
0.08	0.090 08	0.48	0.502 75	1.2	0.910 31
0.1	0.112 46	0.52	0.537 9	1.3	0.934 01
0.12	0.134 76	0.56	0.571 62	1.4	0.952 28
0.14	0.156 95	0.6	0.603 86	1.5	0.966 11
0.16	0.179 01	0.64	0.634 59	1.6	0.976 35
0.18	0.200 94	0.68	0.663 78	1.7	0.983 79
0.2	0.222 7	0.72	0.691 43	1.8	0.989 09
0.22	0.244 3	0.76	0.717 54	1.9	0.992 79
0.24	0.265 7	0.8	0.742 1	2	0.995 32
0.26	0.286 9	0.84	0.765 14	2.2	0.998 14
0.28	0.307 88	0.88	0.786 69	2.4	0.999 31
0.3	0.328 63	0.92	0.806 77	2.6	0.999 76
0.32	0.349 13	0.96	0.825 42	2.8	0.999 92
0.34	0.369 36	1	0.842 7	3	0.999 98

注：误差函数 $\mathrm{erf}\,x = \frac{2}{\sqrt{\pi}}\int_0^x e^{-t^2}\mathrm{d}t$；误差余函数 $\mathrm{erfc}\,x = 1 - \mathrm{erf}\,x$。

附录 16　长圆柱非稳态导热线算图

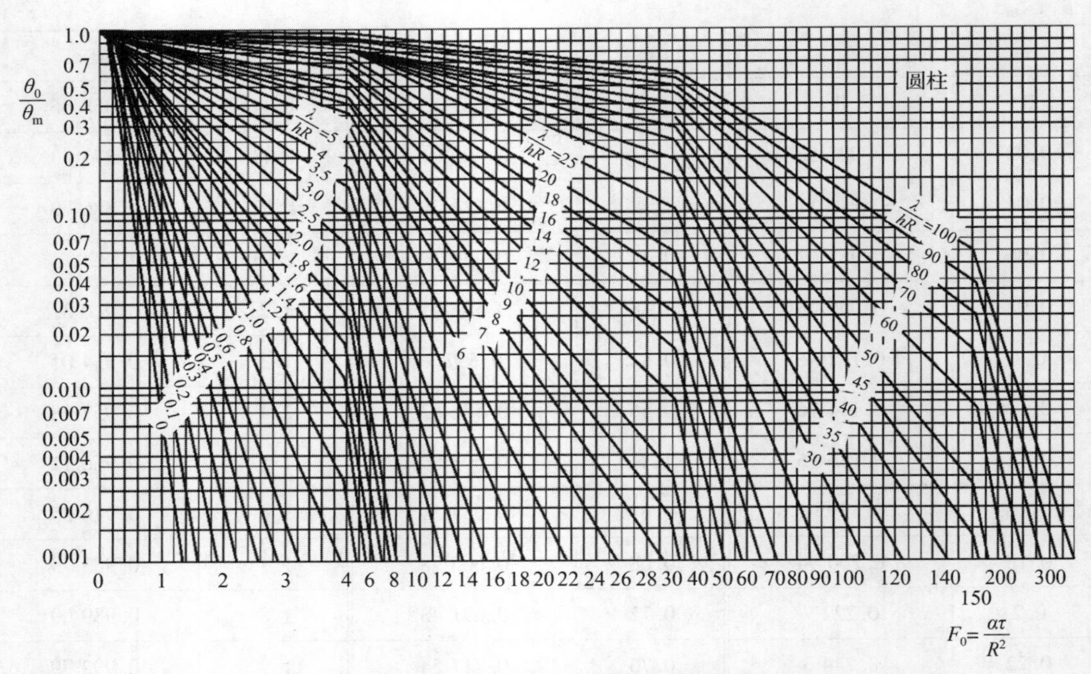

附录 16 – 1　长圆柱中心温度诺谟图

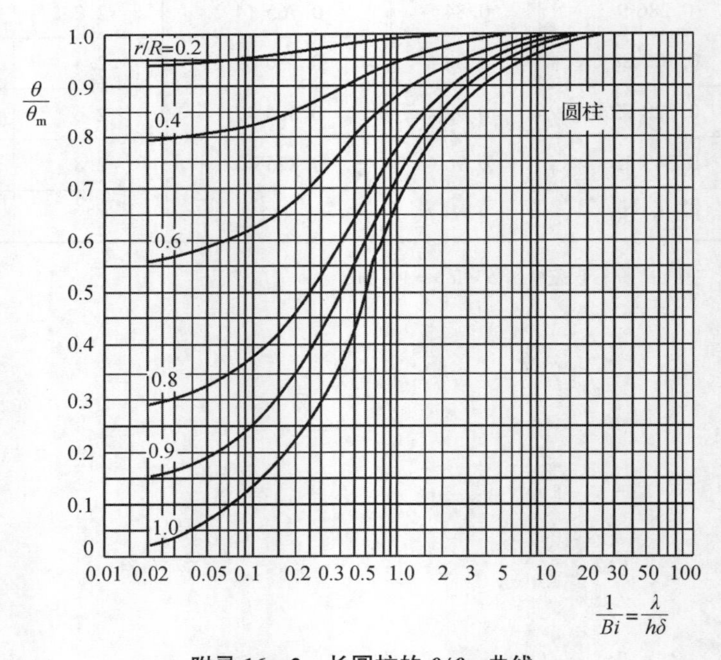

附录 16 – 2　长圆柱的 θ/θ_m 曲线

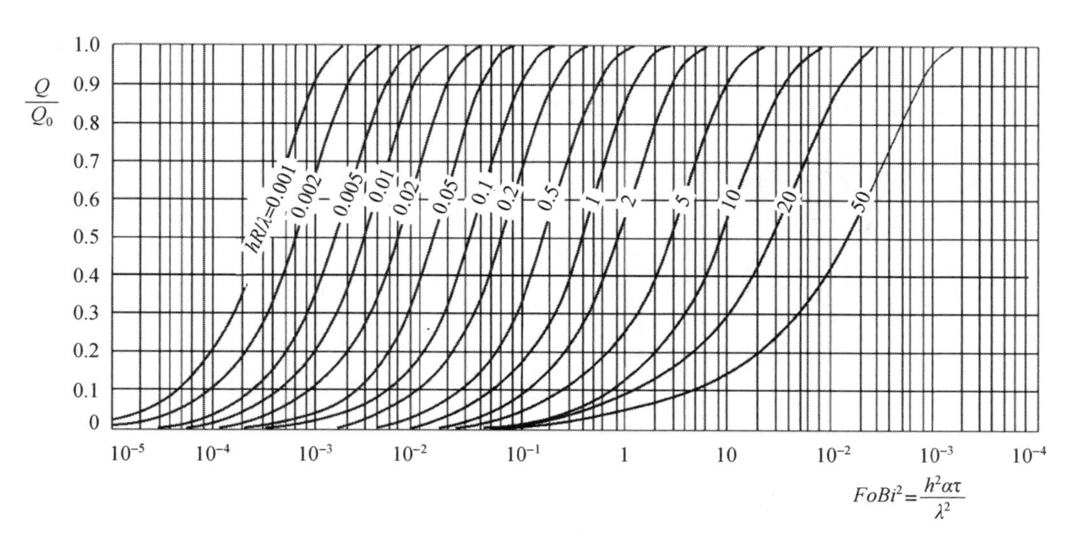

附录 16 – 3　长圆柱的 Q/Q_0 曲线

附录 17　球体非稳态导热线算图

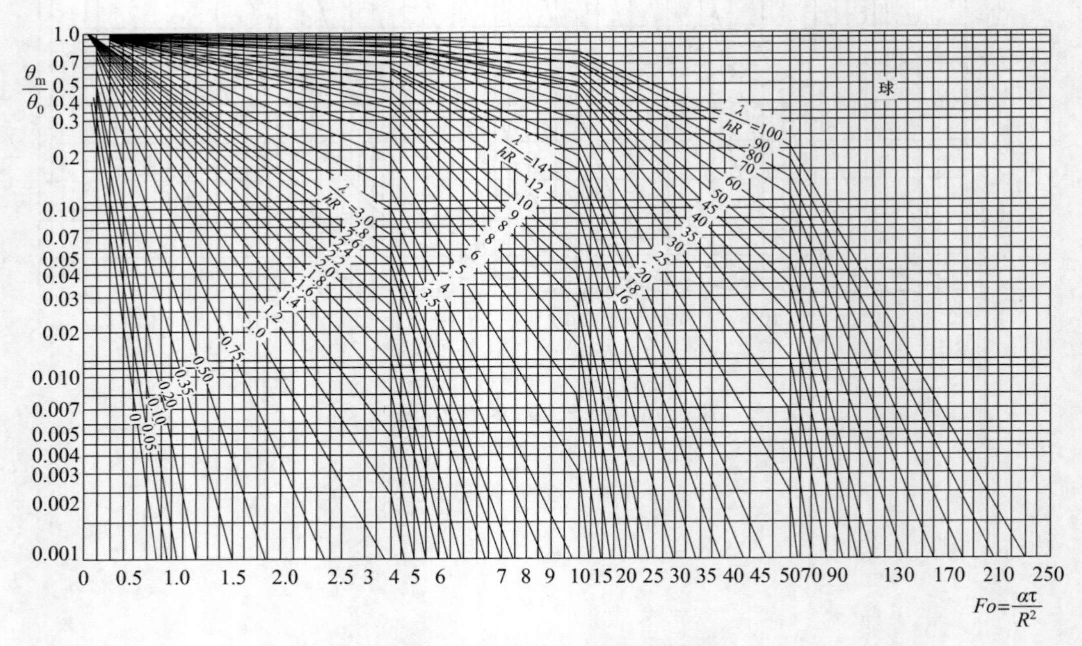

附录 17 – 1　球的中心温度诺模图

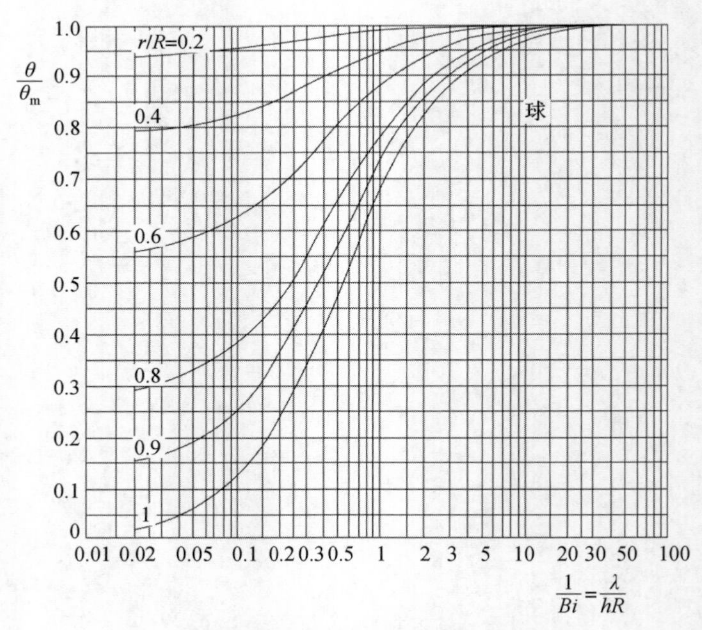

附录 17 – 2　球体的 θ/θ_m 曲线

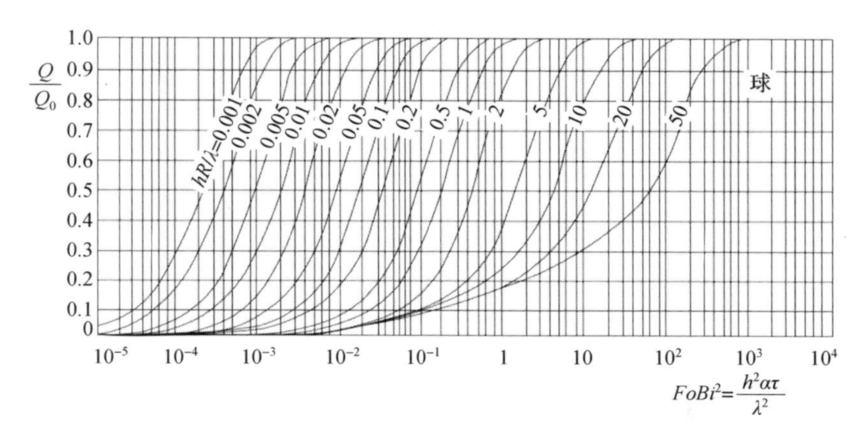

附录 17－3　球体的 Q/Q_0 曲线